莱州湾典型海域污染源解析与管控研究

管控研究

——以东营开发区近岸海域为例

生态环境部海河流域北海海域生态环境监督管理局
生态环境监测与科学研究中心 编著

U0218342

天津大学出版社
TIANJIN UNIVERSITY PRESS

图书在版编目（CIP）数据

莱州湾典型海域污染源解析与管控研究：以东营开
发区近岸海域为例 / 生态环境部海河流域北海海域生态
环境监督管理局生态环境监测与科学研究中心编著. --
天津：天津大学出版社，2023.11
ISBN 978-7-5618-7632-9

Ⅰ.①莱… Ⅱ.①生… Ⅲ.①近海－海域－海洋污染
－污染防治－研究－东营 Ⅳ.①X55

中国国家版本馆CIP数据核字(2023)第219539号

出版发行	天津大学出版社
地　　址	天津市卫津路92号天津大学内（邮编：300072）
电　　话	发行部：022-27403647
网　　址	www.tjupress.com.cn
印　　刷	北京虎彩文化传播有限公司
经　　销	全国各地新华书店
开　　本	787 mm×1092 mm　1/16
印　　张	14.875
字　　数	400千
版　　次	2023年11月第1版
印　　次	2023年11月第1次
定　　价	80.00元

编　委　会

海洋是高质量发展的战略要地,保护好海洋生态环境是关乎完整、准确、全面贯彻新发展理念,建设美丽中国和海洋强国,增强人民群众获得感和幸福感的重要使命和任务。自党的十八大以来,以习近平同志为核心的党中央高度重视海洋生态文明建设和海洋生态环境保护,强调"要像对待生命一样关爱海洋","下决心采取措施,全力遏制海洋生态环境不断恶化趋势,让我国海洋生态环境有一个明显改观,让人民群众吃上绿色、安全、放心的海产品,享受到碧海蓝天、洁净沙滩"。"十三五"以来,我国推动海洋生态环境保护在认识高度、改革力度、时间深度上发生了前所未有的深刻变化,海洋生态环境保护取得显著成就,渤海综合治理攻坚战阶段性目标任务圆满完成,陆海统筹的近岸海域污染防治持续推进,"蓝色海湾"整治行动、海岸带保护修复工程等深入实施,海洋生态环境总体改善,局部海域生态系统服务功能明显提升。

进入"十四五"时期,我国开启了全面建设社会主义现代化国家新征程、迈向第二个百年奋斗目标的第一个五年,海洋生态环境保护工作以习近平新时代中国特色社会主义思想为指导,坚持减污降碳协同增效,突出精准治污、科学治污、依法治污,以海洋生态环境持续改善为核心,统筹污染治理、生态环境保护、应对气候变化,为实现美丽中国建设目标奠定良好基础。

莱州湾是渤海三大海湾之一,三面环陆,紧邻黄河口,同时存在多个自然保护区和海洋保护区,是山东省内重要的经济发展区与自然资源地。近年来,莱州湾地区经济发展较快,污染排放不断增加,但莱州湾海水交换和自净能力较差,海洋生态系统脆弱,近岸海域生态环境质量不断恶化,国家和山东地方政府先后实施多项整治行动,莱州湾生态环境质量有所改善,但仍存在海岸带区域产业布局不合理、陆源污染物排放总量居高不下、海湾环境质量未见根本好转等问题,生态环境整体形势依然严峻。

本书以莱州湾东营开发区所辖近岸海域为典型,以陆海统筹为原则,开展污染源解析与管控研究。首先,在收集整理2016—2021年陆海监测数据的基础上,评价水生态环境现状,详细掌握近岸海域及相关陆域的水资源、水环境和水生态的基本情况;然后,通过开展水环境、海洋环境及主要入海污染源的系统调查与评估,分析入海河流、排污口及面源污染对近岸海域的影响,揭示近岸海域污染现状及扩散过程,厘清主要污染因子及其来源和影响,为生态环境主管部门进行污染治理与管控决策提供依据;最后,开展牡蛎礁重要生态系统的人工构建研究,通过工程修复东营开发区重点海域典型生态系统的稳定性,提高海洋的自净能力,并对修复工程实施效果开展评估。本书收集了翔实的基础数据资料,开展了针对性的污染来源解析,并提出了污染物削减控制方案,示范了海洋生态修复治理工程。通过本书的研究,以期能为各职能部门制定政策和方案提供帮助。

本书共分9章,第1章为总论,概述了本书的研究背景、研究内容与范围、研究依据和技术路线,由张鹏宇编写;第2章为莱州湾典型区域概况,概述了莱州湾陆域和近岸海域概况,由韩静编写;第3章为海湾生态环境管控国内外研究进展,概述了国内外近岸海域环境质量改善措施与生态环境保护相关政策,由高薇、张浩编写;第 4 章为陆海水生态环境现状评价,系统评价了陆海"三水"的现状情况,由赵雅倩、周绪申编写;第 5 章为近海海域污染来源解析,详细追溯了各类污染物的来源及污染贡献比例,由张鹏宇、宋鑫、高曼编写;第 6 章为近岸海域水环境数值模型模拟分析,主要模拟了不同入海污染源的污染扩散对莱州湾水环境质量的影响,由李彦卿、石瑞强、胡振编写;第 7 章为近岸海域水污染成因分析,分析了莱州湾生态环境受到污染的原因,由宋爽、郭丽峰编写;第 8 章为基于陆海统筹的海洋生态环境质量改善方案研究,在之前章节分析的基础上,提出了莱州湾污染物控制与削减方案,由宋爽、王振国、沈娇虹编写;第 9 章为牡蛎礁生态修复治理工程,对莱州湾选择小范围实施了牡蛎礁示范工程,并对修复效果开展了评估,由尹翠玲编写。全书由张鹏宇、郭丽峰、张浩统稿,韩静、宋爽、高曼、高薇、赵雅倩校稿。

本书基于"东营市开发区重点海域生态治理工程及污染源解析项目"成果,详细梳理资料后编写而成,在深入现场调研、开展工作和成书过程中,受到东营市生态环境局、开发区分局、垦利区分局、广饶分局、垦利区畜牧局等单位同事的帮助,在此表示衷心的感谢! 不足之处也恳请读者批评指正。

编　者
2023 年 7 月 25 日

目 录
CONTENTS

第1章 总论

流域海域生态环境协同治理是推动国家陆海统筹战略的生态文明建设走向成功的关键，保护海洋资源和可持续发展。经过"十三五"时期我国近岸海域环境质量总体上有了明显的改善，但劣四类水质海域面积减少速度缓慢。目前，受沿海地区人口聚集、经济迅速发展与海陆交界生态环境系统复杂的影响，海湾水环境质量保障的压力较大，莱州湾近岸海域水质一直存在劣四类水体。因此，需加强对流域海域生态环境系统的陆海一体化监测，做到从山顶到海洋的统筹规划与管理，推动陆海统筹的生态环境治理和"美丽海湾"建设。

1.1 研究背景

2010年，"陆海统筹"被首次写入国家"十二五"规划，确立了海洋在国家经济社会发展全局中的地位和作用，标志着我国向海拓展的战略性转变。特别是党的十九大报告提出"坚持陆海统筹，加快建设海洋强国"的战略部署，凸显了海洋在新时代中国特色社会主义事业发展全局中的突出地位和作用。至此，陆海统筹上升为国家重大战略。

2018年3月，生态环境部组建，以实现"打通陆地和海洋"，有效改变生态环境陆海分治的局面，实现从"山顶到海洋"的污染全过程防治，为系统解决陆海生态环境治理不系统、不协调、不平衡、不联动等问题提供了根本保障。

2019年11月，党的十九届四中全会，《中共中央关于坚持和完善中国特色社会主义制度 推进国家治理体系和治理能力现代化若干重大问题的决定》中提出"完善污染防治区域联动机制和陆海统筹的生态环境治理体系"。

2020年10月，中国共产党第十九届中央委员会第五次全体会议，《中共中央关于制定国民经济和社会发展第十四个五年规划和二〇三五年远景目标的建议》中提出"建立地上地下、陆海统筹的生态环境治理制度"。

莱州湾位于山东半岛西北，渤海南部，和辽东湾、渤海湾并称为渤海三大海岸，沿岸自西向东行政区划依次为东营市的垦利区、东营区、广饶县，潍坊市的寿光市、寒亭区、昌邑市，烟台市的莱州市、招远市和龙口市。湾口西起现代黄河新入海口（37°44′27″N，119°08′33″E），东迄屺姆岛高角（37°31′39″N，120°13′10″E），口宽83.29 km，海岸线长516.78 km，海湾面积6 215.4 km²，居山东海湾之冠。沿莱州湾地区自西向东有黄河、支脉河、小清河、塌河、弥河、白浪河、虞河、潍河、胶莱河、沙河、界河等十几条较大河流，沿岸90%的土地为冲积平原。莱州湾海洋资源丰富，石油、天然气储量大，是我国海上油气主要开发基地；宜盐面积和地下卤水分布广泛；渔业资源丰富，是黄渤海三大海洋生物的产卵场和索饵场之一，也是山东重要的渔业捕捞区和增养殖区域；近岸建有潍坊港、莱州港、龙口港等大型港口以及羊口港、海庙港、朱旺港、广利港等若干港口。

东营市位于山东省东北部、黄河入海进入莱州湾的三角洲地带。东营市经济技术开发区（以下简称东营开发区）位于东营市中心城东部，应黄河三角洲大开发、大开放的需要，1992年

2月正式成立,前身为东营开放开发综合试验区,1998年9月正式更名,2010年3月经国务院批准升级为国家级经济技术开发。2020年6月,习近平总书记在宁夏考察时发表重要讲话:"要把保障黄河长治久安作为重中之重,实施河道和滩区综合治理工程,统筹推进两岸堤防、河道控导、滩区治理,推进水资源节约集约利用,统筹推进生态保护修复和环境治理,努力建设黄河流域生态保护和高质量发展先行区。"

2021年10月,习近平总书记考察黄河入海口,并主持召开深入推动黄河流域生态保护和高质量发展座谈会,强调:"'十四五'是推动黄河流域生态保护和高质量发展的关键时期,要抓好重大任务贯彻落实,力争尽快见到新气象。生态兴则文明兴,生态衰则文明衰。要坚持不懈抓保护生态环境。"

为认真贯彻落实习近平总书记重要讲话精神,坚持不懈抓好流域海域生态环境保护工作,以建立陆海统筹综合治理体系为目标,坚持精准治污、科学治污和依法治污,从入海污染物源头抓起,分区分类制定入海污染物综合治理措施;以"美丽海湾"建设为统领,以海洋生态环境质量改善为核心,统筹推进海流-河口-海域一体化治理体系的建设,实施海上生态修复等重大工程,坚持"上控下减"的原则,开展重点海域污染源解析,制定污染物分区管控实施方案;实施牡蛎礁等重大生态修复工程,减少海洋中营养盐的富集。

本书研究工作的原则主要包括以下三个方面。

(1)问题导向、分区施策。以海洋生态环境质量改善为核心,坚持目标导向、问题导向,实施区块化治理,分类分区解决各区块存在的突出生态环境问题,逐步实现整个海域的生态环境质量改善目标。

(2)陆海统筹、河海共治。遵循自然规律和生态系统特点,统筹陆域和海域的污染防治和生态保护修复工作。建立完善流域、海域协同治理机制,建设从山顶到海洋的生态环境协同治理体系。

(3)治污先行、生态并重。以海洋生态环境质量改善为核心,坚持精准治污、科学治污、依法治污,深入打好污染防治攻坚战。坚持污染减排与生态扩容两手发力,统筹推进污染防治与生态保护,把生态保护修复摆在更加突出位置,落实生态优先和绿色发展。

1.2　研究范围与内容

本书研究的整体陆域范围为黄河以南、小清河以北,覆盖东营区(含东营开发区)、垦利区、广饶县(含农高区)辖及其行政区划内的近岸海域海洋功能区划范围,生态治理工程主要建设在东营市广利河河口附近海域。

通过资料搜集与野外调查相结合的方式,对影响东营开发区近岸海域的水环境、海洋环境及主要污染源开展系统调查与评估,分析入海河流、排污口及面源污染对近岸海域的影响,评价近岸海域污染现状,厘清主要污染因子及其来源,揭示污染扩散过程。在此基础上构建近海牡蛎礁体,探究牡蛎礁的生态环境修复成效。最终建立监测调查、模型模拟与工程建设相结合的评价修复体系,提出分区分类管控及高质量发展建议,制定陆海统筹系统治理分类管控治理策略,为近海海域污染治理与管理决策提供科学依据。

1. 东营开发区近岸海域水环境系统分析与跟踪诊断评估

梳理东营开发区近岸海域现有的国控站水质监测数据,开展20个站位的夏秋季加密补充调查,分析海水环境重点监测要素(包括盐度、DIN、温度、活性磷酸盐、悬浮物)的变化规律,阐明主要污染物及其时空分布特征,评价海洋环境质量状况。建立海洋动力学模型,探究目标海域的潮流场运动过程。以此模型为基础,结合海洋环境监测调查结果,以入海河流、排污口为污染物源强,模拟计算二维海洋污染物扩散过程和不同排污强度对目标站位的影响。

2. 东营开发区及周边陆域水环境系统分析与跟踪诊断评估

收集整理影响东营开发区近岸海域的主要入海河流最下游国控站的逐月水质监测数据,其中包括黄河、广利河、永丰河和小清河。对于未设立国控站的支脉河、小岛河和溢洪河,进行每月一次的 TN、TP 要素补充监测。开展各入海河流水环境质量评价,计算 TN、TP 入海通量,分析水环境时空分布特征和变化规律。

开展影响东营开发区近岸海域的入河、入海排污口及面源污染调查,收集入海排污口的点位、类型、排污量等数据资料,定量分析工业、城镇、农村生活、污水处理厂、农业种植、畜禽养殖、水产养殖、地表径流等 8 种污染源 TN、TP 排放情况,厘清及评估 DIN、活性磷酸盐主要污染源及其贡献率,估算 TN、TP 入海量,评估入海排污口及面源污染对近岸海域的影响,并提出相应的管理措施。

综合以上内容建立影响东营开发区近岸海域水质的调查评价体系,探究入海河流、排污口对近岸海域的影响,梳理基于陆海统筹理论的海洋环境分析过程中亟待解决的突出问题,从生态环境保护和污染减排角度制定分区分类管控治理策略、源头控氮削减方案,提出跨界协同治理机制及生态补偿机制,促进开发区陆海统筹综合治理和高质量发展。

3. 临近海域牡蛎礁生态治理工程建设

采用投放袋装贝壳和水泥构筑件间隔布置的方式,以及在每两排水泥构筑件之间布置一排牡蛎礁袋(多层),建设面积为 45 亩(1 亩 =666.67 m²)。水泥构筑件采用长方体形状,便于多层叠加组装,以形成一定结构和高度的礁体。由于固着基受限于环境,故建礁时间拟在牡蛎繁殖高峰期前 1 个月内。在低平潮时从船上将混凝土构件固着基缓慢吊放至礁体表面,袋装贝壳采用从船上投放牡蛎包的方式。在建设区域边界放置 4 个标志浮标,以起到提醒和警示作用。

1.3 研究依据

(1)《国务院关于印发水污染防治行动计划的通知》(国发〔2015〕17 号)。

(2)《关于印发〈近岸海域污染防治方案〉的通知》(环办水体函〔2017〕430 号)。

(3)《关于实施〈渤海综合治理攻坚战行动计划〉有关事项的通知》(环海洋〔2019〕158 号)。

(4)《中华人民共和国渔业法》(2013 年修正)。

(5)《中华人民共和国环境保护法》(2014 年修订)。

(6)《中华人民共和国海洋环境保护法》(2017 年修正)。

(7)《中华人民共和国海域使用管理法》(主席令第 61 号)。

(8)《中华人民共和国港口法》(2017 年修正)。

(9)《防治船舶污染海洋环境管理条例》(国务院令第 561 号)。

(10)《中华人民共和国海域使用管理法》(主席令第 61 号)。

(11)《中华人民共和国海洋倾废管理条例》(2017 年修订)。

(12)《中华人民共和国水污染防治法》(2017 年修订)。

(13)《重点流域水生态环境保护"十四五"规划技术大纲》(2019 年)。

（14）《全国海洋生态环境保护"十四五"规划编制工作方案》（2019 年）。

（15）《全国重要生态系统保护和修复重大工程总体规划（2021—2035 年）。

（16）《东营市水生态保护"十四五"规划要点》。

（17）《东营市"十四五"海洋生态环境保护形势与任务研究》。

（18）《东营市近岸海域污染来源解析与削减方案》。

1.4　技术路线

1.4.1　技术方法

1. 野外调查方法

拟通过野外调查的方法，对东营市入海河流的水质及东营开发区所属莱州湾海域的海洋环境质量进行监测调查，建立监测调查的评价体系，系统整理入海河流水质与重点海域海洋环境质量的本底数据。

2. 调查评估方法

拟通过调查评估的方法，对东营市重点区域污水处理厂、企业排污口进行调查，开展临海海水养殖情况与陆域农业面源污染调查，分析和评估 DIN、活性磷酸盐主要污染来源；并结合野外调查的本底数据，对影响海域水质变化的陆海污染源因素进行系统性、综合性的评估分析。

3. 数值模拟方法

拟采用陆源污染源迁移与海洋污染物扩散耦合的数值模拟计算方法，对污染物由陆向海的总量进行计算模拟分析，计算污染物由陆域面源产生到入海的削减总量，模拟污染物由海域点源输入到扩散的物理运动过程，分析污染物扩散对周边海域的影响。

1.4.2　具体技术路线

本书研究包含生态治理工程及污染源解析两部分内容。

1. 污染源解析

污染源解析的研究主要由监测评价、污染物来源解析和近岸海域水环境数值模拟三个部分组成。

监测评价工作主要包括入海河流断面监测、养殖排水口监测及海水水质监测三个方面。具体内容为对黄河、广利河、永丰河、支脉河、小清河、小岛河、溢洪河等 7 条陆域河流的水质现状进行监测（其中广利河与小清河有国控入海断面）。河流入海水质监测频率为每月一次，对流量较小、只在汛期有入海水量的河流，调查是否有防潮闸，并在开闸泄洪前监测河道内水质。

污染物来源解析主要是对东营开发区临海养殖业开展调查，包括养殖种类、养殖规模和排水方案等，在调查养殖业排水时间后，适时增加针对排水口 DIN 的水质监测和水量统计，对研究区域近岸海域水质进行加密监测。污染物来源解析工作主要包括分析计算永丰河、广利河、支脉河、小清河入海污染物通量；梳理调查的临海养殖业调查结果，计算 6 个主要养殖排口的污染物通量；对周边的东营区、垦利区、潍坊寿光部分地区入海排污口排放量和排放方式进行调查；对永丰河、广利河、小清河陆域污染物来源，分工业、城镇、农村、污水处理厂、农业、畜禽养殖、地表径流等 7 种污染物来源进行定量分析；最后根据对各污染源入海通量的比较，定量得出各污染源 DIN 的贡献比例。

近岸海域水环境数值模拟主要是采用二维数值模型来研究目标海域的潮流场运动,分析计算海域在大小潮、涨落潮等不同时段的海洋动力潮流场。根据水动力模型计算结果,对周边海域污染物扩散影响进行建模分析,以现状调查环境质量各项数据(包括近岸海域国控站点监测数据)为初始浓度场,以入海河流、排污口等作为污染物入海源汇,模拟不同排污强度下对近岸海域水环境的影响情况。综合考虑 DIN 的贡献比例与数值模拟的污染物扩散结果,分析对目标研究海域污染物的主要影响因素,并提出污染物削减建议方案。

2. 生态治理工程

生态治理工程主要包含前期的方案制定、牡蛎礁建设过程及建设完成后的跟踪监测。

具体技术路线如图 1.4-1 所示。

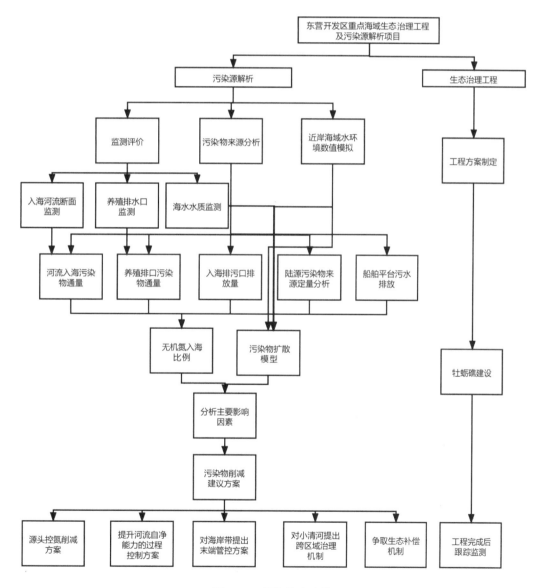

图 1.4-1 具体技术路线

第2章 莱州湾典型区域概况

莱州湾作为山东省及渤海最大的海湾,其丰富的自然资源使之成为山东省重要的经济开发海域。2009年颁布实施的《黄河三角洲高效生态经济区发展规划》确定了"四点""四区""一带"的布局框架,以经济技术开发区、特色工业园区和高效生态农业示范区为节点,形成环渤海南岸经济集聚带。2011年颁布实施的《山东半岛蓝色经济区发展规划》确立了全面优化调整陆海空间布局、加快建设海洋产业国家高技术产业基地、海陆相连空地一体、构筑安全稳定的能源供应体系、协调支撑现代产业新体系、构筑集约节约用海新机制、促进蓝色经济区一体化发展等战略。随着"蓝、黄"两大发展战略规划的实施,莱州湾海域港口及临海工业、滨海新城建设、海洋能源开发、滨海旅游产业和海洋渔业快速发展,岸线利用、围填海开发和海域使用强度逐渐增强,给莱州湾环境质量改善和生态保护带来巨大压力。

2.1 陆域概况

2.1.1 地理位置

研究区域位于山东省东营市,覆盖黄河以南、小清河以北区域,包含区县有东营区、垦利区和广饶县,地理坐标为东经118°12′53″~119°40′5″,北纬36°56′13″~37°47′42″。区域东临渤海,北以黄河为界,西与滨州地区毗邻,南与淄博、潍坊两市接壤,陆域总面积4674.8 km²,南北最长纵距94.5 km,东西最大横距106 km。

研究区域位于京津冀都市圈与山东半岛的结合部,是环渤海经济区与黄河经济带的交汇点,与辽宁沿海经济带隔渤海相望,与大连海上距离120海里,向西可连接广阔的中西部腹地,向南通达长三角经济区,向东出海与东北亚各国临近。

2.1.2 地形地貌

研究区域地处黄河冲积平原的滨海地带,地势总体平缓,南高北低,西高东低,顺黄河方向为西南高、东北低,西南最高高程为28 m(黄海基准面),东北最低高程为1 m,自然比降为1/12 000~1/8 000,西部最高高程为11 m,东部最低高程为1 m,黄河河滩地高于背河地2~4 m,形成"地上悬河"。其中,东营开发区属黄河新淤地带,地貌形态为平原,海拔高度为3.6~4.1 m。

研究区域微地貌类型有5种:古河滩高地,主要分布于黄河决口扇面上游;河滩高地,主要分布于黄河河道至大堤之间;微斜平地,是滩、洼过渡地带;浅平洼地;海滩地,与海岸线平行,且呈带状分布。

2.1.3 气候气象

研究区域地处中纬度,背陆面海,属暖温带大陆性季风气候,春季多南风、南东风,夏季多东风、东南风,秋季多南风、南东风和西南西风,冬季多西北风;且气候温和,四季分明,境内南北气候差异不明显,多年平均气温为 12.8 ℃,最高气温多出现在 6—7 月,最低气温多出现在 1—2 月,日平均气温超过 0 ℃ 的持续天数为 276~280 天,积温为 4 747.0~4 777.0 ℃,不小于 10 ℃ 的积温约为 4 300 ℃,无霜期长达 206 天,全年平均日照时数为 2 728.5 h,南多北少,可满足农作物的两年三熟。

1. 气温

2017 年,研究区域年平均气温为 14.5 ℃,较常年偏高 1.3 ℃,具体数据见表 2.1-1。

表 2.1-1　2017 东营市各月平均气温及气温极值情况(单位:℃)

项目		1 月	2 月	3 月	4 月	5 月	6 月	7 月	8 月	9 月	10 月	11 月	12 月	年
月平均气温		-0.5	2.6	8.0	16.0	22.7	25.0	28.1	26.8	23.6	14.5	6.8	0.5	14.5
极端最高气温	极值	14.1	19.0	21.1	32.4	37.6	37.3	38.9	36.2	34.7	25.6	22.4	12.4	38.9
	日期	26	16	11	29	28	17	12	11	8	1	6	21	12.7
极端最低气温	极值	-11.2	-10.5	-6.5	-1.2	8.1	11.3	21.0	14.2	10.2	-2.2	-7.9	-11.6	-11.6
	日期	22	2	2	10	26	4	29	31	29	30	19	12	12.12

2. 降雨

研究区域在山东省属少雨地区,年平均降水量为 555.9 mm,年平均地表径流量为 4.47 亿立方米,多年平均径流深为 56.7 mm。研究区域降水年际变化大且年内分配不均,年降水的 75% 集中在汛期 6—9 月;降水空间分布不均,从南部向北部降雨量逐渐减少,广饶县南部降雨量较多,降水量约为 600 mm。

3. 降雪

研究区域降雪初日最早为 10 月 5 日,最晚为 2 月 8 日,平均在每年的 12 月 3 日前后;降雪终日最早为 2 月 5 日,最晚为 4 月 10 日,平均在每年的 3 月 27 日前后。年均降雪天数为 9.6 天,最多为 22 天,最少为 4 天,最大积雪厚度为 15 cm。

4. 雾

东营海域海雾主要为平流雾和混合雾,能见度 ≤1 000 m 的多年平均雾天数为 10.1 天,雾日大多出现在 5—6 月。

5. 风

研究区域自 9 月开始受北方冷空气的影响,9—10 月以 NE 向风为主,10 月转为 NW 向风,1 月以偏北向风为主。该海域常风向为 SSE、E 向,频率各占 10%,次常风向为 ENE、S 向,频率各占 9%;强风向为 NW 向,最大风速为 21 m/s,次强风向为 NNE 向,最大风速 为 20 m/s。

该海域秋、冬季大风日较多,夏季大风日相对较少。大风出现频率最多的方向依次为 NNW、NE、ENE、NW,6 级及以上(大于风速 10.8 m/s)大风天数年均为 94 天,7 级及以上(风速大于 13.8 m/s)大风天数年均为 40 天,8 级及以上(风速大于 17.2 m/s)大风天数年均为 15.7 天,50 年一遇 10 分钟最大风速为 29.9 m/s、2 分钟最大风速为 33.0 m/s。

6. 相对湿度

东营市春季平均相对湿度为 57%,夏季平均相对湿度为 73%,秋季平均相对湿度为 68%,

冬季平均相对湿度为 63%，全年平均相对湿度为 65%，全年日最小相对湿度≤30% 的天数为 111~138 天。

7. 雷暴

东营市春季平均雷暴天数为 4.3 天，夏季平均雷暴天数为 21.5 天，秋季平均雷暴天数为 3.3 天，冬季平均雷暴天数为 0 天，全年平均雷暴天数为 29.1 天。

2.1.4　土壤类型

研究区域内土壤划分为 4 个土类、8 个亚类、14 个土属、71 个土种。

1. 褐土

褐土类主要分布在广饶县境内小清河以南井灌区，是全市粮棉菜高产稳产区。该土类有 2 个亚类、2 个土属、11 个土种。

2. 砂姜黑土

砂姜黑土类主要分布在广饶县境内小清河以南褐土区的低洼处。该土类有 1 个亚类、2 个土属、3 个土种。

3. 潮土

潮土类主要分布在小清河以北广大地区和小清河以南的稻庄、大码头两镇。潮土类是境内最大土壤类型，适宜于多种作物生长。该土类有 4 个亚类、8 个土属、39 个土种。

4. 盐土

盐土类主要分布在近海一带，沿海岸呈带状分布，矿化度高，表层含盐量为 0.8%~2%。该土类有 1 个亚类、2 个土属、18 个土种。

2.1.5　水文水系

1. 地表水

研究区域现行水系按流域可分为黄河流域水系和淮河流域水系。

1）黄河流域水系

黄河是中国第二大河，发源于青海省巴颜喀拉山北麓海拔 4 500 m 的雅拉达泽山以东约古宗列盆地，流经青海、四川、甘肃、宁夏、内蒙古、陕西、山西、河南、山东等 9 个省区，于山东省垦利区注入渤海，全长 5 464 km，流域面积为 79.5×10^4 km^2。

2）淮河流域水系

研究区域淮河流域地处黄河以南，主要包括小清河、支脉河、广利河、永丰河等 20 条河流，境内总长度为 626.6 km，流域面积为 5 516.1 km^2。研究区域淮河流域骨干河道基本情况见表 2.1-2。

表 2.1-2　研究区域淮河流域骨干河道基本情况

河道	流域面积（km^2）		长度（km）		设计流量（m^3/s）	
	总计	其中本市	总计	其中本市	防洪	排涝
1. 小清河	10 336.6	585.0	237.0	34.0	2 000.0	1 100.0

续表

河道		流域面积（km²）		长度（km）		设计流量（m³/s）	
		总计	其中本市	总计	其中本市	防洪	排涝
支流	淄河	1 151.0	228.0	141.5	37.8	460.0	—
	织女河	343.0	174.0	48.0	17.0	—	130.4
	阳河	219.0	26.0	60.6	14.6	—	160.0
	预备河	450.0	195.0	42.5	26.5	—	140.0
2. 支脉河		3 382.0	1 508.0	135.0	68.2	474.0~930.0	129.2~400.0
支流	小河子	378.0	199.0	49	29.3	—	51.7
	武家大沟	472.5	472.5	31.4	31.4	—	123.0
	广蒲河	280.0	280.0	43.3	43.3	—	67.4
	五干排	89.1	89.1	21.5	21.5	—	35.0
3. 广利河		510.0	510.0	48.8	48.8	354.0	253.0
支流	老广蒲沟	117.0	117.0	27.9	27.9	—	59.6
	溢洪河	312.0	312.0	48.0	48.0	—	110.0
	东营河	83.4	83.4	21.5	21.5	—	44.9
	五六干合排	44.0	44.0	16.1	16.1	46.1	37.0
	六干排	93.0	93.0	25.8	25.8	—	36
4. 永丰河		200.0	200.0	33.8	33.8	—	—
支流	三排沟	139.3	139.3	25.5	25.5	—	32.0
5. 张镇河		140.0	140.0	28.0	28.0	—	—
6. 小岛河		120.8	120.8	27.5	27.5	—	—

2. 地下水

研究区域地下水属第四系潜水，水位变化主要受大气降水影响，排泄主要以蒸发排泄为主。在丰水期，地下水主要靠降水补给；在枯水期，地下水以蒸发排泄为主。近几年，研究区域稳定地下水位标高：垦利区为 -0.95~-0.89 m，平均为 -0.93 m；东营区为 1.81~1.83 m，平均为 1.82 m。

2.1.6　自然资源

1. 植物资源

研究区域属暖温带落叶阔叶林区，天然植被以滨海盐生植被为主，占天然植被的 56.5%，沼生和水生植被占天然植被的 21%，灌木柽柳等占天然植被的 21%，阔叶林仅占天然植被的 1.5% 左右。人工植被以农田植被为主，农田植被占人工植被的 95.7%，以禾本科、菊科草本植物最多。

2. 动物资源

研究区域野生动物资源包括哺乳纲、两栖纲、爬行纲和鸟纲等类型。其中，哺乳纲动物主要有 10 科 15 余种，爬行纲动物主要有 6 科 10 余种，鸟纲动物约有 48 科 296 种，其中国家一类保护鸟类 10 种、二级保护鸟类 49 种,海洋生物共 517 种。

3. 矿产资源

研究区域资源富集,拥有丰富的石油、天然气、盐、卤、地热、黏土等资源。

（1）石油与天然气资源:胜利油田已探明和开采的油气资源主要集中在黄河三角洲地区,累计探明石油地质储量 54.19 亿吨。

（2）地下卤水:地下卤水资源广泛分布在广饶县、东营区、河口区沿海地带,储存量总计约 7.4×10^9 m³。

（3）地热:地热资源主要分布在渤海湾南新户、太平、义和、孤岛、五号桩地区及广饶、利津部分地区,探明资源量 3.447×10^{11} m³。

（4）其他矿产:岩盐、石膏地下蕴藏量约 1.55×10^{11} m³,贝壳（岩）资源主要分布在垦利区六十户一带,膨润土资源主要分布在河口区六合一带,煤的发育面积约 630 km²,分布在广饶县东北部、河口区西部,探明煤资源量 61.8 亿吨。

2.1.7 社会经济

1. 行政区划与人口

研究区域现辖东营区（含东营开发区）、垦利区、广饶县（含农高区）,共有 40 个乡镇街道,其中东营区 6 街道 4 镇、垦利区 2 街道 5 镇、广饶县 3 街道 6 镇。2020 年全市常住人口 145.53 万人,较上年末增加 1.16 万人,其中城镇常住人口 92.66 万人,较上年末增加 1.70 万人,常住人口城镇化率为 63.67%。2020 年研究区域各区县人口数量见表 2.1-3。

表 2.1-3　2020 年研究区域各区县人口数量

县区	年末总户数（户）	年末总人口		
		合计	城镇人口	乡村人口
东营区	255 754	680 736	570 923	109 813
垦利区	87 890	240 635	97 809	142 826
广饶县	168 702	533 894	257 882	276 012
研究区域	512 346	1 455 265	926 614	528 651

注:数据来自《2021 年东营统计年鉴》,受资料收集制约,此处东营区指现东营区 + 东营开发区,广饶县指现广饶县 + 农高区。

2. 土地资源

2020 年研究区域土地总面积为 467 480 公顷,人均占有土地 0.18 公顷,其中农用地面积为 247 067 公顷,占研究区域土地总面积的 52.85%,垦利区面积较大,且其中耕地面积为 132 239 公顷,占研究区域土地总面积的 28.29%,广饶县面积较大;建设用地面积为 96 949 公顷,占研究区域土地总面积的 20.74%,东营区面积较大;未利用地面积 123 464 公顷,占研究区域土地总面积的 26.41%,垦利区面积较大。从区县角度,东营区建设用地和耕地占比较高,分别占东营区土地面积的 38.18% 和 28.19%;垦利区未利用地和耕地占比较高,分别占垦利区土地面积的 39.1% 和 20%;广饶县耕地和建设用地占比较高,分别占广饶县土地面积的 51.36% 和 22.4%。2023 年东营市土地利用现状见表 2.1-4。

图 2.1-4　2020 年东营市土地利用现状（单位：公顷）

类型	东营区	垦利区	广饶县
土地总面积	117 818	233 098	116 562
1. 农用地：	49 996	116 114	80 956
耕地	25 793	46 585	59 861
园地	967	533	1 234
林地	1 890	14 520	958
草地	0	5 520	0
农村道路	1 761	2 474	2 588
水域及水利设施用地	19 226	45 626	14 916
其他土地	359	856	1 399
2. 建设用地：	44 984	25 850	26 115
居民点及工矿用地	27 725	15 278	22 309
交通用地	3 564	3 226	2 129
水利设施用地	13 695	7 346	1 677
3. 未利用地：	22 838	91 134	9 491
水域及水利设施用地	10 267	50 699	5 895
草地	41	3 780	246
其他土地	12 530	36 655	3 350

注：数据来自《2021 年东营统计年鉴》，受资料收集制约，此处东营区指现东营区 + 东营开发区，广饶县指现广饶县 + 农高区。

3. 经济发展

2020 年研究区域实现生产总值（GDP）1 758.81 亿元，其中第一产业增加值为 96.88 亿元，第二产业增加值为 854.5 亿元，第三产业增加值为 807.43 亿元，三次产业结构为 6 ： 49 ： 46，人均生产总值为 6.8 万元。

4. 交通

东营市交通发达，已形成公路、铁路、航空、水运相结合的立体交通网络。

1）公路

东营市公路交通基本形成以"六纵七横"13 条干线公路为骨架，以县乡公路、油田（农场）专用公路为经络的公路交通网。东营国省干线公路已通车里程为 1 231.08 km，其中高速公路 219.18 km，一级公路 382.5 km，二级公路 629.4 km。

2）铁路

东营市淄东铁路与胶济铁路并轨，铁路货运量逾 350 万吨 / 年，德大铁路（东营段）正线全长 256 km，在建黄大铁路（东营段）正线全长 231 km。

3）港口

东营市有东营港、广利港、广北港等港口，港口货物吞吐量为 3 365 万吨，水路旅客运输量 25.88 万人次，水路货物运输量 229.68 万吨。

4）航空

东营市有胜利油田企业自备机场，已开通东营至北京、上海、天津、成都、大连、海口、杭州、深圳、西安、郑州等多条航线。

5. 水利灌溉

1）蓄水工程

东营市现有各类水库 52 座，设计库容 5.7 亿立方米。其中，大型水库 1 座，为广南水库，库容 1.3 亿立方米；中型水库 13 座，总库容 3.1 亿立方米；小型水库 38 座，总库容 1.2 亿立方米。研究区域内大中型水库共 8 座，设计库容 3.15 亿立方米。研究区域内大中型平原水库基本信息见表 2.1-5。

表 2.1-5　研究区域内大中型平原水库统计表

序号	水库名称	所在县区	建成时间	总库容（万立方米）	水源
1	广南水库	东营开发区	1985 年	13 528	曹店干渠、麻湾四干渠
2	胜利水库	垦利区	1996 年	2 500	曹店干渠
3	一村水库	垦利区	1994 年	1 500	胜利干渠
4	永镇水库	垦利区	1998 年	3 972	西河口泵站王庄三干渠
5	高店水库	广饶县	1997 年	2 300	孤东干渠
6	淄河水库	广饶县	2014 年	2 419	孤东干渠
7	广北水库	东营开发区	1988 年	3 200	西河口泵站
8	辛安水库	东营开发区	1980 年	2 056	麻湾三干渠

注：水库注册登记信息截至 2020 年 2 月。

东营市已建成河道拦蓄工程 21 处，一次性拦蓄水量 8 592 万立方米。研究区域内拦蓄工程共 9 处，一次性拦蓄水量 4 717 万立方米。研究区域内河道拦蓄工程见表 2.1-6。

表 2.1-6　研究区域内河道拦蓄工程统计表

序号	工程名称	建设地点	拦蓄能力（万立方米）
1	支脉河西马楼拦河闸	广饶县	1 100
2	小清河王道拦河闸	广饶县	1 660
3	小清河华泰清河水库东闸	广饶县	330
4	淄河拦河闸	广饶县	1 107
5	新广蒲河大宋节制闸	东营区	30
6	广利河皇殿拦河闸	东营区	40
7	小岛河东隋拦河闸	垦利区	200
8	永丰河十一村拦河闸	垦利区	210
9	永丰河橡胶坝	垦利区	40

2）灌溉系统

东营市现有万亩以上引黄灌区 17 处，其中大型引黄灌区 3 处，中型引黄灌区 7 处，设计灌溉面积 326 万亩；水利部管理的大型灌区 3 处，省级管理的中型灌区 3 处；研究区域内现有大中型灌区 5 处。研究区域内大中型灌区闸前泵站布设情况见表 2.1-7。

表 2.1-7 研究区域内大中型灌区闸前泵站基本情况统计表

序号	名称	县区	建成时间	设计流量 m³/s）	管理权属
1	麻湾灌区闸前泵站	东营区	2011 年	32	东营市水利局灌溉管理处麻湾灌区管理所
2	双河灌区闸前泵站	垦利区	1988 年	40	垦利区灌溉管理处
3	胜利灌区闸前泵站	东营区	2013 年	24	东营市水利局灌溉管理处胜利灌区管理所
4	垦东灌区闸前泵站	垦利区	2011 年	15	垦利区黄河口镇水利水产站
5	路庄灌区闸前泵站	垦利区	2013 年	20	垦利区灌溉管理处

6. 旅游

研究区域旅游资源主要分为三大区域：一是以黄河入海口和入海口地区湿地生态为主体的自然景观；二是以石油工业为主体的现代工业景观；三是以古齐文化、黄河文化和现代文明的汇聚与交融而形成的历史人文景观。从旅游文化类型看，旅游资源包括黄河口文化、湿地生态文化、石油工业文化、古齐文化和现代城市文化等多种类型，尤以黄河口文化、湿地生态文化和石油工业文化最为典型。

2.2 近岸海域概况

2.2.1 海域位置

渤海是一个近封闭的内海，地理位置为北纬 37° 07′ ~41° 00′，东经 117° 35′ ~122° 15′，海域面积为 77 284 km²，占我国海域总面积的 1.63%，大陆海岸线长 2 668 km，平均水深 18 m，最大水深 85 m。渤海一面临海，三面环陆，形如一由东北向西南微倾的葫芦，共有 13 座环渤海城市，东面经渤海海峡与黄海相通，辽东半岛的老铁山与山东半岛北岸的蓬莱角间的连线即为渤海与黄海的分界线。

东营市东临渤海，位于我国第二大河流黄河入海口，是一个半封闭型海域，海岸线南起小清河向广饶一侧，北至顺江沟向河口区一侧，全长 413 km，0 m 至岸线滩涂面积为 1 019 km²，-10 m 等深线以内海域面积为 4 800 km²。

海域研究区域南起小清河河口，北至黄河河口，位于莱州湾西北部，东经 118° 55′ 23″ ~119° 31′ 37″，北纬 37° 16′ 59″ ~37° 45′ 7″，海域面积约 2 500 km²。水下地形平缓，并向中部盆地缓缓倾斜，水深大部分在 10 m 以内。研究区域海域位置如图 2.2-1 所示。

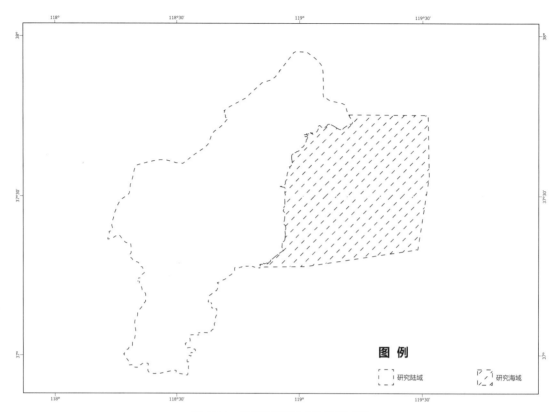

图 2.2-1　研究区域海域位置示意图

2.2.2　水文地质

1. 水温

研究区域地处北温带,海水水温变化受北方大陆性气候影响,春季近岸水温高于远岸,秋季相反。冬季(1、2月)水温最低,为 -1.0~0.02 ℃;5月可升至16.5 ℃,到8月水温最高达28.5 ℃;9月转为降温期,至10月可降至14 ℃以下。冬季沿岸有 2~3 个月冰期,海水流冰范围为 0~5 海里。

2. 波浪

研究区域周边海域位于半封闭的渤海南部,加上庙岛群岛阻隔,外海大浪不易侵入。海域波浪主要是渤海海上的风生成,具有生成快、消失快,很少出现波周期 10 s 以上大浪等特点。另外,受渤海海上风场变化规律制约,冬半年盛行偏北向浪,夏半年多盛行偏南向浪,强浪向为NNE—NE—ENE 向,其次为偏 NW 向。

3. 潮流

研究区域沿海的潮流性质除局部海域外为不规则半日潮流,潮流流速明显随深度而变化。一般是底层先出现最大值,表层出现最迟。表层、底层的时间差,少则为 12 min,多则可为 36 min。东营市沿海有两个强流区:一个在黄河口外,合成最大可能潮流速为 3.5 节以上;另一个在神仙沟和刁口河一带水深 10~15 m 海区内(即 M2 分潮无潮区),合成最大可能潮流速可达 3 节左右。研究区域位于黄河口以南,流速明显减弱,为一弱流区,其合成最大可能潮流速仅为 1 节左右。

4. 潮汐

渤海南部特定的地形形态和深度,使黄河口附近神仙沟口处形成无潮点。黄河口区的潮波以 M2 分潮无潮点(N38° 09′,E119° 04′)为界,西面渤海湾的潮时是由西向东逆时针递增,进展急速;东面莱州湾的潮时是由西向东顺时针方向推迟,但差别很小。潮汐变化点位于无潮点东西的神仙沟口附近两侧。无潮点附近潮差,有些日期不足 20 cm,但在毗邻海区,潮差较大。研究区域的广利河口潮差为 106.5 cm。该区域潮汐性质属于马鞍型,东西两侧海域为不正规半日潮。

5. 风况

研究区域海区附近长期气象采用羊口盐场气象站(N37° 07′,E118° 57′)1980—1989 年风资料。根据 1980—1989 年的资料统计,该区域常风向主要为 SE、SSE、S 三个方向,频率为 29.8%,其中 SE 向频率为 11.1%;次常风向为 NE 向,大风主要来自此向,且为向岸风;W 向来风最少。11 月至翌年 1 月多刮西北风,其次是南南东风;2—3 月常刮东风及南南东风;4—8 月常刮南南东风;9—10 月常刮南风。研究区域累年平均风速为 4.1 m/s,4 月平均风速最大,8 月最小,春季平均风速最大为 5.1m/s,夏季平均风速最小为 3.5 m/s。

6. 地质

研究区域海域地形属于渤海 - 华北盆地,陆地地貌包括冲积平原、冲积 - 海积平原以及海积平原,水下地貌主要为水下岸坡和莱州湾海底平原,海底平坦,地势呈由近岸向渤海海峡倾斜态势,海岸类型属淤积型泥沙质平原海岸,沉积物以粉砂和泥质粉砂为主,其中浅海底质泥质粉砂占 77.8%、砂质粉砂占 22.2%。

7. 盐度

2021 年秋季,东营黄河口海域表层盐度在 18.405~25.525 ℃变化,表层平均盐度为 22.662;底层盐度在 20.644~26.456 变化,底层平均盐度为 24.572。

8. 营养盐

秋季东营黄河口海域表层无机氮浓度在 520~5 211 μg/L,平均浓度为 1 269 μg/L;底层无机氮浓度在 456~1 997 μg/L,平均浓度为 1 024 μg/L。

秋季东营黄河口海域表层活性磷酸盐浓度在 6.15~81.6 μg/L,平均浓度为 19.3 μg/L;底层活性磷酸盐浓度在 9.02~54.0 μg/L,平均浓度为 28.4 μg/L。

9. 溶解氧

2021 年秋季,东营黄河口海域表层溶解氧在 9.70~11.49 mg/L,平均溶解氧为 10.41 mg/L;底层溶解氧在 9.12~9.95 mg/L,平均溶解氧为 9.60 mg/L。

2.2.3　海洋资源

1. 生物资源

研究区域海域含盐度低、含氧量高、有机质多、饵料丰富,适宜多种鱼虾类索饵、繁殖、洄游,是黄渤海水域经济鱼虾蟹贝类等多种渔业生物资源的主要产卵场和幼体繁育场,素有"百鱼之乡"和"东方对虾故乡"美称,渔业资源种类达 130 余种,其中重要经济鱼类和无脊椎动物 50 余种。海水养殖品种主要有海参、三疣梭子蟹、鲈鱼、半滑舌鳎、中国对虾、南美白对虾等。

2. 港口资源

研究区域主要包括东营港的广利港区、广北港区、广饶港区三个港区,广利港区主要为东营市东部地区生产生活物资运输服务;广北港区服务于小清河沿岸地区,为腹地生产生活所需散杂货运输服务;广饶港区以小批量散杂货运输为主,为港区所在地区生产生活物资运输服务。

3. 矿产资源

研究区域主要有卤水、煤、地热、黏土、贝壳等。沿海浅层卤水储量为 2×10^8 m³,深层盐矿、卤水资源主要分布在东营凹陷地带,推算储量达 $1\,000 \times 10^8$ t。煤主要分布于广饶县东北部,因埋藏较深,尚未开发利用。地热资源主要分布在广饶及新户、太平、义和、孤岛、五号桩地区和利津部分地区,地热异常区面积达 $1\,150$ km²,热水资源总量逾 1.27×10^{10} m³,热能储量超过 3.83×10^{15} kJ,折合标准煤 1.30×10^8 t。

4. 滩涂湿地资源

滩涂是珍贵的后备土地资源,也是黄河口重要的湿地资源,蕴藏着丰富的生物资源、可开发的旅游资源及港口和水资源。东营市沿海滩涂资源丰富,沿海滩涂土地资源近 15 万亩,其中堤外潮上带(高涂,废黄河高程 2.5 m 以上)约 2 万亩,潮间带 7 万亩,辐射沙洲 1 万亩,潮下带(废黄河高程 0 m 以上)约 2 万亩。沿海滩涂适宜多种生物资源繁衍,是多种经济贝类生长繁殖的理想场所。

5. 旅游资源

研究区域旅游资源主要为黄河口生态旅游区,其是依托山东黄河三角洲国家级自然保护区而建,位于黄河现行入海口处,区内拥有河海交汇、生态湿地、珍稀濒危鸟类、滨海滩涂景观和石油工业等独具特色的生态旅游资源,保护区总面积为 $1\,530$ km²,拥有世界上暖温带最广阔、最完整、最年轻的湿地生态系统。

2.2.4　开发现状

研究区域海域开发的主要行业为海水养殖、港口航运业等,主要用海类型为开放式养殖用海、围海养殖用海、港口航道用海等。养殖用海主要分布在东营区和广饶县海域,港口用海现基本集中在东营港的广利港区、广北港区、广饶港区三个港区。近岸海域发展特点包括:拥有港口资源、滩涂资源和城市腹地优势,产业基础和交通条件十分优越,海水养殖业发展基础条件较好,可发展广利港区及临港产业、苗种繁育和精品水产等养殖用海产业。

第3章 海湾生态环境管控国内外研究进展

海湾指的是向陆地进深的海洋区域,由陆地环绕而成,通常形状狭长、进深较大。海湾的开口相对较窄,与海洋相连,而背后则由陆地包围。海湾多形成于断层、海岸线弯曲处或海水侵蚀等地质地貌中。

随着全球海洋环境问题的日益凸显,对于海湾生态环境的保护和管控引起了国际社会的广泛关注。海湾作为陆海交界的特殊地理环境,其生态环境的健康和稳定对于维护海洋生物多样性、保护海洋资源以及保障人类福祉具有重要意义。在海湾生态环境管控的研究进展中,近岸海域作为海湾生态系统的重要组成部分,扮演着关键的角色。

近岸海域作为陆地和海洋的交汇地,具有独特而复杂的生态系统。它是海洋生物的重要栖息地,承载着丰富的海洋资源。近岸海域的生态环境不仅对于维持海洋生物的生存和繁衍至关重要,还直接影响着人类的生活和经济发展。

然而,由于人类活动的干扰和污染,近岸海域的生态环境正面临严重的威胁,莱州湾也面临同样的问题。为了保护近岸海域的生态环境,国内外相继采取了一系列相关措施,并出台了相应的生态环境保护相关政策。近岸海域环境改善措施及政策旨在保护和增强沿海生态环境系统的完整性、生物多样性和适应能力,同时促进可持续发展及人类福祉。这些措施及政策通常涵盖一系列战略行动,以应对近岸海域的关键环境问题。

3.1 近岸海域环境质量改善措施

3.1.1 建立海洋保护区

海洋保护区是在海洋环境中划定的特定区域,旨在保护和可持续管理海洋生态系统、栖息地、物种和文化资源。海洋保护区是维持生物多样性,保护渔业管理和海洋生态系统健康的重要手段。海洋保护区的大小、形状和保护级别因其特定目标和海洋环境需求而异,它们可以涵盖一系列栖息地,包括珊瑚礁、海草床、红树林和深海生态系统,设立在沿海水域、近海区域,甚至延伸至公海。

建立海洋保护区的主要目标如下。

1. 生物多样性的保护

通过限制或调控工业生产及人类活动,海洋保护区有助于保护和恢复关键的海洋栖息地,如珊瑚礁、海草床和红树林。这些栖息地可为海洋生物提供食物、庇护所和繁殖场所,对维持海洋生态系统的健康至关重要。海洋保护区保护关键栖息地,进而为脆弱和濒危物种提供安全庇护所,减少栖息地退化、过度捕捞和其他对海洋生物多样性的威胁。

2. 渔业资源的可持续发展

设立海洋保护区可以帮助恢复和维护渔业资源的可持续性。通过设立禁渔区或实施渔业限制,海洋保护区可以提供安全的繁殖和生长环境,有助于增加鱼类种群数量和大小,提高渔业产量,并支持渔业的长期可持续发展。

3. 基于生态系统的管理

由于物种、栖息地和生态过程之间存在相互关联,海洋保护区倡导基于生态系统的海洋管理。通过保护整个生态系统而不是单个物种或栖息地,有助于维持生态平衡、生态韧性和海洋生态系统的整体健康,促进生态系统的平衡,提高生态系统抵御气候变化和其他环境压力的能力。

4. 科学研究和教育价值

海洋保护区为科学研究和教育提供了重要资源。研究人员进行长期监测和评估,有助于了解海洋生态系统的动态和演变过程。此外,海洋保护区还为教育和公众意识提供了一个实地学习的场所,促进对海洋环境保护的理解和关注。一些海洋保护区还包括保护具有历史和文化价值的海洋文化遗产,如沉船遗址和古代遗迹,有助于保护和传承人类的文化遗产,促进文化多样性的保护。

我国 1963 年建立了第一个海洋保护地——辽宁蛇岛老铁山国家级自然保护区,经过 60 来年的发展,已初步建成以海洋自然保护区、海洋特别保护区(含海洋公园)为代表的海洋保护地网络,在保护海洋生态环境和生物多样性、推动陆海统筹、维护国家海洋权益等方面发挥了重要作用。

截至 2018 年底,我国共建立各级各类海洋自然保护地 271 处,涉及辽宁、河北、天津、山东、江苏、上海、浙江、福建、广东、广西和海南等 11 个沿海省(区、市),总面积达 12.4×10^4 km²,其中国家级 106 处。保护对象涵盖了珊瑚礁、红树林、滨海湿地、海湾、海岛等典型海洋生态系统以及中华白海豚、斑海豹、海龟等珍稀濒危海洋生物物种。

3.1.2 控制污染排放

河口、海湾等近岸海域常常受到陆地活动带来的污染物输入,如农业面源污染、工业废水和城市污水。根据中华人民共和国《2022 中国海洋生态环境状况公报》,2022 年全国近岸海域优良(一、二类)水质面积比例平均为 81.9%,劣四类水质面积比例平均为 8.9%,主要超标指标为无机氮和活性磷酸盐。

近岸海域的主要污染表现为水体的富营养化。农田和养殖场的农药、化肥和动物粪便等废物流入河流和近岸海域,其中富含的氮、磷等营养物质,通过直接或间接的方式进入海洋,城市的工业废水和生活污水未经处理或处理不彻底,含有大量有机物和营养物质的污水直接排放入海洋,富营养化的水体为藻类提供了理想的生长条件,导致赤潮、绿潮的爆发,巨大的藻类堆积、水体变红、臭味扩散,并释放有毒物质,对海洋生态系统造成严重危害。

2001 年 6 月,浙江首先出现了大规模的赤潮现象,赤潮在短短 1 个月的时间从浙江平阳县附近海域蔓延到舟山列岛。从此之后,我国逐年发生赤潮与绿潮现象,2008 年夏季青岛沿海地区出现了大规模的绿潮现象,主要由一种名为浒苔的绿藻引发。自然资源部发布的《中国海洋灾害公报》显示,2013—2022 年赤潮发生次数平均为 50.3 次,赤潮累计面积平均达到 5 708 km²。

另外,渔业活动、石油溢流、海上交通和船舶排放、塑料垃圾和海洋漂浮物等因素的相互作用,加之其他人类活动的影响,使得近岸海域面临诸多的污染问题,对海洋生态系统和人类福祉构成威胁。为了保护近岸海域环境,需要采取综合措施,加强对污染源的监控和管理。

1. 废水处理与排放控制

对于靠近近岸海域的工业企业和城市生活污水处理厂等,要求其进行废水的有效处理。通过建设废水处理设施,采取沉淀、过滤、调节等处理手段,确保排放达到相应的标准。建立废水排放的监测网络和监测体系,对近岸海域的水质进行定期监测和评估,及时发现和解决污染问题。同时,建立废水排放许可制度,对污水排放单位进行许可管理,确保废水排放符合相应的标准和要求,严禁未经处理的废水直接排放到近岸海域。对于违规排放的单位,要及时采取行政处罚和法律制裁措施,强化违法成本,提高法律法规的执行力度。

2. 农业面源污染控制

推广可持续农业实践,包括合理管理和利用化肥、科学施肥,减少过量施肥导致的养分流失,推广生态农业模式,如有机农业、生态种植等,减少对化肥和农药的依赖,通过生物多样性和生态平衡的调控,提高农田的自然养分循环效率,降低氮、磷等营养物质进入海域水体的风险。

建设农田水利工程,如田间排水系统、雨水集中利用系统等,可以改善农田排水状况,减少农田径流和养分流失。合理的水利管理可以提高土壤水分利用效率,减少农药和化肥的流失。农业废弃物(如秸秆、畜禽粪便等)可以进行有效的处理和利用,降低农业面源污染和流入近岸海域的风险。

3. 渔船和渔业废弃物管理

加强对渔船废水和废油的管理,要求渔船配备合适的污水处理设施和废油回收装置,防止渔船直接将废水和废油排放到海洋中。同时,加强对渔业废弃物的管理,渔业废弃物通常包括渔网、渔具、鱼饵、渔业包装材料等,渔民可以采取措施收集、分类回收、再利用渔网和渔具,或者进行适当的处理,如焚烧能源利用等。

4. 加强海洋监测体系的建设

建立完善的海洋监测网络,包括监测站点、观测设备和数据采集系统等。监测站点的布设应覆盖不同类型的近岸海域,包括沿岸水域、港口、河口和海湾等。观测设备包括浮标、测量船、遥感设备和自动化监测系统等,可用于收集海洋环境数据。确定适合近岸海域环境监测的参数和指标,包括水质、沉积物、生物多样性、气候变化等方面。这些参数和指标应能够反映近岸海域的生态状况和污染程度,为环境管理和决策提供科学依据。同时,建立数据共享和管理机制,对海洋监测数据进行分析和评估,识别近岸海域环境问题和趋势变化,及时发现和预警污染事件,评估环境质量,为制定环境保护政策和采取相应措施提供科学依据。

3.1.3　沿海区域综合管理

20 世纪 60 年代,人类认识到海岸带资源环境亟待保护后,提出实施沿海区域综合管理(Integrated Coastal Zone Management,ICZM)。ICZM 的早期概念在 1972 年联合国人类环境会议中首次被提及,随后在 1992 年里约地球峰会上,ICZM 被认可为一种以协调和整合沿海地区的资源利用和环境保护的重要管理方法,并被视为实现可持续发展的关键工具,旨在协调和平衡沿海区域的经济、社会和环境利益,以实现可持续发展。它的目标是通过合理规划和管理海岸地区的资源和活动,保护海岸环境、维护生态系统功能,并促进社会经济发展。

通过里约地球峰会,ICZM 得到了国际社会的广泛认可和支持,并成为国际合作和政策制定的重要议题。它涉及多个领域,包括海岸线规划、土地利用管理、水资源管理、渔业和海洋保护等,为各国提供了指导和框架,以实现可持续的海岸管理和发展。ICZM 的基本原则是综合性、合作性和可持续性,通过综合性协调促进不同利益相关方之间的合作共赢,以确保资源的可持续利用。ICZM 要求政府部门、社区、科学家和私营部门之间密切合作,以制定和实施综合的管理策略。

沿海区域是一个复杂而动态的环境,各种自然、生产和社会活动与利益相关方在此相互作用。ICZM 考虑到沿海区域的相互联系,包括陆海相互作用、水动力学和生态联系,通过考虑沿海区域的多个方面,旨在确保沿海区域的长期生态韧性、经济可行性和社会福祉,强调在决策过程中整合环境、经济和社会考虑因素,促进不同部门、利益相关方在沿海管理中的协作和协调,最终形成相应的管理计划,通常包括保护和恢复海岸生态系统、管理土地使用、控制海岸侵蚀、减少污染、推动可持续发展和旅游规划等多个方面。

ICZM 在全球范围内得到了广泛应用,并且被许多国家和国际组织所支持和采纳。通过实施 ICZM,人们可以更好地保护和管理海岸地区的资源,提高社区抵御灾害的能力,并确保未来的可持续发展。中国的海岸带综合管理实践起步于 1994 年,由联合国开发计划署与中国政府合作在厦门建立了全国首家海岸带综合管理试验区。

ICZM 在厦门湾的具体实施包括以下几个方面:首先,厦门市政府编制了《厦门海域污染物排海总量控制规划》,合理分解了各海域污染控制目标和分工职责;其次,完善了城乡污水处理的基础设施建设,提高了污水处理的能力和效率;最后,通过联合采取“河道管养制度”、取缔违法排污口、提升流域环境综合治理等诸多科学措施,厦门湾众多小流域旧貌换新颜。在此基础上,厦门市继续实施海岸带生态修复工程,先后对筼筜、钟宅、大嶝等 7 座海堤实施开口通海、破堤建桥、清淤还海等改造工程,并恢复红树林湿地。

在 ICZM 的治理下,厦门湾开始了一场脱胎换骨之旅。厦门西海域拆除滩涂养殖 2.3 万多亩;东部海域退出网箱 30 499 个,恢复湿地公园 1.5 km²。渔船数从 2002 年的 4 334 艘减少到 2011 年的 1 892 艘。与此同时,建成了香山 - 长尾礁与环东海域岸段人工沙滩修复工程。昔日脏乱的海湾环境得到了彻底的改善,以筼筜湖海堤为代表的厦门港湾彻底变成了风仪秀整的厦门名片。

3.1.4 加强海洋环境监测和科学研究

通过海洋环境监测和科学研究的加强,可有效发现污染源,并解决污染物扩散和生态破坏等问题,为制定环境保护政策、减少污染物排放和保护脆弱生态系统提供了科学依据。

近岸海域环境监测的数据收集和分析有助于评估海洋生态系统的健康状况、监测污染物的影响、制定管理和保护策略,并为科学研究和可持续海岸管理提供依据。

其中,水质监测主要包括近岸海域水体的物理化学参数,如温度、盐度、pH 值、溶解氧、营养盐、悬浮物质、有机污染物、重金属、微塑料等的监测。通过近岸海域的污染物排放情况及浓度含量,评估水体的健康状况,寻找污染源,掌握水环境迁移转化等趋势。海洋生物监测包括监测近岸海域的生物多样性、物种分布、群落结构和生态系统功能,如鱼类、浮游生物、底栖生物、海洋哺乳动物等的监测,以了解海洋生态系统的健康状况和生物多样性变化。沿岸生态系统监测包括监测近岸海域的沿岸湿地、珊瑚礁、海草床等生态系统的健康状况和生态过程,以及植被覆盖率、物种丰富度、生态系统功能等方面的参数,以了解生态系统的变化和对人类活动的响应。沉积物监测包括监测近岸海域沉积物的物理特性、化学成分和污染物含量,如沉积物颗粒大小、有机质含量、重金属和有机污染物的浓度等的监测,以评估沉积物对生物和环境的影响。

近岸海域科学研究包括海域形态、地质演变过程、海洋及沉积物水质、海洋生态系统以及与人类活动之间的相互作用等多个方面。

其中,物理过程主要包括近岸海域的海洋动力学过程,如海流、海浪、潮汐等,以及近岸水体的运动、混合和输运过程,还有它们对沿岸生态系统和水文环境的影响。化学过程主要包括近岸海域的水体化学特征和过程,如盐度、温度、溶解氧、营养盐等多指标浓度含量,近岸海域中物质的来源、转化和循环,以及与海洋生物、生态系统和人类活动之间的相互作用。生物过程主要包括研究近岸海域的生物多样性、生态过程和生物地理学特征,近岸海域中的海洋生物群落、生态系统功能、物种适应性和迁移等方面的研究。地质过程主要包括研究近岸海域的地质特征、沉积物类型和地质演化过程,沿岸地貌、沉积物沉积、海岸侵蚀和沉积、海底地形等方面的研究。人类活动对近岸海域的影响主要包括沿岸开发、渔业、海洋污染、旅游,评估人类活动对近岸生态系统的影响、管理和保护近岸资源的策略,进行可持续近岸管理的研究。通过生态模型和预测工具,可以评估不同管理措施的效果,并提供科学依据和决策支持。

总体而言,加强海洋监测、科学研究与保护管理的紧密结合,将研究数据及成果应用于实际保护工作中,可高效推动科学管理,并实现可持续发展。

3.1.5　推动公众参与和教育宣传

公众参与和教育宣传是近岸海域生态环境保护的重要组成部分。通过增加公众对近岸海域生态环境问题的认识和理解,可以提高公众对保护工作的支持和参与度。开展环境教育宣传活动,包括学校教育、社区活动和媒体宣传,可以提高公众对近岸海域生态环境保护重要性的认知。宣传活动应注重普及环保知识、宣传环保行动、倡导环保生活方式等,引导公众形成良好的环境保护意识和行为习惯。此外,鼓励公众参与保护工作,如组织环保志愿者活动、开展海滩清洁行动等,增强公众的环保责任感和主动性。

综上所述,近岸海域生态环境保护涉及多个方面的措施和行动。通过建立海洋保护区、控制污染排放、禁止非法捕捞和过度捕捞、保护海洋生物栖息地、加强海洋环境监测和科学研究以及推动公众参与和教育宣传,可以有效保护近岸海域的生态环境,促进海洋生态的可持续发展,促使政府部门、科研机构、企业和民众共同形成合力,保护我们的蓝色家园。

3.2　近岸海域生态环境保护相关政策

近岸海域生态环境保护是全球范围内的重要议题,各国和国际组织积极开展了相关研究和立法工作。下面介绍一些国家及国际上的相关立法及制定的标准,以展示近岸海域环境保护的全球进展。

3.2.1 中国近岸海域生态环境保护相关政策

中国是世界上拥有辽阔近岸海域的国家之一,近年来在近岸海域生态环境保护方面取得了积极进展。以下是一些中国海洋保护及近岸海域保护的法律法规及管理条例,包括海洋环境保护、渔业资源管理、海洋生态保护等方面的规定。这些法规旨在保护海洋生态环境、促进可持续利用海洋资源,并维护近岸海域的生态安全。

(1)《中华人民共和国海洋环境保护法》:列十章九十七条,于1982年颁布,历经1999年修订和2013年、2016年、2017年三次修正,是中国海洋环境保护的基本法律。它规定了海洋环境保护的基本原则、污染物排放的管理、海洋生态保护、海洋环境监测和执法等方面的内容,包括海洋环境监督管理、海洋生态保护、防治陆源污染物对海洋环境的污染损害、防治海岸工程建设项目对海洋环境的污染损害、防治海洋工程建设项目对海洋环境的污染损害、防治倾倒废弃物对海洋环境的污染损害、防治船舶及有关作业活动对海洋环境的污染损害、法律责任等部分。

(2)《中华人民共和国海域使用管理法》:列八章五十四条,于2002年颁布,主要用于规范和管理海洋领域的土地使用和开发。它包括海域使用的许可、审批程序、使用费收取等内容,旨在加强海域使用管理,维护国家海域所有权和海域使用权人的合法权益,促进海域的合理开发和可持续利用。

(3)《中华人民共和国海洋渔业法》:列六章五十条,于1986年颁布,用于管理和保护海洋渔业资源。它规定了渔业资源的保护、渔业捕捞管理、渔业许可和配额、禁渔期等内容,以加强渔业资源的保护、增殖、开发和合理利用,发展人工养殖,保障渔业生产者的合法权益,促进渔业生产的发展,并确保海洋渔业与其他经济活动的协调发展。

(4)《中华人民共和国防治陆源污染物污染损害海洋环境管理条例》:列三十七条,于1990年公布,旨在加强对陆地污染源的监督管理,防治陆源污染物污染损害海洋环境。

(5)《中华人民共和国防治海岸工程建设项目污染损害海洋环境管理条例》:列二十九条,于1990年公布,旨在加强海岸工程建设项目的环境保护管理,严格控制新的污染,保护和改善海洋环境。

(6)《近岸海域环境功能区管理办法》:列四章十九条,于1999年公布,旨在保护和改善近岸海域生态环境,规范近岸海域环境功能区的划定工作,加强对近岸海域环境功能区的管理。

(7)《海洋倾废管理条例》:列二十四条,于1985年公布,旨在严格控制向海洋倾倒废弃物,防止对海洋环境的污染损害,保持生态平衡,保护海洋资源,促进海洋事业的发展。

另外,为贯彻落实《中华人民共和国环境保护法》《中华人民共和国海洋环境保护法》《中华人民共和国水污染防治法》,相应的国家标准以及环境保护行业标准也同时颁布,以加强对海洋环境保护的监督管理,提高海洋环境保护的标准化水平,确保各类活动在遵守环境保护法律法规的前提下,减少对海洋环境的污染和损害。

(1)《海水水质标准》(GB 3097—1997):规定了海域各类使用功能的水质要求及对应的各项指标限制、检测方法、评价方法等内容。

(2)《海洋调查规范》:包括国家海洋局组织制定的11项系列国家标准,旨在指导我国海洋调查、观测活动,保证调查数据质量,促进海洋科学发展,更好地为国民经济建设和国防建设服务。主要组成部分包括：《第 1 部分：总则》（GB/T 12763.1—2007）；《第 2 部分：海洋水文观测》（GB/T 12763.2—2007）；《第 3 部分：海洋气象观测》（GB/T 12763.3—2007）；《第 4 部分：海水化学要素调查》（GB/T 12763.4—2007）；《第 5 部分：海洋声、光要素调查》（GB/T 12763.5—2007）；《第 6 部分：海洋生物调查》（GB/T 12763.6—2007）；《第 7 部分：海洋调查资料交换》（GB/T 12763.7—2007）；《第 8 部分：海洋地质地球物理调查》（GB/T 12763.8—2007）；《第 9 部分：海洋生态调查指南》（GB/T 12763.9—2007）；《第 10 部分：海底地形地貌调查》（GB/T 12763.10—2007）；《第 11 部分：海洋工程地质调查》（GB/T 12763.11—2007）。

（3）《近岸海域环境监测技术规范》：包括生态环境部生态环境监测司、法规与标准司组织制定的 10 项系列环境保护行业标准，旨在规范近岸海域生态环境质量监测，保护生态环境，保证全国近岸海域环境监测的科学性、准确性、系统性、可比性和代表性，规定了近岸海域环境监测的实施方案编制、海上监测用船及安全、质量保证和质量控制的基本要求。近岸海域环境监测包括近岸海域环境质量（水质、沉积物、生物质量、生物）、入海河流、直排海污染源及对近岸海域水环境影响、突发环境事件和专题监测。主要组成部分包括：《第一部分 总则》（HJ 442.1—2020）；《第二部分 数据处理与信息管理》（HJ 442.2—2020）；《第三部分 近岸海域水质监测》（HJ 442.3—2020）；《第四部分 近岸海域沉积物监测》（HJ 442.4—2020）；《第五部分 近岸海域生物质量监测》（HJ 442.5—2020）；《第六部分 近岸海域生物监测》（HJ 442.6—2020）；《第七部分 入海河流监测》（HJ 442.7—2020）；《第八部分 直排海污染源及对近岸海域水环境影响监测》（HJ 442.8—2020）；《第九部分 近岸海域应急与专题监测》（HJ 442.9—2020）；《第十部分 评价及报告》（HJ 442.10—2020）

（4）《近岸海域水质自动监测技术规范》（HJ 731—2014）：旨在规范我国近岸海域自动监测工作，规定了开展近岸海域水质自动监测的系统建设、验收和运行相关技术要求，包括建设与运行、自动监测系统校准与维护、自动监测系统运行的质量控制与质量保证以及数据采集频率、有效性、上报及报告等内容。

（5）《近岸海域环境监测点位布设技术规范》（HJ 730—2014）：旨在规范近岸海域环境监测布点工作，规定了近岸海域环境监测点位的布设方法和调整技术要求。

（6）《近岸海域环境功能区划分技术规范》（HJ/T 82—2001）：旨在加强近岸海域环境的统一监督管理，规定了近岸海域环境功能区划的原则及方法，包括区划调查方法、区划图集的编绘方法以及区划报告的编写与验收方法等，是我国近岸海域环境功能区划的技术依据。

（7）《船舶水污染物排放控制标准》（GB 3552—2018）：旨在促进船舶水污染物排放控制技术的进步，推进船舶污染物接收与处理设施建设，推动船舶及相关装置制造业绿色发展。

（8）《污水海洋处置工程污染控制标准》（GB 18486—2001）：旨在规范污水海洋处置工程的规划设计、建设和运行管理，保证在合理利用海洋自然净化能力的同时，防止和控制海洋污染。

3.2.2　美国近岸海域生态环境保护相关政策

环境保护署（Environmental Protection Agency，EPA）和国家海洋和大气管理局（National Oceanic and Atmospheric Administration，NOAA）是美国两个重要的环境保护机构，也是近岸海域生态环境保护法律法规制定及政策执行部门。

EPA 成立于 1970 年,是美国联邦政府的环境保护机构,其主要职责是保护和改善美国的环境质量,推动可持续发展。EPA 负责制定和执行联邦环境法规,开展环境研究和监测,提供环境政策建议,并与各联邦、各州的地方部门与企业合作推动环境保护措施的实施。EPA 的重点工作领域包括空气质量、水质保护、土壤和废物管理、气候变化等。

NOAA 是隶属于美国商务部的科学管理机构,主要负责研究和保护美国的海洋和大气资源,以及预测和监测气候、海洋环境和自然灾害。NOAA 的任务包括提供准确的天气预报,进行海洋生态系统的科学研究、渔业管理、海洋保护区管理、海洋导航和勘测等。

由 EPA、NOAA 及其他相关部门出台的法规政策旨在保护和管理近海海域环境,保护沿海生态系统,并应对潜在的威胁和影响。以下是美国与近岸海域环境保护相关的一些重要法规和法律。

(1)《近岸海域管理法》(Coastal Zone Management Act, CZMA)是美国国会于 1972 年通过的一项法律。该法旨在管理和保护美国的沿海资源。CZMA 的管理机构为 NOAA。该法的目标是"保留、保护、开发,并在可能的情况下恢复或增强国家沿海区域的资源"。

CZMA 通过建立国家近岸海域管理计划(National Coastal Zone Management Program)、国家河口研究保护区系统(National Estuarine Research Reserve System)和沿海和河口土地保护计划(Coastal and Estuarine Land Conservation Program, CELCP)等三个国家性项目来实现其目标。国家近岸海域管理计划旨在平衡陆地和海域之间的竞争问题,以实现可持续的沿海区域管理。国家河口研究保护区系统将河口地区作为实验室,深入研究河口生态系统,并了解人类对其的影响。沿海和河口土地保护计划为州和地方政府提供配套资金,用于购买或保护受威胁的沿海和河口土地,以保护这些关键生态系统。

CZMA 的实施有助于维护沿海资源的可持续利用,保护沿海生态系统的完整性,并平衡经济发展与环境保护之间的关系。通过综合管理和合作,该法促进了各利益相关方的参与,确保沿海地区的可持续发展和保护。

(2)《清洁水法》(Clean Water Act, CWA)是美国的一项重要环境法律,由 EPA 于 1972 年通过并负责执行。该法旨在保护美国的水体质量,防止和减少对水环境的污染,保护生态系统和人类健康。

CWA 的主要内容包括设定水质标准、排污许可、污染源控制、水体清洁计划以及紧急响应和处罚措施。例如,CWA 规定了包括近岸海域在内的不同类型水体的水质标准,以确保水体的质量符合环境保护要求。同时,CWA 进行了污染源防控,规定了对点源污染源(如工厂、污水处理厂)和面源污染源(如农业畜禽养殖、城市径流)的控制要求和标准,要求企业和机构获得排污许可证,以减少对水体的污染。另外,CWA 要求各州制定和执行水体清洁计划,保护和恢复受损水体。

(3)《海洋保护、研究和保护区法案》(Marine Protection, Research and Sanctuaries Act, MPRSA),也被称为《海洋倾倒法案》。该法案旨在管制和规范物质在海洋中的处理和倾倒,并保护海洋环境及其资源。

MPRSA 禁止向海洋中倾倒垃圾、废弃物和其他污染物,以减少海洋污染和保护海洋生态系统;鼓励和支持海洋科学研究,促进对海洋环境、生物多样性和生态系统的了解,以及开展海洋资源管理和保护的科学基础研究;授权国家海洋保护区的设立,以保护和管理特定的海洋区域,包括珊瑚礁、海底峡谷、重要的生物栖息地等,促进生物多样性和可持续的海洋资源利用。

该法案也涉及对沉船和考古遗址的保护,以保留历史和文化遗产,并促进研究和教育。

通过设立 MPRSA,美国建立了一套完善的海洋管理体系,以确保海洋处理和倾倒活动的负责任管理,并保护海洋生态系统的健康。该法案对于保护海洋环境、维护人类福祉和促进可持续发展具有重要意义。

此外,EPA、NOAA 联合美国其他部门机构,如海洋能源管理局(Bureau of Ocean Energy Management,BOEM)、安全和环境执行局(Bureau of Safety and Environmental Enforcement,BSEE)和国家海洋渔业局(National Marine Fisheries Service,NMFS)等多美联邦机构,负责出台法律法规,例如《国家环境政策法》(National Environmental Policy Act,NEPA),《外陆架土地法案》(Outer Continental Shelf Lands Act,OCSLA),《海洋哺乳动物保护法》(Marine Mammal Protection Act,MMPA),《濒危物种法》(Endangered Species Act,ESA),《石油污染法案》(Oil Pollution Act,OPA)等同样对沿海水域生态环境保护与可持续发展具有重要意义。

3.2.3　国际组织近岸海域生态环境保护相关政策

国际组织的法律法规和政策旨在促进全球范围内的海洋保护行动,强调合作、科学研究、可持续利用和生态系统管理等原则,以确保海洋生态系统的健康和可持续发展,以下介绍部分重要的国际组织及政策文件。

1. 联合国环境规划署(United Nations Environment Programme,UNEP)

UNEP 总部位于肯尼亚内罗毕,是联合国系统内主要负责环境事务的机构之一,负责协调全球环境议程、提供政策建议、促进环境保护行动,并支持各国在环境领域的合作和能力建设。联合国环境规划署海洋计划(UNEP-Marine Programme)是 UNEP 的下属部门,致力于推动全球海洋环境保护和可持续利用,其主要任务是提供政策建议、开展研究和合作项目,以促进海洋生态系统的保护和可持续管理。该计划关注海洋生物多样性、海洋污染、海洋保护区管理、气候变化对海洋的影响等重要议题。

2. 国际海事组织(International Maritime Organization,IMO)

IMO 成立于 1948 年,总部位于英国伦敦,主要任务是制定国际海事法规和标准,以确保全球海洋运输的安全、环境友好和可持续发展。作为全球性的海事组织,IMO 的工作影响着全球海洋贸易和航运行业,推动国际海洋法律框架的制定和执行,致力于减少船舶对海洋环境的污染。IMO 制定了《国际防止船舶污染公约》(MARPOL 公约),规定了船舶排放的限制和处理标准,以保护海洋生态系统和水质。通过成员国间的合作和共同努力,IMO 在全球范围内推动海事领域的发展和改进,以确保海洋运输的安全、可持续发展和环境友好,是国际海洋法律框架的重要组成部分,为海事行业提供指导和支持,促进全球海洋贸易的繁荣

3. 国际海洋研究委员会(Intergovernmental Oceanographic Commission,IOC)

IOC 是联合国教科文组织(UNESCO)下属的一个特别机构,致力于促进全球海洋科学合作和可持续发展,总部位于法国巴黎。其任务是促进各国之间的海洋科学研究、观测和数据交流,推动海洋知识的共享和传播,以支持海洋管理和决策制定。IOC 的主要职责包括海洋科学研究、观测和数据交流、海洋服务能力建设、海洋管理和政策。通过促进国际合作和知识共享,IOC 致力于推动海洋科学的进步和应用,为实现可持续的海洋发展和保护提供支持。IOC 是全球海洋科学社群的重要组织,为各国之间的合作搭建平台,推动全球海洋研究和管理的进展。

4. 联合国海洋环境保护科学方面专家联合小组(Joint Group of Experts on the Scientific Aspects of Marine Environmental Protection,GESAMP)

GESAMP 是一个由联合国组织成立的专家组,致力于提供关于海洋环境保护的科学方面的专门意见和建议,成立于 1969 年,是由联合国环境规划署(UNEP)和联合国教科文组织(UNESCO)共同发起的。其任务是为联合国环境保护相关组织提供科学和技术方面的指导,以支持全球海洋环境的保护和可持续利用。GESAMP 在全球范围内被广泛认可,并在国际海洋环境保护政策和规范的制定中发挥重要作用。其工作对于维护海洋生态系统的健康和可持续发展至关重要。

5.《联合国海洋法公约》(United Nations Convention on the Law of the Sea,UNCLOS)

UNCLOS 被称为"海洋宪法",是由联合国制定的关于海洋法律事务的国际公约。该公约于 1982 年 12 月 10 日在蒙特勒瓦(Montego Bay)签署,并于 1994 年 11 月 16 日生效。UN-CLOS 是国际海洋法的核心法律文件,它规定了各国在海洋空间和海洋资源利用方面的权利和义务。

UNCLOS 的主要目标是确立各国之间海洋事务的法律基础,保护和维护海洋环境的可持续利用,以及促进海洋科学研究、海洋技术的发展和国际合作。其签署国已经超过 170 个国家,被广泛认可为国际海洋法的核心准则,为各国提供了一个平等和公正的框架,以解决涉及海洋领土、资源利用和环境保护等方面的争议。UNCLOS 的实施有助于维护国际和平与稳定,促进各国之间的合作与发展。

综上所述,近岸海域生态环境保护需要各国间的合作与协调。国际组织、政府机构和非政府组织应加强合作,制定国际法律法规和政策措施,共同推动近岸海域生态环境保护的全球行动。国际合作应涵盖信息共享、技术交流、经验借鉴和资源共享等方面,通过建立合作机制和平台,促进不同国家间的合作与交流,共同应对近岸海域生态环境面临的挑战。在政策制定方面,需要制定全面的海洋保护政策和法律框架,确保近岸海域生态环境保护的长期可持续性;同时,加强政策的执行力度,建立监督机制和法律责任体系,确保政策的有效实施。

第4章　陆域海域水生态环境现状评价

莱州湾入海水系丰富,在东营开发区所辖海域内,以滋养华夏文明发源的黄河为首,还有广利河、永丰河、支脉河、小清河、小岛河和溢洪河等共7条入海河流,源源不断地向海洋输送营养物质。多年来,随着经济的发展和工业能力的提高,污染物从河流排向海洋,给莱州湾近岸海域水生态环境造成了重大影响。经过"十三五"时期的不断努力,莱州湾水生态环境状况有所好转,但治理效果仍不扎实,劣四类水质海域面积减少速度仍然缓慢。2021年是"十四五"的开局之年,本章在回顾莱州湾东营开发区所辖近岸海域及陆源水生态、水资源近5年历史变化趋势的基础上,在2021年对7条河流的入海断面按月开展监测,尤其关注造成研究区域劣四类水质的理化指标,同时在研究区域近岸海域开展夏、秋两季的加密监测,掌握不同污染物在研究区域的浓度分布。在上述监测数据的基础上,对海洋水生态环境开展现状评价,为研究区域污染溯源分析奠定数据和评价基础。

4.1　评价方法研究进展

4.1.1　水环境质量评价方法

1. 单因子评价法

单因子评价法是《水资源保护规划技术大纲》中推荐的方法,现行的《地表水环境质量标准》(GB 3838—2002)中明确规定:"地表水环境质量评价应根据应实现的水域功能类别,选取相应类别标准,进行单因子评价。"单因子评价是指用水体中感观性、毒性和生物学等单因子的监测结果对照各自类别的评价标准,确定各项目的水质类别,在所有项目水质类别中选取水质最差类别作为水体水质类别。

该方法是操作最为简单的一种水质综合评价方法,目前使用较多,可直接了解水质状况与评价标准之间的关系。单因子评价法对水体水质从严要求,能够确保水体安全。但有时会由于过于严格的要求而把水域使用功能评价得偏低,而且各评价参数之间互不联系,不能全面反映水体污染的综合情况。

2. 污染指数评价法

污染指数评价法是将水体各监测项目的监测结果与其评价标准之比作为该项目的污染分指数,然后通过各种数学手段将各项目的分指数综合而得到该水体的污染指数,以此代表水体的污染程度,以及进行不同水体或同一条水体不同时期的水质比较。对分指数的处理不同,使水质评价污染指数存在不同的形式,包括简单叠加指数、算术平均值指数、最大值指数、加权平均指数、混合加权模式等。

1)简单叠加指数

简单叠加指数是选定若干评价参数,将各参数的实际浓度 C_i 和其相应的评价标准浓度(C_{oi})相比,求出各参数的分指数,再将各分指数加和,即

$$PI = \sum_{i=1}^{n} \frac{C_i}{C_{oi}}$$

简单叠加指数是最基本的污染指数计算方法,其不足在于评价结果受评价参数的不同和评价参数项数的影响,可比性不高,并且无法区别不同污染物对水质的影响。

2)算术平均值指数

算术平均值指数的计算原理与简单叠加指数相同,由于选用的评价参数的项数直接影响评价结果数值的大小,为消除项数不同对指数值的影响,将分指数加和后除以评价参数的项数(n),即

$$PI = \frac{1}{n} \sum_{i=1}^{n} \frac{C_i}{C_{oi}}$$

与简单叠加指数相比,算术平均值指数消除了评价参数项数的不同对评价结果产生的影响,增加了一定的可比性。

3)最大值指数

最大值指数亦称内梅罗指数,其特点是在计算式中含有评价参数中最大的分指数项,其计算公式为

$$PI = \sqrt{\left(\frac{C_i^2}{C_{oi}}\right)_{max} + \left(\frac{C_i^2}{C_{oi}}\right)_{ave}}$$

最大值指数充分重视某污染物出现的最大浓度值对水质的影响和作用。但在污染物波动大时,可能出现 1 个由最大值决定的高峰,反映不出其他污染指数的贡献。

4)加权平均指数

加权平均指数是根据污染物对环境影响作用的不同,人为地引入加权值 W_i,其计算公式为

$$PI = \sum_{i=1}^{n} W_i \frac{C_i}{C_{oi}}$$

加权平均指数通过加权考虑了不同污染物对水质的不同影响,可以有针对性地突出某种污染物的作用。但当超标指数过多或者超标倍数较大时,加权平均指数的值会低于最大值指数,可能会掩盖污染问题。其中,权值如何客观合理地取值是一个关键问题。

5)混合加权模式

混合加权模式的计算公式为

$$PI = \sum_{1}^{n} W_{i1} I_i + \sum_{i=1}^{n} {}_2 W_{i2} I_i$$

式中　I_i——分指数;

$\sum_1$——所有 $I_i > 1$ 求和;

$\sum_2$——所有 I_i 求和。

且有　　$W_{i1} = I_i \mid \sum_1 I_i, I_i > 1$

$W_{i2} = I_i \mid \sum_2 I_i$,所有 I_i 并且 $\sum_1 W_{i1} = 1$,$\sum_2 W_{i2} = 1$。

混合加权模式强调了超标污染物对水质的影响,并且引入权值使评价结果更加合理;但缺点是当超标指数过大或超标项多时,评价结果会明显增大。

3. 模糊评价法

水环境污染程度与水质分级相互联系并存在模糊性,而水质变化是连续的,模糊评价法较好地体现了水环境中客观存在的模糊性和不确定性,符合客观规律,具有较强的合理性。用模糊数学集的隶属度函数来描述水质分级界限,使评价结果更接近于实际情况。

模糊评价法是通过监测数据与各级标准序列间的隶属度来确定水质级别的方法,其考虑了参加评价的各项因子在总体中的地位,由监测数据建立各评价因子对各级标准的隶属集,形成隶属度矩阵,再把评价因子的权重集与隶属度矩阵相乘,获得一个综合评判集,进而得到综合评价结果。用模糊数学方法进行水质评价有 2 个关键问题:一是评价因子隶属度的分析与计算;二是各评价因子的权重分配。随着模糊评价法的应用和改进,其主要有模糊综合评价法、模糊模式识别法、模糊聚类法等。

模糊评价法中应用最广的是模糊综合评价法,其具体步骤如下:①建立水质评价因子集合及等级集合;②建立单因子评价矩阵;③确定各因子的权重;④建立水质评价模型。模糊综合评价法是根据各评价因子的超标情况进行加权,但污染物毒性与浓度不成简单的比例关系,这种加权方法不一定符合实际,易使评价结果出现失真、失效、均化、跳跃等现象。田景环等提出根据模糊模式识别理论建立模糊评价矩阵,采用最优权法确定各水质指标的权重,以改进评价指标权重的确定方法,较好地克服了评价结果均值化的倾向。由于模糊评价法大都根据各评价因子的超标程度确定权重,各因子的权系数随实测样本的不同而变化,不利于不同水样之间评价结果的比较,并且经常出现评价结果分类不明显、分辨性差的缺点;同时,模糊评价法不能确定主要评价因子,有可能掩盖有毒有机物、重金属等对人体健康和生态环境威胁较大的污染物的影响;而且评价过程复杂,可操作性差。因此,模糊评价法主要适用于各个评价因子超标情况接近的情况,评价的出发点是体现不同评价因子对水质的综合影响。今后还需进一步研究模糊理论在进行水质评价方面的应用,研究的关键在于解决权重的合理分配和提高评价结果的可比性。

4. 灰色评价法

水环境系统是一个多因素、多层次的复杂系统,水环境监测数据是在有限时空范围内获得的,它提供的信息是不完全和不具体的,且评价标准分级之间的界限也不是绝对的。因此,可将水环境系统视为一个灰色系统。

灰色系统原理应用于水质综合评价的基本思路是计算水体水质中各评价因子的实测浓度与各级水质标准的关联度,根据关联度大小确定水体水质的级别。灰色系统理论进行水质综合评价的方法主要有灰色关联评价法、灰色聚类法、灰色贴近度分析法、灰色决策评价法等。灰色关联评价法采用关联度来定量研究系统内各要素的相互关系、相互影响与相互作用。灰色关联评价法应用于水质评价中,选择评价因子的监测值为参考序列,水环境质量标准为比较序列,根据水质标准分级可以求出多个关联度,比较序列关联度最大的参考序列所对应的级别即为水质类别。灰色聚类法是以灰数的白化函数生成为基础,将评价因子的监测值按照类别进行聚类归纳,以判断评价因子的所属类别。

与模糊评价法类似,灰色评价法突破了传统精确数学严格的约束,体现了水环境系统的不确定性,可根据关联度的大小对同类水体的水质进行比较,因此具有排序明确和可比性较好等优点;缺点是存在均值化、计算复杂等问题,可以通过进一步完善来克服这些缺点。

5. 人工神经网络法

人工神经网络（Artificial Neural Networks，ANN）是一种由大量处理单元组成的非线性自适应的系统。应用人工神经网络进行水质评价，首先将水质标准作为"学习样本"，经过自适应、自组织的多次训练后，网络具有了对学习样本的记忆联想能力；然后将实测资料输入网络系统，由已掌握知识信息的网络对其进行评价。这个过程类似人脑的思维过程，因此可模拟人脑解决具有模糊性和不确定性的问题。

水质评价中应用较广泛的人工神经网络模型有 B-P 网络模型和 Hopfield 模型。B-P 网络模型是运用误差反传算法的网络模型，其中心思想是调整权值使网络总误差最小，通过反复的正向传播和反向传播，不断地修改各层神经元的权值和阈值来减少误差函数，直到得到某一相当小的正值或进行迭代运算时误差函数不再减少。Hopfield 模型是具有模式联想功能的反馈式网络模型。

相对于模糊评价法和灰色系统法，人工神经网络法具有客观性和通用性等优点：①权重的获得摒弃了主观影响，使评价结果更具客观性，精度也更高；②可以运用训练好的权重对不属于训练样本的实测样本进行评价，具有通用性，特别适合区域的综合评价。人工神经网络法用于水质评价的缺点是评价结果易出现均值化现象，同时原理和计算过程复杂。

6. 水质指数法

1）水质标识指数法

同济大学的徐祖信于 2005 年在单因子水质标识指数法基础上，提出综合水质标识指数法。综合水质标识指数是对各污染指标的相对污染综合水质标识指数，可以表达河流总体的综合水质信息。综合水质标识指数由整数位和 3~4 位小数位组成，其结构为

$$I_{wq} = X_1.X_2X_3X_4$$

式中 $X_1.X_2$ 由计算获得，X_3 和 X_4 根据比较结果得到；

X_1——水体总体的水质类别；

X_2——水质在 X_1 类水质变化区间内所处位置，从而实现在同类水质中进行优劣比较；

X_3——参与水质评价的评价因子中劣于水环境功能区目标的单项指标个数；

X_4——水质类别与水体功能区类别的比较结果。

综合水质标识指数的核心是 $X_1.X_2$ 的计算，即根据监测数据确定水体的综合水质类别，并确定水质在该类别变化区间中的位置，其计算公式为

$$X_1.X_2 = \frac{1}{m}\sum_{i=1}^{m}P_i = \frac{1}{m}(P_1 + P_2 + \cdots + P_m)$$

式中 m——参与综合水质评价的水质单项因子的数目；

$P_1, \cdots, P_m$——第 $1, \cdots, m$ 个评价因子的单因子水质标识指数。

综合水质标识指数法结合了国家标准规定的水质类别，可以对水质类别进行定性评价，并且考虑了水质污染程度的比较，可以在同一类水的水质指标中进行定量比较，还能判别河流水体是否黑臭。综合水质标识指数法的缺点是每项评价因子的权重是相等的，并且计算量较大。

2）水质指数评价法

水质指数评价法是江苏省太湖流域河流水质评价的推荐方法。在江苏省太湖流域河流水质评价中，根据河流污染的特点，综合考虑了单因子指数评价、综合污染指数评价和综合水质标识指数评价等方法。水质指数组成为

$$I_{wq1}=X_1.X_2(X_3)$$

式中　X_1——水质类别；

　　　　X_2——水质在该类别变化区间中所处的位置；

　　　　X_3——首要污染因子。

其水质指数的计算公式为

$$X_1.X_2=\max(X_1.X_{2pH},X_1.X_{2DO},X_1.X_{2CODMn},X_1.X_2NH_3\text{-}N,\cdots)$$

式中　$X_1.X_{2pH}$，$X_1.X_{2DO}$，$X_1.X_{2CODMn}$，$X_1.X_2NH_3\text{-}N$ 等——pH 值、溶解氧、高锰酸盐指数、氨氮和其
　　　　　　　　　　　　　　　　　　　　　　他参与评价指标的单因子水质指数；

　　　　max——取所有参与评价指标的单因子水质指数的最大值。

7. 湖泊富营养化评价方法

湖泊富营养化是指湖泊在自然因素和人类活动的影响下,大量营养盐(如氮、磷等)输入,
使湖泊逐步由生产力水平较低的贫营养状态转向生产力水平较高的富营养状态,致使水体透
明度下降、溶解氧降低的一种现象。在全球范围内，30%~40% 的湖泊和水库遭受不同程度富
营养化的影响,湖泊的富营养化成为普遍关注的环境问题之一。湖泊富营养化评价就是通过
与湖泊营养状态有关的一系列指标及指标间的相互关系,对湖泊的营养状态做出判断。目前,
我国湖泊富营养化评价的方法主要有参数法、生物指标评价法、营养状态指数法等。

营养状态指数法是国内湖泊富营养化评价中应用最广的一种方法。营养状态指数法综合
多项富营养化指标,包括湖水透明度、叶绿素含量、水体中总磷和总氮浓度、高锰酸盐指数等,
并将其转换为营养状态指数,从而对湖泊营养状态进行分级。该方法主要包括 TSI 指数法、修
正的 TSI 指数法、综合营养状态指数法等。

TSI 指数法是美国科学家卡尔森在 1977 年提出的,这一评价方法以湖水透明度(SD)为
基准,综合各项参数评价营养状态,克服了单一因子评价富营养化的片面性。但 TSI 指数法没
有考虑除浮游植物外的其他因子对透明度的影响。日本的相崎守弘等把以透明度为基准的
TSI 指数,改为以叶绿素 a 浓度为基准的营养状况指数,称为修正的 TSI 指数。综合营养状态
指数法是以叶绿素 a 作为基准参数,将其他评价参数赋予权重并进行加和。王明翠等应用综
合营养指数、评分指数和主成分分析营养度法对太湖 2001 年 1—8 月湖泊富营养化状况进行
了评价分析,最终选取综合营养指数作为湖泊富营养化评价方法,并根据评价结果对湖泊富营
养化状态进行分级。

4.1.2　水生生物评价方法

1. 河流生物评价方法

河流生物评价中用得较多的指示生物有藻类、鱼类和大型底栖无脊椎动物等。

1)藻类评价

藻类处于河流生态系统食物链的始端,作为初级生产者的藻类生活周期短,对污染物反应
灵敏,在不同的水体中具有特定种类组成,其群落的性质和数量会随着水化学成分而改变,因
此常被用作水质监测和评价的重要参数。不同藻类对生态因子的耐受性不同,比较富营养化
水体与贫营养水体中的主要藻类,如鱼腥藻属、束丝藻属、微囊藻属、直链藻属、脆杆藻属、星杆
藻属等主要存在于富营养化的水体,而角星鼓藻属、平板藻属、小环藻属、锥囊藻属等则主要存

在于贫营养的水体。藻类评价的缺点是不能反映河流综合的生态条件。

2）鱼类评价

鱼类处于河流生态系统食物链的末端，能较好地反映河流的综合生态条件。斑马鱼、剑尾鱼和鲫鱼等是应用最为广泛的河流鱼类。鱼类评价的缺点是对环境条件变化的反映不够快速灵敏，采样成本太高。

3）大型底栖无脊椎动物评价

大型底栖无脊椎动物是指肉眼可见、体长超过 500 μm、栖息在河流水层底部或附着在基质上的无脊椎动物群，包括水生昆虫、大型甲壳类动物、软体动物、环节动物、圆形动物、扁形动物等许多动物门类。其活动能力较弱，比较容易受到污染物的影响，具有长而稳定的生活周期，能综合反映较长时间段内的河流水质状况；而且种类多样性高，耐污值多样性高，处于河流生态系统食物链的中间，在水生态系统能量循环中具有不可替代、兼具藻类和鱼类的优点，采样容易，成本低。因此，大型底栖无脊椎动物以其独有的优势越来越广泛地用于河流水质的生物评价中。

2. 河流生物评价指数

常用于河流水质评价的生物学指数有 3 种：多样性指数（diversity index）、相似性指数（similarity index）和生物指数（biotic index）。其中，前 2 种指数是利用群落的结构和功能参数为基础建立的；生物指数是利用筛选的指示生物或生物类群与水体质量的相关性，特别是考虑它们与污染物之间的关系，从而划分不同污染程度的水体。

1）多样性指数

多样性指数是根据一般生物群落结构组成中种的数目或各个种的个体数目在分配上有一定特点而设计的一种数值指标。它试图将一个群落中种类的丰度信息缩并为一个单独的数值。种数越多或各个种的个体数分配越均匀，多样性就越大。从理论上说，当河流生态系统群落受到环境胁迫时种类数和个体数都会减少，从而导致多样性指数的降低。常用的河流水质多样性指数有 Shannon-Weaver 种类多样性指数 H'、Margalef 种类丰富度指数 d 以及 Simpson 多样性指数 D，具体见表 4.1-1。

表 4.1-1　生物多样性评价指数与评价标准对应关系

指数名称	表达式	评价标准
Shannon-Weaver 种类多样性指数 H'	$H' = \sum_{i=1}^{s} \frac{n_i}{N} \ln \frac{n_i}{N}$	$0 < H' \leq 1$，重度污染；$1 < H' \leq 2$，中度污染；$2 < H' \leq 3$，轻度污染；$H' > 3$，清洁
Margalef 种类丰富度指数 d	$d = \frac{S-1}{\ln N}$	$0 < d \leq 1$，重度污染；$1 < d \leq 2$，中度污染；$2 < d \leq 3.5$，轻度污染；$d > 3.5$，清洁
Simpson 多样性指数 D	$D = \sum_{i=1}^{s} \frac{n_i(n_i-1)}{N(N-1)}$	$0 < D \leq 1$，重度污染；$1 < D \leq 2$，中度污染；$2 < D \leq 6$，轻度污染；$D > 6$，清洁

2）相似性指数

相似性指数是测定 2 个群落组成相似性的指数。一般认为在环境条件相近的情况下，群落种类的组成也趋于一致。通过比较一些特殊种的丰度或所有种类的丰度，可得出污染区域的污染程度及其对生物的影响程度。传统的相似性指数多应用于陆地生态系统，尤其是植物群落的相似性分析后来推广应用到河流生态系统中,由于对水体中的生物群落采样时经常出现在各个采样点种类数目不一致的情况,出现的种类类别更不尽相同,某一种类所占该采样点群落总个体数的比例也千差万别,所以分析不同采样点之间的群落相似性,有利于不同类型群落的比较,进而反映出它们的环境差别。在河流生态系统中常用的相似性指数有百分比相似性指数、Jaccard 指数、Bray-Curtis 相异指数等。与多样性指数和生物指数相比,相似性指数的最大不足在于它要有一个清洁样点作对照,因此其适用于点污染源上下游的河流水体的比较。

3. 生物指数

环境污染后,原有生物与环境中的多种物质关系发生变化,出现新的生物与环境的物质循环关系。生物指数是通过对群落中的敏感种和耐污种进行量化分析,对生态环境状况做出评价。在河流水质评价中常用的生物指数有 Chandler 计分制、Beak 指数、Chutter 指数以及硅藻生物指数等。

4.1.3　海洋监测及评价方法

1. 海水水质评价方法

海水水质评价是海洋综合治理成效评估和海洋生态系统适宜性管理的重要基础。当前,国内外多采用单因子指数、内梅罗指数和主成分分析法等进行海水水质状况综合评价。这些方法虽然能够对多个水质参数进行有效降维,客观反映水体环境的综合质量,但由于结果以单一数值呈现,使具体的水质污染因子信息缺失。雷达图作为一种能够直观呈现多维数据特征及其变化趋势的量化评估方法,在对对象进行整体和全局评价的基础上,最大限度地保存了多维数据的原始信息,并被逐渐应用于河流和湖泊的水质评价中。

1)灰色关联分析法

灰色关联分析法是利用灰色系统的理论基础,将待评价水质与水质评价标准视为一个灰色系统,遵照水质评价质量标准,确定水质标准与实测水质间的关联度,最后根据最大关联度原则确定评价区水质标准。其主要特点是考虑水质界限的模糊性,注重评价对象的整体质量状况,评价结果明显且计算简便。其主要步骤包括:对样本数据及评价标准进行标准化无量纲处理;计算关联系数;计算关联度,按照最大化原则确定样本标准级别。

2)灰色聚类分析法

灰色聚类分析法同样以灰色系统理论为理论基础,通过白化函数或者关联矩阵将样本数据聚集成若干个可以定义的类别。灰色聚类分析法是一种加权的灰色分析方法,其充分考虑了水质分级界限的模糊性,具有较高的信息利用率和准确度。其主要步骤包括:按照灰类构建白化函数;通过标准化处理确定聚类权;通过白化函数计算聚类系数;按照最大化原则确定样本标准级别。

3)模糊综合评判法

海洋环境系统是一个庞大且复杂的系统,存在大量不确定性因素,具有明显的模糊性难以定量。模糊数学法能有效地解决评价边界模糊和监测误差对评价结果的影响。模糊综合评判法以模糊数学理论为基础,通过隶属函数表示模糊状态,利用隶属度对样本进行分类。其主要步骤包括:确定评价因子集及评价标准;通过隶属函数确定隶属度;利用实测数值对比标准值,确定各因子权值;综合隶属度及权重值确定评价等级。

4）单项污染指数法

单项污染指数法是通过评价标准对单项指标进行逐项分析评价,通过指数计算,选取各因子中最大类别为样本的总体评价结果。单项污染指数法简单明了、计算简便,可以清晰地判断出评价样本与评价标准的比值关系,容易判断评价区主要污染因子及污染状况,是目前海洋工程项目建设环境影响评价的主要方法。

2. 海洋生物多样性评价方法

1）不同空间尺度的群落多样性

Whittaker 将生物群落多样性归纳为 3 个主要空间尺度,即 α、β、γ 多样性。其中,α 多样性主要关注局域均匀生态环境下的物种数目,被称为群落内的多样性;β 多样性指沿环境梯度的变化物种替代的程度;γ 多样性用于描述区域尺度多样性。目前,开展海洋生物如浮游生物、底栖生物等群落多样性测度时,常用的 α 多样性测度方法有马卡列夫物种丰富度指数(d)、香农 - 韦弗物种多样性指数(H')、皮诺物种均匀度指数(J)和优势度指数(D);常用的 β 多样性测度方法有杰卡德指数(J_c)、克齐卡诺基种类相似性指数(C_c)、桑德斯群落相似性指数(PSC)和群落演变速率(E);γ 多样性的测度方法则很少被使用。马克平等归纳了生物群落 α、β 多样性的测度方法及计算公式。《海洋监测规范　第 7 部分:近海污染生态调查和生物监测》(GB 17378.7—2007)推荐海洋生物多样性评价采用 d、H'、J、D、J_c 和 C_c 等测度方法。《海洋调查规范　第 9 部分:海洋生态调查指南》(GB 12763.9—2007)推荐物种多样性和群落均匀度评价分别采用 H' 和 J' 进行测度,群落演变评价采用 E 进行测度。该指数的主要优势在于反映多样性空间变化规律和时间尺度的变化趋势,应对其正确认识和使用。

2）分类多样性

鉴于传统的物种多样性指数反映的只是物种层面的多样性,未考虑各物种彼此间在进化关系及分类距离上的远近,因此 Warwick 和 Clarke 提出了 4 个"分类多样性指数":分类多样性指数($\varDelta$)、分类差异指数($\varDelta^*$)、平均分类差异指数(AvTD, $\varDelta^+$)和分类差异变异指数(VarTD, $\varLambda^+$)。其中,$\varDelta^+$ 和 $\varLambda^+$ 的优势在于其平均值不依赖于取样大小和取样方法,对于开展不同区域、生态环境间以及历史数据对比研究等具有重要意义。目前,分类多样性指数在国内海洋生物多样性评价中已得到初步应用,主要应用于鱼类、大型底栖动物、浮游桡足类等的多样性研究。

3）地球生命力指数

地球生命力指数(LPI)追踪全球近 8 000 个脊椎动物物种种群的变化,指示全球生物多样性状况和生态系统健康变化趋势,由陆地、淡水和海洋地球生命力指数共三部分组成。LPI 首先计算了单一物种种群的年变化速率,继而计算从 1970 年至某年各物种 LPI 年内平均变化值。即以 1970 年生物多样性作为基准(1970 年的 LPI 值 =1),与 1970 年相比,随后各物种种群变化的平均值即该年的 LPI 值。从某种意义上来说,LPI 是对生物多样性的变化评估。

4）富营养化指数法

海水富营养化水平采用的评价方法是《近岸海域环境监测规范》(HJ 442—2008)提出的富营养化指数法,具体的计算公式为

$$E = \frac{C_{COD} \times C_{DIN} \times C_{DIP}}{4\,500} \times 10^6$$

式中　E——富营养化指数(无单位);

C_{COD}、C_{DIN}、C_{DIP}——COD、DIN、DIP 的浓度（mg/L）。

当 $E<1$ 时，表明水质处于贫营养状态；当 $1\leqslant E<2$ 时，水质处于轻度富营养状态；当 $2\leqslant E<5$ 时，水质处于中度富营养状态；当 $5\leqslant E<15$ 时，水质处于重度富营养状态；当 $E\geqslant 15$ 时，水质处于严重富营养状态。

4.2　入海河流水生态环境现状评价

4.2.1　河流概况

研究区域内主要入海河流有 7 条，分别是黄河、广利河、永丰河、支脉河、小清河、小岛河和溢洪河。

1. 黄河

黄河是流经研究区域最长的河流，自西南向东北流经区域北边界，在垦利区东北部注入渤海，区域内河道长度为 138 km，两岸堤距为 0.5~5 km，河道曲折系数为 1.2，比降为 1/10 000，属弯曲型单式河道，具有径流量年际变化大、年内分配不均、含沙量大等特点，黄河口位于渤海湾与莱州湾交汇处。

2. 广利河

广利河发源自垦利区黄河南展大堤王营闸，向东南经商庄、西城、东城，与溢洪河汇合后经广利港入海，研究区域内长度为 48.8 km，流域面积为 510 km²。

3. 永丰河

永丰河发源自垦利区，向东至北潮沟入海，研究区域内长度为 33.8 km，流域面积为 200 km²。

4. 支脉河

支脉河发源自淄博市高青县西部花沟乡庄家村，向东流经高青、博兴、广饶三县及东营区，在广饶县北部与广利河汇流注入渤海，支脉河全长 135 km，流域面积为 3 382 km²，其中研究区域内长度为 68.2 km，流域面积为 1 508 km²。

5. 小清河

小清河自济南市槐荫区段店镇睦里庄闸起，自西向东流经济南、淄博、滨州、东营、潍坊 5 个市的 10 个县（市、区），于寿光市羊口镇注入莱州湾，全长 229 km，流域面积 10 433 km²。小清河流经广饶县和黄河三角洲农业高新技术产业示范区，研究区域内河长 34 km（不含与上下游毗邻县、市交错河段）。

6. 小岛河

小岛河发源自垦利区，自西向东入海，研究区域内长度为 27.5 km，流域面积为 120.8 km²。

7. 溢洪河

溢洪河发源自垦利区，自西向东入海，研究区域内长度为 48 km，流域面积为 312 km²。

4.2.2　水环境现状评价

1. 评价标准

本次评价分别搜集了黄河、广利河、永丰河、支脉河、小清河、小岛河和溢洪河共 7 条河流

2020 年全年和 2021 年 1—11 月的监测数据作为河流生态环境质量现状值进行分析,评价了各河流 COD、NH$_3$-N、TP 和 TN 的浓度变化及其超标情况,评价标准见表 4.2-1,监测站点分布如图 4.2-1 所示。

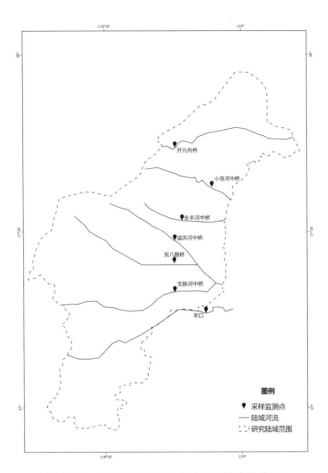

图 4.2-1　东营入海河流及水质监测站点分布图

表 4.2-1　地表水环境质量评价标准(GB 3838-2002)(单位:mg/L)

指标	类别				
	I 类	II 类	III 类	IV 类	V 类
COD	15	15	20	30	40
NH$_3$-N	0.15	0.5	1	1.5	2
TP	0.02	0.1	0.2	0.3	0.4
TN	0.2	0.5	1	1.5	2

2. 断面水功能区划

根据《东营市水功能区划》,黄河利津水文站断面位于饮用水区,执行地表水 III 类标准,其余入海河流监测断面均位于农业用水区,执行地表水 V 类标准,具体见表 4.2-2。

表 4.2-2　研究区域入海河流监测断面水功能区划

序号	河流名称	监测断面	二级功能区名称	断面性质		水质目标	
				"十三五"	"十四五"	"十三五"	"十四五"
1	黄河	利津水文站	饮用水源区	国控	国控	Ⅲ	Ⅲ
2	广利河	东八路桥	农业用水区	国控	国控	Ⅴ	Ⅳ
3	永丰河	红光渔业社	农业用水区	市控	省控	Ⅴ	Ⅴ
4	支脉河	辛沙路桥	农业用水区	国控	国控	Ⅴ	Ⅴ
		陈桥(滨州)	农业用水区	省控	—	Ⅴ	—
5	小清河	羊口(潍坊)	农业用水区	国控	国控	Ⅴ	Ⅴ
		王道闸(东营)	农业用水区	省控	省控	Ⅴ	Ⅴ
6	小岛河	东隋村桥	农业用水区	例行监测断面	—	Ⅴ	—
7	溢洪河	博新路桥	—	—	—	—	—

注:"十四五"期间断面水质考核目标已衔接《东营市"十四五"水生态环境保护要点》。

3. 评价分析结果

1)黄河

黄河利津水文站断面为国控断面,"十四五"水质目标为Ⅲ类。

2020 年 COD 浓度在 5~16 mg/L 范围,平均浓度为 9.7 mg/L;NH$_3$-N 浓度在 0.1~1 mg/L 范围,平均浓度为 0.3 mg/L;TP 浓度在 0.02~0.21 mg/L 范围,平均浓度为 0.07 mg/L;TN 浓度在 2~4 mg/L 范围,平均浓度为 3 mg/L。综合来看,黄河年均水质为Ⅲ类,达到水环境质量目标,月断面超标率为 8%,超标因子为 TP。图 4.2-2 所示为 2020 年黄河入海水质情况。

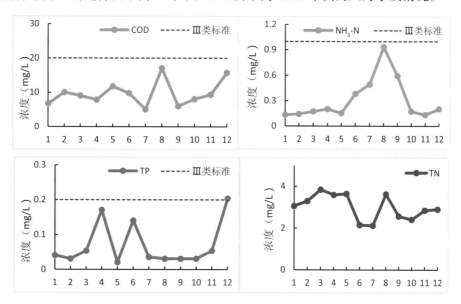

图 4.2-2　2020 年黄河入海水质情况

2021 年 1—11 月 COD 浓度在 6~14 mg/L 范围,平均浓度为 8.1 mg/L;NH$_3$-N 浓度在 0.05~0.45 mg/L 范围,平均浓度为 0.21 mg/L;TP 浓度在 0.02~0.17 mg/L 范围,平均浓度为

0.06 mg/L；TN 浓度在 2.1~5.3 mg/L 范围，平均浓度为 3.3 mg/L。综合来看，黄河年均水质为Ⅱ类，达到水环境质量目标。图 4.2-3 所示为 2021 年黄河入海水质情况。

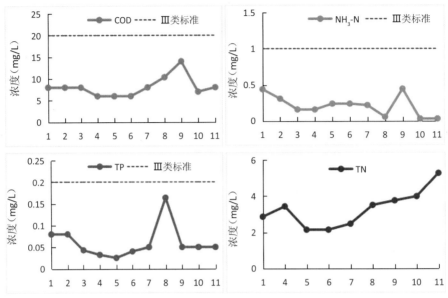

图 4.2-3　2021 年黄河入海水质情况

2）广利河

广利河东八路桥断面为国控断面，"十四五"水质目标为Ⅳ类。

2020 年 COD 浓度在 20~39 mg/L 范围，平均浓度为 32 mg/L；NH₃-N 浓度在 0.06~1.38 mg/L 范围，平均浓度为 0.32 mg/L；TP 浓度在 0.03~0.13 mg/L 范围，平均浓度为 0.09 mg/L；TN 浓度在 0.9~3.5 mg/L 范围，平均浓度为 2.3 mg/L。综合来看，广利河年均水质为Ⅴ类，超过水环境质量目标，月断面超标率为 67%，超标因子为 COD。图 4.24 所示为 2020 年广利河入海水质情况。

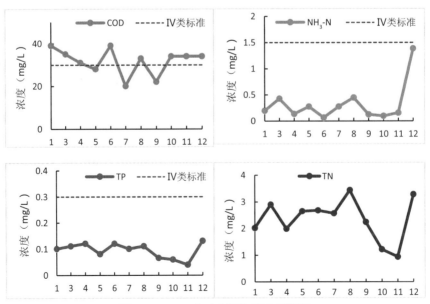

图 4.2-4　2020 年广利河入海水质情况

2021 年 1—11 月 COD 浓度在 12.5~44 mg/L 范围,平均浓度为 24.1 mg/L;NH$_3$-N 浓度在 0.03~1.37 mg/L 范围,平均浓度为 0.36 mg/L;TP 浓度在 0.03~0.22 mg/L 范围,平均浓度为 0.11 mg/L;TN 浓度在 1.5~5.9 mg/L 范围,平均浓度为 3.0 mg/L。综合来看,广利河年均水质为 Ⅳ类,达到水环境质量目标,月断面超标率为 17%,超标因子为 COD。图 4.2-5 所示为 2021 年 广利河入海水质情况。

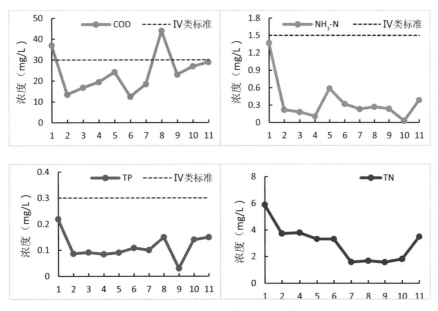

图 4.2-5　2021 年广利河入海水质情况

3)永丰河

永丰河红光渔业社断面为省控断面,"十四五"水质目标为 Ⅴ类。

2020 年 COD 浓度在 2~58 mg/L 范围,平均浓度为 24 mg/L;NH$_3$-N 浓度在 0.1~1.27 mg/L 范围,平均浓度为 0.37 mg/L;TP 浓度在 0.12~0.38 mg/L 范围,平均浓度为 0.22 mg/L;TN 浓度 在 2~6.3 mg/L 范围,平均浓度为 3.6 mg/L。综合来看,永丰河年均水质为 Ⅳ类,达到水环境质 量目标,月断面超标率为 17%,超标因子为 COD。图 4.2-6 所示为 2020 年永丰河入海水质 情况。

2021 年 1—11 月 COD 浓度在 2~107 mg/L 范围,平均浓度为 56 mg/L;NH$_3$-N 浓度在 0.03~2.11 mg/L 范围,平均浓度为 0.87 mg/L;TP 浓度在 0.13~0.96 mg/L 范围,平均浓度为 0.27 mg/L;TN 浓度在 1.2~12.5 mg/L 范围,平均浓度为 4.1 mg/L。综合来看,永丰河年均水质 为劣 Ⅴ类,超过水环境质量目标,定类因子为 COD,月断面超标率为 33%,超标因子为 COD、 NH$_3$-N 和 TP。图 4.2-7 所示为 2021 年永丰河入海水质情况。

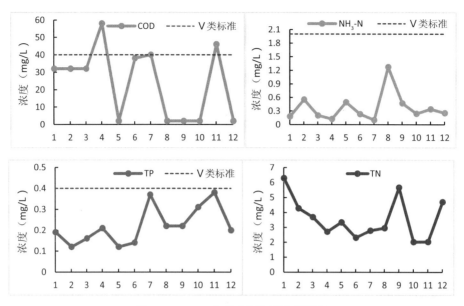

图 4.2-6   2020 年永丰河入海水质情况

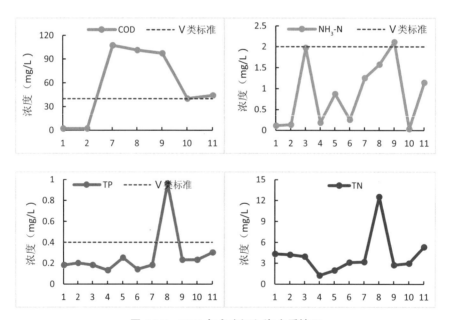

图 4.2-7   2021 年永丰河入海水质情况

4）支脉河

支脉河辛沙路桥断面为国控断面，"十四五"水质目标为Ⅴ类。

2020 年 COD 浓度在 3~39 mg/L 范围，平均浓度为 24 mg/L；NH_3-N 浓度在 0.01~3.32 mg/L 范围，平均浓度为 0.68 mg/L；TP 浓度在 0.04~0.19 mg/L 范围，平均浓度为 0.09 mg/L；TN 浓度在 0.7~7.4 mg/L 范围，平均浓度为 5.1 mg/L。综合来看，支脉河年均水质为Ⅳ类，达到水环境质量目标，月断面超标率为 8%，超标因子为 NH_3-N。图 4.2-8 所示为 2020 年支脉河入海水质情况。

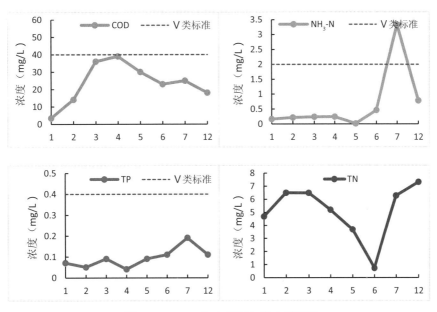

图 4.2-8　2020 年支脉河入海水质情况

2021 年 1—11 月 COD 浓度在 19~28 mg/L 范围，平均浓度为 22 mg/L；NH₃-N 浓度在 0.03~0.86 mg/L 范围，平均浓度为 0.37 mg/L；TP 浓度在 0.04~0.31 mg/L 范围，平均浓度为 0.14 mg/L；TN 浓度在 1.2~8.9 mg/L 范围，平均浓度为 5.2 mg/L。综合来看，支脉河年均水质为 Ⅳ 类，达到水环境质量目标。图 4.2-9 所示为 2021 年支脉河入海水质情况。

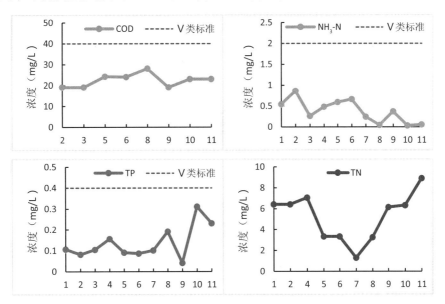

图 4.2-9　2021 年支脉河入海水质情况

5）小清河

小清河王道闸断面为省控断面，"十四五"水质目标为 Ⅴ 类。

2020 年 COD 浓度在 13~38 mg/L 范围，平均浓度为 20 mg/L；NH₃-N 浓度在 0.07~0.39 mg/L 范围，平均浓度为 0.57 mg/L；TP 浓度在 0.04~0.19 mg/L 范围，平均浓度为 0.17 mg/L；TN 浓度

在 4.9~10 mg/L 范围,平均浓度为 7.9 mg/L。综合来看,小清河年均水质为Ⅳ类,达到水环境质量目标。图 4.2-10 所示为 2020 年小清河入海水质情况。

小清河羊口断面为国控断面,"十四五"水质目标为Ⅴ类。2021 年 1—11 月 COD 浓度在 12~23 mg/L 范围,平均浓度为 17 mg/L;NH$_3$-N 浓度在 0.03~1.02 mg/L 范围,平均浓度为 0.48 mg/L;TP 浓度在 0.07~0.24 mg/L 范围,平均浓度为 0.15 mg/L;TN 浓度在 5.5~12.6 mg/L 范围,平均浓度为 8.6 mg/L。综合来看,小清河年均水质为Ⅳ类,达到水环境质量目标。图 4.2-11 所示为 2021 年小清河入海水质情况。

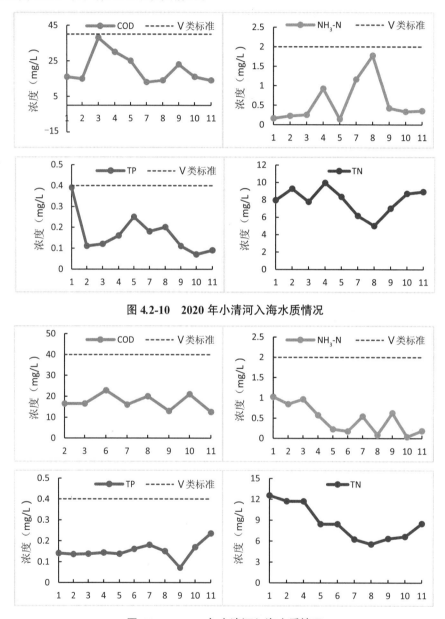

图 4.2-10   2020 年小清河入海水质情况

图 4.2-11   2021 年小清河入海水质情况

6)小岛河

小岛河东隋村桥断面为例行监测断面。

2020 年 COD 浓度在 9~31 mg/L 范围,平均浓度为 21 mg/L;NH₃-N 浓度在 0.27~2.2 mg/L 范围,平均浓度为 0.78 mg/L;TP 浓度在 0.04~0.32 mg/L 范围,平均浓度为 0.14 mg/L;TN 浓度在 0.9~11 mg/L 范围,平均浓度为 4.2 mg/L。综合来看,小岛河年均水质为 V 类,其中 2 月的 NH₃-N 超过 V 类水质标准。图 4.2.12 所示为 2020 年小岛河入海水质情况。

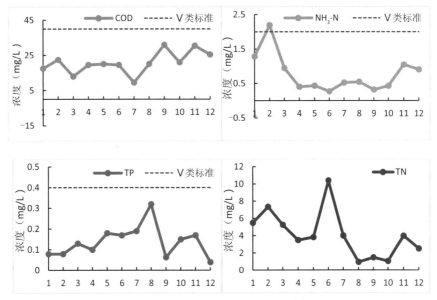

图 4.2-12　2020 年小岛河入海水质情况

2021 年 1—11 月 COD 浓度在 21~198 mg/L 范围,平均浓度为 60 mg/L;NH₃-N 浓度在 0.03~1.47 mg/L 范围,平均浓度为 0.64 mg/L;TP 浓度在 0.03~0.26 mg/L 范围,平均浓度为 0.1 mg/L;TN 浓度在 0.9~11.8 mg/L 范围,平均浓度为 5.0 mg/L。综合来看,小岛河年均水质为劣 V 类,其中 3 月、6 月和 8—11 月的 COD 超过 V 类水质标准。图 4.2-13 所示为 2021 年小岛河入海水质情况。

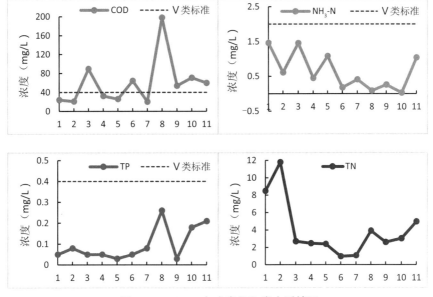

图 4.2-13　2021 年小岛河入海水质情况

7）溢洪河

2020 年溢洪河监测断面为博新路桥断面，COD 浓度在 14~34 mg/L 范围，平均浓度为 25 mg/L；NH_3-N 浓度在 0.3~2.2 mg/L 范围，平均浓度为 1.06 mg/L；TP 浓度在 0.03~0.62 mg/L 范围，平均浓度为 0.27 mg/L；TN 浓度在 3.7~13.4 mg/L 范围，平均浓度为 7.9 mg/L。综合来看，溢洪河年均水质为 V 类，其中 7 月的 NH_3-N 和 1 月的 TP 超过 V 类水质标准。图 4.2-14 所示为 2020 年溢洪河入海水质情况。

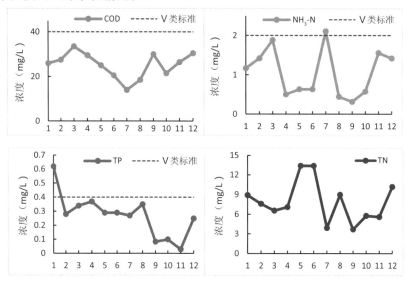

图 4.2-14　2020 年溢洪河入海水质情况

2021 年溢洪河监测断面为黄河路桥断面，1—11 月 COD 浓度在 17~64 mg/L 范围，平均浓度为 33 mg/L；NH_3-N 浓度在 0.11~4.1 mg/L 范围，平均浓度为 1.24 mg/L；TP 浓度在 0.07~0.38 mg/L 范围，平均浓度为 0.19 mg/L；TN 浓度在 1.3~11.6 mg/L 范围，平均浓度为 4.8 mg/L。综合来看，溢洪河年均水质为 V 类，其中 8 月、9 月的 COD 和 7 月、8 月的 NH_3-N 超过 V 类水质标准。图 4.2-15 所示为 2021 年溢洪河入海水质情况。

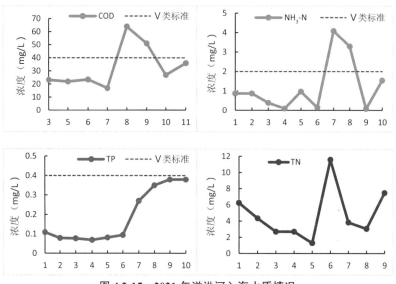

图 4.2-15　2021 年溢洪河入海水质情况

根据以上七条河流现状情况可知,广利河、永丰河和小岛河三条河流的年均水质超过了水环境质量目标,超标因子为 COD。其中,广利河 2020 年的 COD 年均浓度为 32 mg/L,超地表水Ⅳ类水质标准 6.7%;永丰河 2021 年的 COD 年均浓度为 56 mg/L,超地表水Ⅴ类水质标准 40%;小岛河 2021 年的 COD 年均浓度为 60 mg/L,超地表水Ⅴ类水质标准 20%。研究区域入海河流监测断面水质情况见表 4.2-3。

表 4.2-3　研究区域入海河流监测断面水质情况

河流名称	监测断面	水质类别		"十四五"水质目标	超标因子/定类因子（超标百分数）
		2020 年	2021 年		
黄河	利津水文站	Ⅲ类	Ⅱ类	Ⅲ	—
广利河	东八路桥	Ⅴ类	Ⅳ类	Ⅳ	COD（超地表水Ⅳ类水质标准 6.7%）
永丰河	红光渔业社	Ⅳ类	劣Ⅴ类	Ⅴ	COD（超地表水Ⅴ类水质标准 40%）
支脉河	辛沙路桥	Ⅳ类	Ⅳ类	Ⅴ	—
小清河	王道闸（2020）羊口（2021）	Ⅳ类	Ⅳ类	Ⅴ	—
小岛河	东隋村桥	Ⅴ类	劣Ⅴ类	—	COD（超地表水Ⅴ类水质标准 50%）
溢洪河	博新路桥（2020）黄河路桥（2021）	Ⅴ类	Ⅴ类	—	—

4.2.3　水资源现状评价

根据利津水文站 2016—2021 年数据（表 4.2-4）,黄河 2021 年年径流量为 706.5 亿立方米,主要集中在汛期（6—10 月）,径流量为 507.11 亿立方米,占年径流量的 71.8%。其中,10 月径流量最大,为 144.92 亿立方米;2 月径流量最小,为 8.3 亿立方米。

表 4.2-4　黄河 2016—2021 年逐月径流量（单位:亿立方米）

月份	2016 年	2017 年	2018 年	2019 年	2020 年	2021 年
1 月	5.04	3.24	8.14	6.13	5.81	12.70
2 月	5.29	2.64	8.68	9.63	3.64	8.30
3 月	3.96	3.27	8.22	13.58	7.48	23.13
4 月	4.38	9.90	15.71	24.47	18.23	26.86
5 月	2.26	10.23	29.19	27.05	22.20	38.82
6 月	4.30	8.84	38.62	29.55	24.02	66.56
7 月	21.00	8.20	67.23	69.37	61.16	95.05
8 月	16.15	8.76	42.05	36.96	71.68	88.23
9 月	4.22	4.48	50.03	45.36	58.71	112.35

续表

月份	2016 年	2017 年	2018 年	2019 年	2020 年	2021 年
10 月	3.70	7.58	43.93	33.48	37.47	144.92
11 月	6.89	10.55	13.19	10.21	14.50	65.31
12 月	4.74	11.84	8.65	6.40	10.87	24.27
年径流量	81.93	89.53	333.64	312.19	335.77	706.50

从年均值看看,黄河 2016—2017 年年径流量相对较少, 2018 年明显增加,是 2017 年的 3.8 倍, 2018—2020 年较稳定, 2021 年再次增加,是 2020 年的 2.1 倍。从图 4.2-16 可以明显看出,径流量显著增加的主要原因为汛期(6—10 月)水量明显增大, 2018 年汛期年径流量是 2017 年的 6.4 倍, 2021 年汛期年径流量是 2020 年的 2 倍。

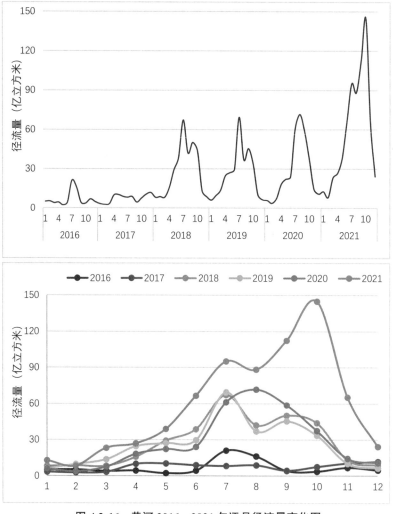

图 4.2-16　黄河 2016—2021 年逐月径流量变化图

从径流量年内分布来看，2016—2021 年黄河各月平均径流量年内变化较大，主要集中在汛期（6—10 月），占径流量总量的 70.1%；逐年的月径流量变化趋势大致相同，汛期（6—10 月）径流量明显增大，最高可达到 144.92 亿立方米（2021 年的 10 月），其他时间较稳定。

根据石村水文站 2016—2021 年数据（表 4.2-5），小清河 2021 年年径流量为 18.64 亿立方米，主要集中在汛期（6—10 月），径流量为 12.83 亿立方米，占年径流量的 68.67%。其中，10 月径流量最大，为 4.62 亿立方米；5 月径流量最小，为 0.34 亿立方米。

表 4.2-5　小清河 2016—2021 年逐月径流量（单位：亿立方米）

月份	2016 年	2017 年	2018 年	2019 年	2020 年	2021 年
1 月	0.54	0.67	0.67	0.94	0.91	0.52
2 月	0.57	0.63	0.59	0.84	0.62	0.61
3 月	0.32	0.33	0.41	0.54	0.95	0.82
4 月	0.24	0.61	0.58	0.65	0.77	0.37
5 月	0.45	0.58	1.02	0.34	0.86	0.34
6 月	0.80	0.39	1.50	0.44	0.77	0.70
7 月	1.44	1.07	1.48	1.32	0.81	2.21
8 月	2.03	1.25	2.79	5.79	1.98	1.66
9 月	0.93	0.80	1.55	1.43	1.13	3.64
10 月	0.59	0.63	1.18	1.11	0.37	4.62
11 月	0.78	0.37	0.79	0.88	0.54	2.31
12 月	0.90	0.61	0.65	0.79	0.79	0.84
年径流量	9.59	7.94	13.21	15.07	10.50	18.64

从年均值来看，小清河 2016—2017 年年径流量相对较少，2018 年明显增加，是 2017 年的 1.7 倍，2018—2019 年较稳定，2020 年略有下降，2021 年再次增加，是 2020 年的 1.8 倍。从图 4.2-17 可以明显看出，径流量显著增加的主要原因为汛期（6—10 月）水量明显增大，2017 年、2020 年汛期水量占比相对较少，为 50% 左右，其余年份汛期水量占比均在 60%~70%。

从径流量年内分布来看，2016—2021 年小清河各月平均径流量年内变化较大，主要集中在汛期（6—10 月），占径流量总量的 61.9%；逐年的月径流量变化趋势大致相同，汛期（6—10 月）径流量明显增大，最高可达到 5.79 亿立方米（2019 年的 8 月），其他时间较稳定。

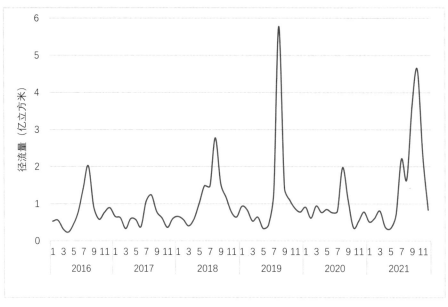

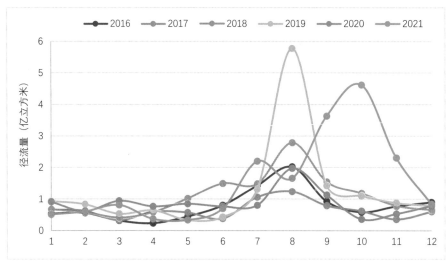

图 4.2-17　小清河 2016—2021 年逐月径流量变化图

根据王营水文站 2016—2019 年数据（表 4.2-6），支脉河 2019 年年径流量为 5.98 亿立方米，主要集中在汛期（6—10 月），径流量为 5.26 亿立方米，占年径流量的 87.9%。其中，8 月径流量最大，为 3.29 亿立方米；4 月径流量最小，为 0.004 亿立方米。

表 4.2-6　支脉河 2016—2019 年逐月径流量（单位:亿立方米）

月份 年份	2016 年	2017 年	2018 年	2019 年
1 月	0.00	0.03	0.09	0.11
2 月	0.00	0.03	0.09	0.19
3 月	0.00	0.07	0.20	0.07
4 月	0.00	0.10	0.13	0.00
5 月	0.00	0.10	0.51	0.12

续表

年份 ＼ 月份	2016 年	2017 年	2018 年	2019 年
6 月	0.21	0.24	0.80	0.61
7 月	0.34	0.28	1.07	1.03
8 月	0.36	0.50	2.42	3.29
9 月	0.13	0.34	0.33	0.22
10 月	0.00	0.33	0.29	0.11
11 月	0.00	0.09	0.19	0.11
12 月	0.00	0.09	0.16	0.12
年径流量	1.04	2.20	6.28	5.98

从年均值来看,支脉河整体水量相对较少,2016—2018 处于明显上升阶段,2017 年年径流量是 2016 年的 2.1 倍,2018 年年径流量是 2017 年的 2.9 倍,2019 年较稳定,无明显变化。从图 4.2-18 可以明显看出,径流量显著增加的主要原因为汛期(6—10 月)水量明显增大,支脉河汛期水量占比很大,2016 年汛期水量占比为 99.8%,2017 年占比为 76.8%,2018 年占比为 78.2%,2019 年占比为 87.9%。

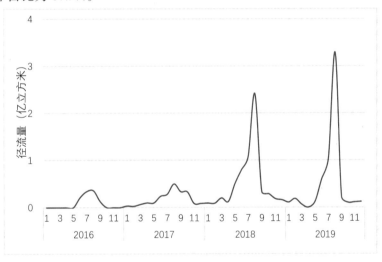

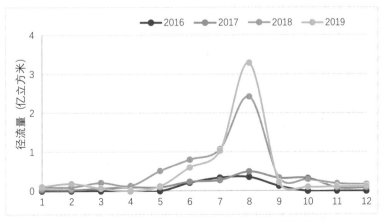

图 4.2-18　支脉河 2016—2019 年逐月径流量变化图

从径流量年内分布来看,2016—2019年支脉河各月平均径流量年内变化较大,主要集中在汛期(6—10月),占径流量总量的83.2%,其他月径流量很小甚至为零;逐年的月径流量变化趋势大致相同,2018年和2019年汛期(6—10月)径流量明显增大,2016年和2017年有小幅度增加,最高可达到3.29亿立方米(2019年的8月),其他时间较稳定。

4.2.4　水生态现状评价

1. 天然湿地方面

根据第三次全国土地资源调查成果,参照《全国湿地资源调查技术规程》湿地分类,黄河口湿地总面积为479 961.14 hm²。黄河口河流密集、水系众多,除黄河外,流域面积在50 km²以上的河流有39条,其中1 000 km²以上的河流有4条,100~1 000 km²的河流有23条,50~100 km²的河流有12条,平均河网密度为0.16 km/km²。河流湿地面积为46 542.04 hm²,占湿地总面积的9.70%。其中,河流水面面积为15 369.44 hm²,占湿地总面积的3.20%;内陆滩涂湿地31 172.60 hm²,占湿地总面积的6.50%,主要分布于河流两岸。

2. 人工湿地方面

黄河三角洲区域人工湿地面积为185 271.58 hm²,占湿地总面积的38.60%。其中,库塘湿地面积为119 022.49 hm²,占湿地总面积的24.80%,以灌溉型中小水库、坑塘水面为主;输水河湿地面积为1 252.62 hm²,占湿地总面积的0.26%,主要是为了排碱、灌溉开挖的大量沟渠;水田湿地面积为24 805.50 hm²,占湿地总面积的5.17%,主要分布于黄河沿岸;盐田湿地面积为40 145.97 hm²,占湿地总面积的8.37%,主要分布于海陆交错区域。

3. 浮游植物方面

研究区域2020年有浮游植物5门59种(表4.2-7),其中硅藻门40种,占总物种数的67.8%;金藻门7种,占总物种数的11.9%;绿藻门3种,占总物种数的5.1%;甲藻门5种,占总物种数的8.5%;隐藻门4中,占总物种数的6.8%。其群落多样性指数为2.49,级别为Ⅲ级,属轻度污染程度,丰富度指数平均值为2.29,表明浮游植物群落结构较稳定,生态环境质量良好。

表 4.2-7　研究区域 2020 年浮游植物种类目录

序号	种类	序号	种类	序号	种类
1	新月拟菱形藻	21	佛氏海毛藻	41	单鞭金藻
2	长菱形藻	22	透明辐杆藻	42	卵形单鞭金藻
3	菱形藻	23	角毛藻	43	等鞭金藻
4	中肋骨条藻	24	披针桥弯藻	44	游动棕鞭藻
5	针杆藻	25	蜂腰双壁藻	45	小三毛金藻
6	雨生红球藻	26	尖刺伪菱形藻	46	棕鞭藻
7	圆筛藻	27	翼根管藻	47	球等鞭金藻
8	群生舟形藻	28	窄隙角毛藻	48	扁藻
9	翼茧形藻	29	帽形菱形藻	49	小球藻
10	舟形藻	30	透明卵形藻	50	鼓藻
11	直链藻	31	柔弱伪菱形藻	51	海洋原甲藻

续表

序号	种类	序号	种类	序号	种类
12	细柱藻	32	针状菱形藻	52	裸甲藻
13	旋链角毛藻	33	垂缘角毛藻	53	微小原甲藻
14	长菱形藻	34	菱软几内亚藻	54	海洋多甲藻
15	洛氏角毛藻	35	长刺根管藻	55	梭角藻
16	牟氏角毛藻	36	桥弯藻	56	蓝隐藻
17	膜状舟形藻	37	柔弱几内亚藻	57	啮蚀隐藻
18	中华盒形藻	38	蛇形斑条藻	58	草履缘胞藻
19	太平洋海链藻	39	几内亚藻	59	尖尾蓝隐藻
20	丹麦细柱藻	40	浮动弯角藻		

4. 浮游动物方面

研究区域 2020 年有浮游动物 40 种（表 4.2-8），主要优势种类为强壮箭虫和球型侧腕水母，浮游动物多样性指数为 2.31，级别为Ⅲ级，属轻度污染程度。浮游动物多样性指数呈现由西南向东北递增的趋势。研究区域海域渔业资源与浮游动物优势种类型之间有着紧密的联系，强壮箭虫和背针胸刺水蚤是黄鲫等鱼类的主要食物来源，其数量对近海养殖区具有重要的意义。2019 年以来球形侧腕水母在黄河口海区逐步成为优势种，其数量的增长不仅会对鱼类形成食物竞争，而且由于营养级联效应还会激增浮游植物的数量，在富营养化的海域造成赤潮的爆发。

表 4.2-8 研究区域 2020 年浮游动物种类目录

序号	种名	序号	种名
1	细颈和平水母	13	短角长腹剑水蚤
2	中华哲水蚤	14	拟长腹剑水蚤
3	小拟哲水蚤	15	近缘大眼剑水蚤
4	克氏长角哲水蚤	16	日本新糠虾
5	强额拟哲水蚤	17	强壮滨箭虫
6	双刺纺锤水蚤	18	桡足类无节幼体
7	克氏纺锤水蚤	19	腹足类幼虫
8	太平洋纺锤水蚤	20	长尾类糠虾幼体
9	背针胸刺水蚤	21	短尾类状幼体
10	双刺唇角水蚤	22	阿利玛幼体
11	真刺唇角水蚤	23	鱼卵
12	捷氏歪水蚤		

5. 底栖生物方面

研究区域内 2020 年有大型底栖动物 73 种（表 4.2-9），分别隶属于刺胞动物、纽形动物、环节动物、腕足动物、软体动物、节肢动物、棘皮动物及脊索动物共 8 个门,其中数量最多的为环节动物门的多毛类(26 种)、软体动物(24 种)及节肢动物门的甲壳类(16 种),分别占底栖动物总种类的 35.6%、32.9% 和 21.9%;此外有棘皮动物 3 种,其余门类各 1 种,其中调查到保护区内双壳纲贝类共计 13 种,占调查区种类的 17.8%。研究区域中双壳纲贝类占据主要丰度优势地位,优势种类为彩虹明樱蛤、四角蛤蜊、寡节甘吻沙蚕、三叶针尾涟虫、光滑河篮蛤、极地蚤钩虾和马丁海稚虫,优势度分别为 0.136、0.110、0.076、0.050、0.041、0.033 和 0.029。研究区域丰富度指数为 1.17,均匀度指数为 0.84,多样性指数为 2.14,级别为Ⅱ级,属轻度污染程度。

表 4.2-9　研究区域 2020 年大型底栖动物种类目录

序号	种类	序号	种类	序号	种类
1	海葵	26	须鳃虫	51	四角蛤蜊
2	纽虫	27	多丝独毛虫	52	薄荚蛏
3	软疣沙蚕	28	西方似蛰虫	53	小荚蛏
4	琥珀刺沙蚕	29	鸭嘴海豆芽	54	黑褐新糠虾
5	寡鳃齿吻沙蚕	30	经氏壳蛞蝓	55	三叶针尾涟虫
6	乳突半突虫	31	耳口露齿螺	56	细长涟虫
7	张氏神须虫	32	朝鲜笋螺	57	轮双眼钩虾
8	拟特须虫	33	半褶织纹螺	58	短角双眼钩虾
9	覆瓦哈鳞虫	34	不洁织纹螺	59	博氏双眼钩虾
10	日本强鳞虫	35	黑线织纹螺	60	美原双眼钩虾
11	寡节甘吻沙蚕	36	红带织纹螺	61	河蜾蠃蜚
12	长吻沙蚕	37	纵肋饰孔螺	62	塞切尔泥钩虾
13	囊叶齿吻沙蚕	38	马丽亚瓷光螺	63	极地蚤钩虾
14	双唇索沙蚕	39	双带瓷光螺	64	细鳌虾
15	长叶索沙蚕	40	扁玉螺	65	东方长眼虾
16	狭细蛇潜虫	41	橄榄胡桃蛤	66	锯额豆瓷蟹
17	锥稚虫	42	偏顶蛤	67	绒螯近方蟹
18	奇异稚齿虫	43	长圆拟斧蛤	68	豆形拳蟹
19	后稚虫	44	彩虹明樱蛤	69	宽身大眼蟹
20	独指虫	45	圆楔樱蛤	70	棘刺锚参
21	马丁海稚虫	46	微形小海螂	71	日本倍棘蛇尾
22	尖锥虫	47	脆壳理蛤	72	近辐蛇尾
23	背蚓虫	48	光滑河篮蛤	73	小头栉孔虾虎鱼
24	异蚓虫	49	文蛤		
25	不倒翁虫	50	日本镜蛤		

6. 鱼类方面

　　研究区域内 2020 年有鱼类共 37 种(表 4.2-10),生物多样性指数为 2.3,级别为Ⅲ级,属轻度污染。其中,鲈形目鱼类 21 种,约占总种类数的 56.8%;虾虎鱼 9 种,约占 24.3%。按生态类型划分,底层鱼类 27 种,约占总种类数的 73.0%;中上层鱼类 10 种,约占 27.0%。按适温类型划分,暖温性种类 23 种,暖水性种类 10 种,冷温性种类 4 种,分别占总种类数的 62.2%、27.0%、10.8%。根据鱼卵类型划分,产浮性卵鱼类 19 种,占总种类数的 51.4%;产附着性卵鱼类 10 种,占总种类数的 27.0%;产黏着沉性卵鱼类 5 种,占总种类数的 13.5%;产黏着浮性卵鱼类 1 种,占总种类数的 2.7%;卵胎生鱼类 2 种,占总种类数的 5.4%。按鱼类食性类型划分,浮游动物食性鱼类 5 种,底栖动物食性鱼类 14 种,杂食性鱼类 6 种,广食性鱼类 11 种,食鱼性鱼类 1 种,分别占 13.5%、37.9%、16.2%、29.7%、2.7%。按洄游类型划分,定居性鱼类最多,有 21 种,占总种类数的 56.8%;洄游性鱼类 13 种,占总种类数的 35.1%;河口鱼类 3 种,占总种类数的 8.1%。

表 4.2-10 研究区域 2020 年鱼类种类目录

序号	种名	栖息水层	适温类型	鱼卵类型	营养结构	洄游类型
1	白姑鱼	D	WW	PE	GP	MT
2	皮氏叫姑鱼	D	WW	PE	GP	MT
3	小黄鱼	D	WT	PE	GP	MT
4	中华栉孔虾虎鱼	D	WT	EE	BV	ST
5	钟馗虾虎鱼	D	WT	EE	BV	ST
6	红狼牙虾虎鱼	D	WT	EE	BV	ST
7	六丝矛尾虾虎鱼	D	WT	EE	BV	ST
8	矛尾复虾虎鱼	D	WT	EE	GP	ST
9	矛尾虾虎鱼	D	WT	EE	BV	ST
10	拟矛尾虾虎鱼	D	WT	EE	BV	ST
11	纹缟虾虎鱼	D	WT	EE	BV	ST
12	小头栉孔虾虎鱼	D	WW	EE	BV	ST
13	大泷六线鱼	D	CT	ADE	GP	ST
14	多鳞鱚	D	WW	PE	BV	ST
15	方氏云鳚	D	CT	ADE	GP	ST
16	鲱鲻	D	WT	PE	BV	ST
17	蓝点马鲛	P	WT	PE	GP	MT
18	中国花鲈	D	WT	PE	GP	ST
19	细条天竺鲷	D	WW	APE	OV	MT
20	银鲳	P	WW	PE	OV	MT
21	长绵鳚	D	CT	O	BV	ST
22	斑鰶	P	WW	PE	OV	MT
23	青鳞小沙丁鱼	P	WW	PE	OV	MT
24	鳀	P	WT	PE	ZV	MT
25	赤鼻棱鳀	P	WT	PE	ZV	ST

续表

序号	种名	栖息水层	适温类型	鱼卵类型	营养结构	洄游类型
26	中颌棱鳀	P	WT	PE	ZV	ST
27	黄鲫	P	WT	PE	ZV	MT
28	大银鱼	D	CT	PE	GP	ET
29	鲅	P	WT	PE	OV	ET
30	布氏下银汉鱼	P	WT	ADE	ZV	ST
31	鲕	D	WW	PE	GP	MT
32	半滑舌鳎	D	WT	PE	BV	ST
33	短吻红舌鳎	D	WT	PE	BV	ST
34	虫纹东方鲀	D	WT	ADE	BV	MT
35	假睛东方鲀	D	WT	ADE	PV	MT
36	尖海龙	D	WW	O	OV	ST
37	松江鲈	D	WT	EE	GP	ET

注:P—中上层;D—底层;WT—暖温种;WW—暖水种;CT—冷温种;ZV—浮游动物食性;OV—杂食性;BV—底栖动物食性;PV—鱼食性;GP—广食性;PE—浮性卵;EE—附着性卵;O—卵胎生;ADE—黏着沉性卵;APE—黏着浮性卵;MT—洄游性鱼类;ST—定居性鱼类;ET—河口鱼类。

4.3 近岸海域水生态环境现状评价

4.3.1 评价标准

1. 海水水质

样品采集按照《海洋监测规范》(GB 17378—2007)和《海洋调查规范》(GB 12763—2007)进行,样品储存、处理和分析按照《海洋监测规范》(GB 17378—2007)和《海洋监测技术规程 第 1 部分:海水》(HY/T 147.1—2013)有关要求执行。分析项目包括化学需氧量(COD)、氨氮(NH_4-N)、亚硝酸盐(NO_2-N)、硝酸盐(NO_3-N)、活性磷酸盐(PO_4-P),其中无机氮(DIN)=NO_3-N+NO_2-N+NH_4-N,数据均采用表层水样数据。

将每一个测站中各项污染因子的实测浓度与海水水质标准比较,判断该测站所代表的海域的水质类别。判别依据是选取污染最重的污染物水质类别作为该测站所代表的海域的水质类别,具体见表 4.3-1 至表 4.3-3。

表 4.3-1 各污染指标污染程度划分

PI	<0.5	0.5~1.0	1.0~1.5	1.5~2.0	>2.0
污染程度	允许	影响	轻污染	污染	重污染

表 4.3-2 海水水质标准(单位:mg/L,pH 无量纲)

污染物名称	第一类	第二类	第三类	第四类
SS	人为增加的量≤10		人为增加的量≤100	人为增加的量≤150

续表

污染物名称	第一类	第二类	第三类	第四类
pH 值	7.8~8.5		6.8~8.8	
DO	6	5	4	3
COD≤	2	3	4	5
无机氮≤	0.20	0.30	0.40	0.50
活性磷酸盐≤	0.015	0.030	0.030	0.045
Pb≤	0.001	0.005	0.010	0.050
Cu≤	0.005	0.010	0.050	0.050
Zn≤	0.020	0.050	0.10	0.50
石油类≤	0.05		0.30	0.50
Cd≤	0.001	0.005	0.01	0.01
Cr≤	0.05	0.10	0.20	0.50
Hg≤	0.000 05	0.000 2		0.000 5
硫化物≤	0.02	0.05	0.10	0.25
挥发酚≤	0.005		0.010	0.050

表 4.3-3　海洋沉积物质量标准

序号	项目	指标		
		第一类	第二类	第三类
1	汞（×10⁻⁶）≤	0.20	0.50	1.00
2	镉（×10⁻⁶）≤	0.50	1.50	5.00
3	铅（×10⁻⁶）≤	60.0	130.0	250.0
4	铜（×10⁻⁶）≤	35.0	100.0	200.0
5	锌（×10⁻⁶）≤	150.0	350.0	600.0
6	铬（×10⁻⁶）≤	80.0	150.0	270.0
7	有机碳（×10⁻²）≤	2.0	3.0	4.0
8	硫化物（×10⁻⁶）≤	300.0	500.0	600.0
9	石油类（×10⁻⁶）≤	500.0	1 000.0	1 500.0
10	砷（×10⁻⁶）≤	20.0	65.0	93.0

2. 海洋生物

1）叶绿素 a 评价方法

叶绿素 a 的浓度现状评价参照美国环保署（EPA）的叶绿素 a 浓度评价标准，<4 mg/m³ 为贫营养（轻污染），4~10 mg/m³ 为中营养（中污染），>10 mg/m³ 为富营养（重污染）。

2）浮游植物、浮游动物及底栖生物评价方法

根据各测站浮游生物和底栖生物在所获样品的生物密度，分别对样品的多样性指数、均匀度、丰度、优势度等进行统计学评价分析，计算公式如下。

（1）香农 - 韦弗（Shannon-Weaver）多样性指数：

$$H' = -\sum_{i=1}^{n} P_i \log_2 P_i$$

式中　H'——种类多样性指数；

n——样品中的种类总数；

P_i——第 i 种的个体数（n_i）与总个体数（N）的比值（$\dfrac{n_i}{N}$ 或 $\dfrac{w_i}{W}$）。

（2）均匀度（Pielou 指数）：

$$J = \frac{H'}{H_{\max}}$$

式中　J——均匀度；

H'——种类多样性指数；

$H_{\max}$——$\log_2 S$，表示多样性指数的最大值，其中 S 为样品中总种类数。

（3）优势度：

$$D = \frac{N_1 + N_2}{N_T}$$

式中　D——优势度；

N_1——样品中第一优势种的个体数；

N_2——样品中第二优势种的个体数；

N_T——样品中的总个体数。

（4）丰度（Margalef 指数）：

$$d = \frac{S - 1}{\log_2 N}$$

式中　d——丰度；

S——样品中的种类总数；

N——样品中的生物个体数。

（5）物种优势度：

$$Y = \frac{n_i}{N} f_i$$

式中　Y——物种优势度；

n_i——所有测站第 i 种个体数；

N——样品中的总个体数；

f_i——第 i 种的测站出现频率。

海洋生物多样性指数评价采用《滨海湿地生态监测技术规程》（HY/T 080—2005）中的相关标准进行评价，具体见表 4.3-4。

表 4.3-4　物种多样性评价分级表

H'	≥4	3~4	2~3	1~2	≤1
指标等级	好	较好	中	较差	差

4.3.2　海水水质

1. 综合评价

本次评价分析了 2016—2020 年研究区域海水水质情况,数据来源于研究区域内的国控站点数据,其中表 4.3-5 和图 4.3-1 为研究区域历年国控站点坐标和分布情况。同时分析了 2021 年夏季(8 月)和秋季(10 月)研究区域调查的海水水质情况,调查站位坐标和站位图见表 4.3-6 和图 4.3-2。

表 4.3-5　研究区域近岸海域国控站点坐标

序号	2016—2018 年			2019 年以后		
	编码	经度(°)	纬度(°)	编码	经度(°)	纬度(°)
1	B37JQ028	119.47	37.41	SDB05004	119.04	37.47
2	B37JQ034	119.38	37.62	SDB05008	119.13	37.37
3	B37WQX03	119.20	37.46	SDB05009	119.38	37.62
4	B37YQ016	119.21	37.54	SDB05013	119.13	37.56
5	B37YQ032	119.08	37.42	SDB05016	119.35	37.44
6	B37YQX06	119.47	37.62	SDB05017	119.51	37.72
7	B37ZQ049	119.10	37.57	SDB05019	119.15	37.64
8	B37ZQ050	119.10	37.33	SDB05020	119.25	37.59
9				SDB05022	119.32	37.73
10				SDB05024	119.25	37.41

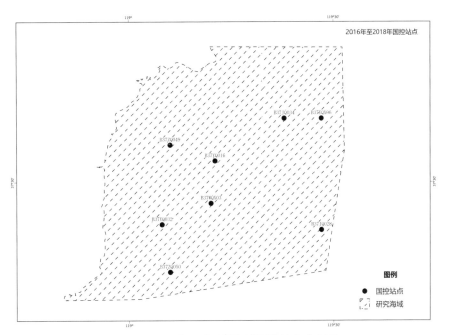

图 4.3-1　研究区域近岸海域国控站点分布图

表 4.3-6 2021 年研究区域调查站位坐标

序号	编码	经度(°)	纬度(°)
1	排水口 1 号	118.96	37.59
2	排水口 2 号	118.92	37.49
3	排水口 3 号	118.92	37.44
4	排水口 4 号	118.95	37.32
5	广利港河口	118.98	37.36
6	12 号点	119.12	37.40
7	13 号点	119.09	37.43
8	14 号点	119.07	37.45
9	20 号点	119.02	37.44
10	5 号点	119.01	37.46
11	SDB05004	119.04	37.47
12	4 号点	119.01	37.49
13	7 号点	119.03	37.51
14	19 号点	119.06	37.51
15	18 号点	119.07	37.54
16	17 号点	119.08	37.58
17	15 号点	119.09	37.62
18	排水口 5 号	118.95	37.34
19	小清河河口	119.00	37.29
20	永丰河河口	118.93	37.53

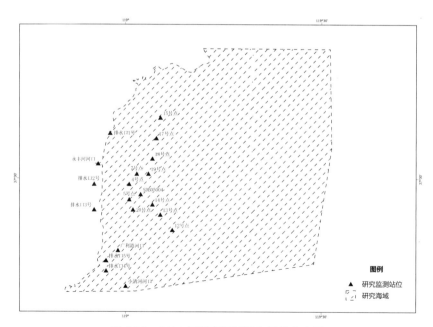

图 4.3-2 2021 年研究区域调查站位分布图

　　根据国家和山东省渤海区域环境综合整治攻坚战作战方案,到 2020 年,渤海山东海域优良水质(一、二类水质)面积比例达到 75% 左右,全省海域达到 88% 左右,按照近岸海域水质目标国控考核站位计算,东营海域水质优良面积考核要求为 67.8%(含沾化海防海域)。2016—2020 年,研究区域海水优良水质面积占比分别为 28.53%、22.59%、0%、10.17% 和 42.24%,劣四类水质面积占比分别为 8.23%、20.37%、47.14%、0%、0%。其中,2016—2018 年污染程度逐渐加重,2018 年水质污染最严重,自渤海综合治理攻坚战实施以来,2019 年研究区域水质有很大程度改善,2020 年改善幅度最大,优良水质面积占比增大的同时,劣四类水质面积占比为 0,实现了消劣目标。表 4.3-7 为 2016—2020 年研究区域海水水质面积比例,图 4.3-3 所示为 2016—2020 年研究区域海水水质等级分布图。

表 4.3-7　2016—2020 年研究区域海水水质面积比例

年度	各类海水水质比例(%)					优良水质比例(%)
	一类	二类	三类	四类	劣四类	
2016 年	1.61	26.92	43.53	19.71	8.23	28.53
2017 年	4.40	18.19	35.43	21.61	20.37	22.59
2018 年	0	0	3.37	49.49	47.14	0
2019 年	3.40	6.77	41.76	48.07	0	10.17
2020 年	1.68	40.56	57.76	0	0	42.24

注:数据来自国控监测站位。

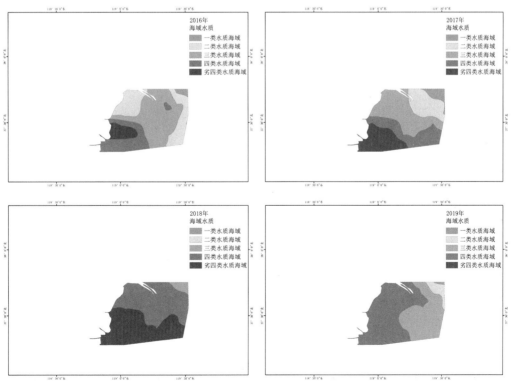

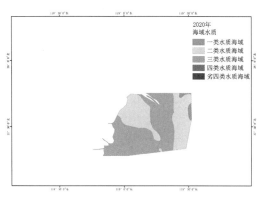

图 4.3-3   2016—2020 年研究区域海水水质等级分布图

依据研究区域内 8 个国控监测站位水质数据，2016 年冬季、春季、夏季和秋季海水水质优良面积比例分别为 18.26%、6.71%、43.81% 和 100%（表 4.3-8），劣四类海水水质主要分布在小清河、支脉河和广利河河口区域（图 4.3-5）；2017 年冬季、春季、夏季和秋季海水水质优良面积比例分别为 19.01%、34.04%、36.08% 和 17.78%（表 4.3-9），劣四类海水水质主要分布在小清河、支脉河和广利河河口区域（图 4.3-5）；2018 年春季、夏季和秋季海水水质优良面积比例分别为 2.45%、0% 和 0%（表 4.3-10），全年水质较差，其中秋季劣四类水质占比达到 80% 以上（图 4.3-6），为"十三五"时期水质最差的一年；2019 年春季、夏季和秋季海水水质优良面积比例分别为 0.75%、97.89% 和 7.32%（表 4.3-11），夏季、秋季水质较 2018 年有显著改善（图 4.3-7）；2020 年冬季、春季、夏季和秋季海水水质优良面积比例分别为 35.94%、51.25%、78.03% 和 18.53%（表 4.3-12），除夏季外其他季节水质较 2019 年均有明显改善（图 4.3-8）。

表 4.3-8   2016 年研究区域海水水质面积比例

月份（季节）	各类海水水质比例（%）					优良水质比例（%）
	一类	二类	三类	四类	劣四类	
3 月（冬）	0	18.26	26.50	25.44	29.80	18.26
5 月（春）	0.26	6.45	58.59	24.90	9.80	6.71
8 月（夏）	22.56	21.25	12.43	7.89	35.87	43.81
10 月（秋）	19.74	80.26	0	0	0	100

注：数据来自国控监测站位。

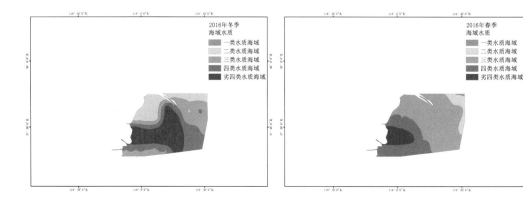

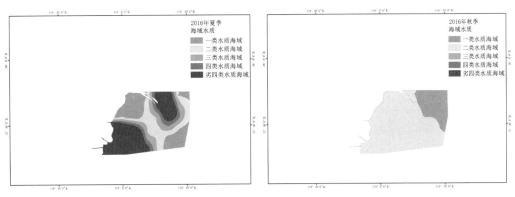

图 4.3-4　2016 年研究区域海水水质等级分布图

表 4.3-9　2017 年研究区域海水水质面积比例

月份(季节)	各类海水水质比例(%)					优良水质比例(%)
	一类	二类	三类	四类	劣四类	
3 月(冬)	4.85	14.16	24.56	56.43	0	19.01
5 月(春)	6.09	27.95	17.59	16.26	32.11	34.04
8 月(夏)	20.16	15.47	32.83	9.08	22.01	36.08
10 月(秋)	0	17.78	40.18	26.97	15.07	17.78

注:数据来自国控监测站位。

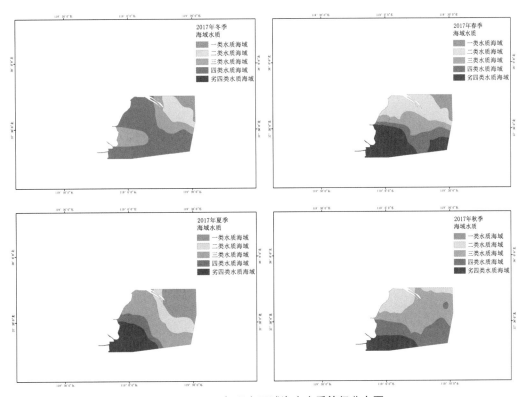

图 4.3-5　2017 年研究区域海水水质等级分布图

表 4.3-10 2018 年研究区域海水水质面积比例

月份（季节）	各类海水水质比例（%）					优良水质比例（%）
	一类	二类	三类	四类	劣四类	
5 月（春）	0	2.45	9.55	55.04	32.96	2.45
8 月（夏）	0	0	1.74	43.8	54.46	0
10 月（秋）	0	0	1.00	17.72	81.28	0

注：数据来自国控监测站位。

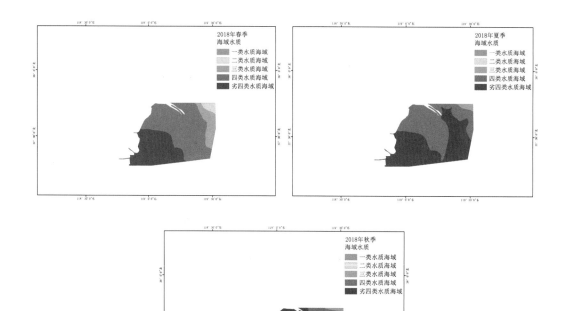

图 4.3-6 2018 年研究区域海水水质等级分布图

表 4.3-11 2019 年研究区域海水水质面积比例

月份（季节）	各类海水水质比例（%）					优良水质比例（%）
	一类	二类	三类	四类	劣四类	
5 月（春）	0	0.75	4.24	16.81	78.20	0.75
8 月（夏）	37.96	60.31	1.73	0	0	98.27
10 月（秋）	0	7.51	19.14	47.17	26.18	7.51

注：数据来自国控监测站位。

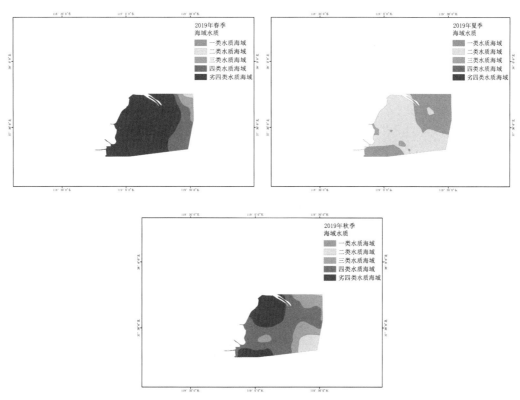

图 4.3-7 2019 年研究区域海水水质等级分布图

表 4.3-12 2020 年研究区域海水水质面积比例

月份（季节）	各类海水水质比例（%）					优良水质比例（%）
	一类	二类	三类	四类	劣四类	
3 月（冬）	10.51	25.43	47.42	10.38	6.26	35.94
5 月（春）	2.94	48.31	47.79	0.96	0	51.25
8 月（夏）	19.04	58.99	20.51	1.46	0	78.03
10 月（秋）	0	18.53	65.12	16.35	0	18.53

注：数据来自国控监测站位。

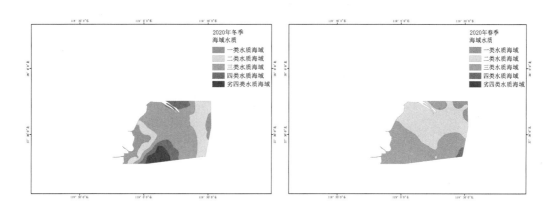

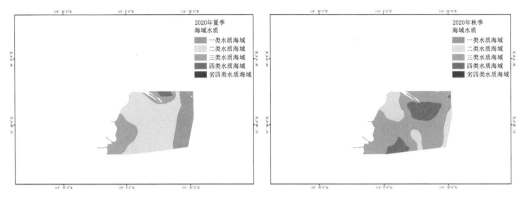

图 4.3-8   2020 年研究区域海水水质等级分布图

依据 2021 年研究区域海水水质情况数据，2021 年夏季（8 月）和秋季（10 月）海水水质优良面积比例分别为 55.79% 和 12.25%（表 4.3-13），夏季劣四类海水水质主要分布在小清河、支脉河、广利河河口区域（图 4.3-9），呈现由陆地向海洋扩散的趋势，水质南北差异较大；秋季劣四类海水水质占比较大，达到 68.69%，水质污染严重，以黄河口附近海域最为严重，这与 2021 年黄河径流量的增大密切相关。

表 4.3-13   2021 年研究区域海水水质面积比例

季节（月份）	各类海水水质比例（%）					优良水质比例（%）
	一类	二类	三类	四类	劣四类	
夏季（8 月）	15.39	40.40	20.44	22.00	1.77	55.79
秋季（10 月）	9.1	3.15	3.61	15.45	68.69	12.25

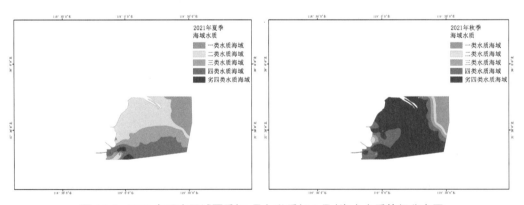

图 4.3-9   2021 年研究区域夏季（8 月）、秋季（10 月）海水水质等级分布图

2. 污染分布特征

1）DIN 污染分布特征

Ⅰ.DIN 组成

DIN 是研究区域内的主要污染物，海水 DIN 有硝态氮（NO_3-N）、亚硝态氮（NO_2-N）和氨态氮（NH_3-N）三种存在形式，是海洋生物需要摄入的重要营养元素，也是海洋生物化学循环的主要元素之一,与海洋初级生产力相关。

2016 年,研究区域内 DIN 浓度在 3 月最高, 5 月和 8 月浓度相近, 10 月浓度最低(图 4.3-10,表 4.3-14)。全年 DIN 以 NO_3^--N 为主(NO_3^--N 平均浓度 >50%), 3 月、5 月 NO_3^--N 浓度达到最高;海水 NO_2^--N 浓度下半年明显高于上半年, NO_3^--N 全年浓度呈递减趋势, NH_3-N 浓度变化趋势不明显,在 3 月和 8 月浓度较高, 5 月和 10 月浓度较低。

表 4.3-14　2016—2020 年研究区域 DIN 平均浓度(单位:mg/L)

时间	2016 年	2017 年	2018 年	2019 年	2020 年	2021 年
3 月	0.45	0.38	—	—	0.34	—
5 月	0.40	0.44	0.52	0.54	0.29	—
8 月	0.41	0.36	0.60	0.21	0.22	0.31
10 月	0.22	0.42	0.58	0.43	—	0.52
年平均	0.37	0.40	0.57	0.39	0.30	0.42

注: 2016—2020 年数据来自国控监测站(东营市研究区域,2016 年 8 个国控站位,2017—2018 年 7 个国控站位,2019—2020 年 10 个国控站位),2021 年数据来自研究区域调查的海水水质情况。

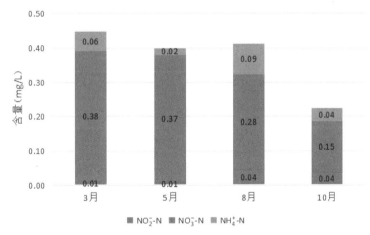

图 4.3-10　2016 年研究区域 DIN 及其组分含量随时间变化

2017 年,研究区域内 DIN 浓度在 8 月最低, 5 月浓度最高,且 3 月和 8 月、5 月和 10 月浓度相近(图 4.3-11,表 4.3-14)。全年 DIN 以 NO_3^--N 为主(NO_3^--N 平均浓度 >50%),海水 NO_2^--N 与 NO_3^--N 含量全年呈负相关关系, NO_3^--N 全年浓度变化较大, 5 月浓度最高,与 DIN 含量变化一致。

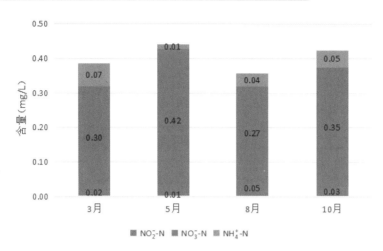

图 4.3-11   2017 年研究区域 DIN 及其组分含量随时间变化

对 2018 年研究区域内 5 月、8 月和 10 月的数据进行分析,结果显示: DIN 浓度在 8 月最高,三个季度浓度相近(图 4.3-12,表 4.3-14)。DIN 以 NO_3^--N 为主(NO_3^--N 平均浓度 >50%),海水 NO_3^--N 三个季度浓度变化不显著,NO_2^--N 浓度变化较大,在 8 月达到最高值,NH_3-N 浓度在 5 月和 8 月基本持平,随后呈减少趋势。

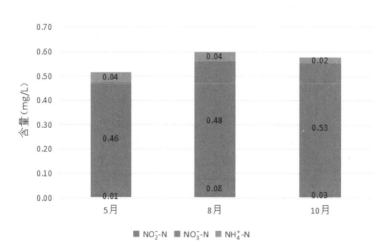

图 4.3-12   2018 年研究区域 DIN 及其组分含量随时间变化

对 2019 年研究区域内 5 月、8 月和 10 月的数据进行分析,结果显示: DIN 以 NO_3^--N 为主 (NO_3^--N 平均浓度 >50%),DIN 浓度三个季度波动显著,与 NO_3^--N 波动趋势相近,5 月 DIN 和 NO_3^--N 浓度最高,海水 10 月 NH_3-N 较 8 月下降明显,其中 NO_3^--N、NO_2^--N 含量均增加(图 4.3-13,表 4.3-14)。

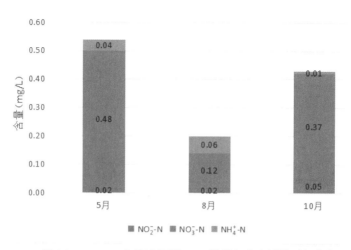

图 4.3-13　2019 年研究区域 DIN 及其组分含量随时间变化

对 2020 年研究区域内 3 月、5 月和 8 月的数据进行分析,结果显示:NO_3^--N 变化与 DIN 一致, 3 月(冬季)达到最高值,从冬季到夏季呈逐步递减趋势, NO_3^--N、NO_2^--N 含量变化不明显(图 4.3-14,表 4.3-14)。

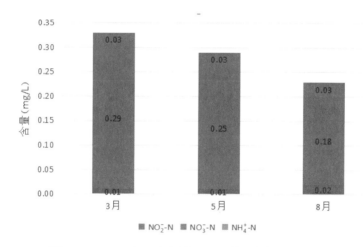

图 4.3-14　2020 年研究区域 DIN 及其组分含量随时间变化

对研究区域内 8 月和 10 月的数据进行分析,结果显示:10 月 DIN 浓度大于 8 月,DIN 以 NO_3^--N 为主(NO_3^--N 平均浓度 >50%),海水 NO_2^--N 全年浓度变化不显著,10 月 NH_3-N 较 8 月变化最大, NO_3^--N 其次,其中 NO_3^--N、NH_3-N 含量均增加, NO_2^--N 含量降低(图 4.3-15,表 4.3-14)。

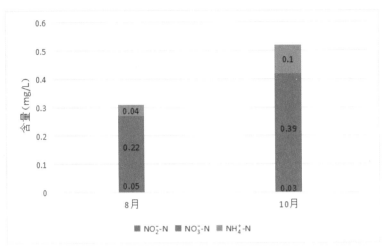

图 4.3-15　2021 年研究区域 DIN 及其组分含量随时间变化

Ⅱ.DIN 空间分布

依据国控站位年均水质数据,选择 ArcGis 软件绘制 2016—2021 年 DIN 分布图,分析研究区域 DIN 污染特征。

2016—2018 年研究区域 DIN 污染逐渐加重, 2019 年有一定改善。其中, 2016 年 DIN 浓度在 0.25 ~0.56 mg/L, 2017 年 DIN 浓度在 0.26~0.58 mg/L, 2018 年(不含冬季)DIN 浓度在 0.48~0.86 mg/L, 2019 年(不含冬季)DIN 浓度在 0.32~0.46 mg/L, 2020 年 DIN 浓度在 0.25~0.39 mg/L, 2016—2018 年呈现出 DIN 由小清河、支脉河、广利河河口向海洋输入的趋势。图 4.3-16 所示为 2016—2020 年 DIN 分布情况。

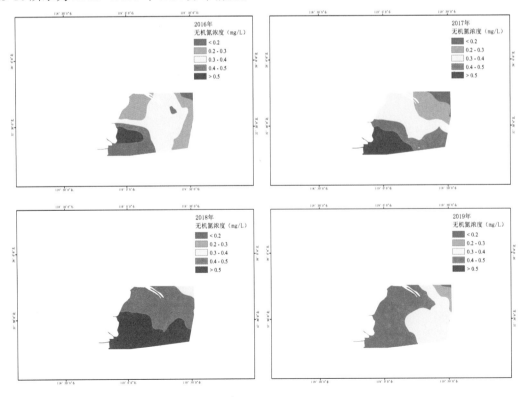

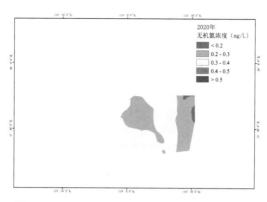

图 4.3-16　2016—2020 年研究区域 DIN 分布图

Ⅲ.DIN 时间分布

DIN 的分布具有季节差异。图 4.3-17 所示为 2018 年研究区域不同季度 DIN 浓度分布图,春季(3 月)、夏季(5 月)是 DIN 的扩散季节, DIN 不易出现极高值;秋季(8 月)是 DIN 高值期,这与夏季雨水增多有关,尤其在小清河、支脉河、广利河河口一带出现极高值,对海洋保护区和农渔业区影响较大。

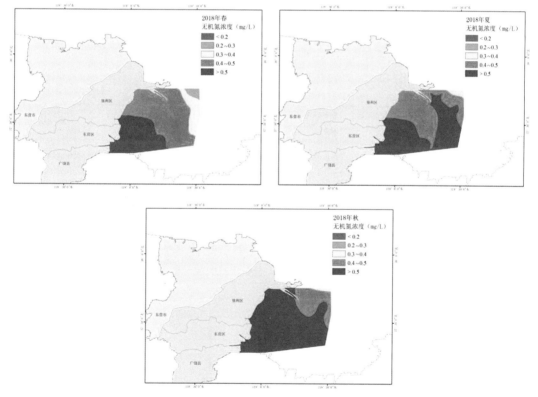

图 4.3-17　2018 年研究区域不同季节 DIN 浓度分布图

2019 年, DIN 浓度在春季(5 月)较高,超标严重,夏季(8 月)降为最低值,而到秋季(10 月)DIN 浓度又有所升高,说明 DIN 存在季节性积累情况(图 4.3-18)。

2020 年, DIN 浓度在冬季(3 月)、秋季(10 月)超标点位较多,夏季(8 月)水质改善较为明显(图 4.3-19)。

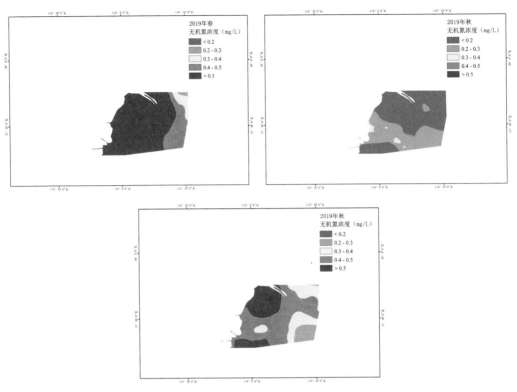

图 4.3-18　2019 年研究区域不同季节 DIN 浓度分布图

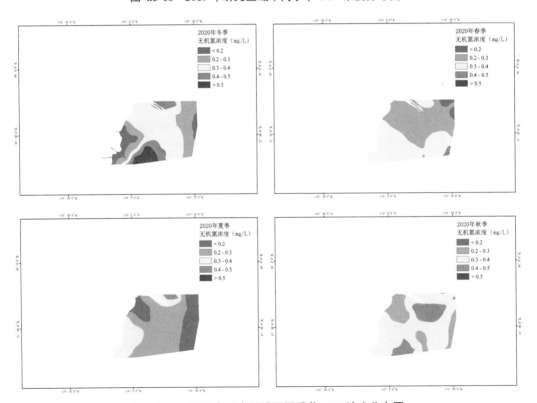

图 4.3-19　2020 年研究区域不同季节 DIN 浓度分布图

2021年，DIN浓度在秋季(10月)超标严重,劣四类水质主要分布在黄河、小岛河河口附近海域,夏季(8月)DIN浓度呈现南高北低,主要污染来源于小清河河口附近海域(图4.3-20)。

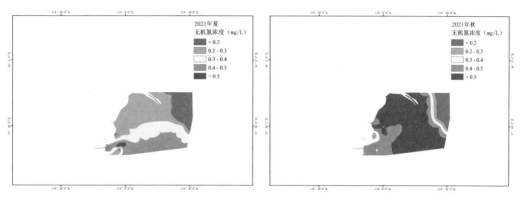

图4.3-20 2021年研究区域夏季(8月)、秋季(10月)DIN浓度分布图

2)COD污染分布特征

Ⅰ.COD空间分布特征

参照《海水水质标准》(GB 3097—1997)中COD二级标准(3.0 mg/L),2016—2020年研究域COD浓度均未出现超标现象,但呈逐年递增趋势,到2020年COD浓度达到最高,为1.48 mg/L,其中小清河以及小岛河河口COD浓度升高较为明显,该区域以海洋保护区和农渔业区为主(图4.3-21)。

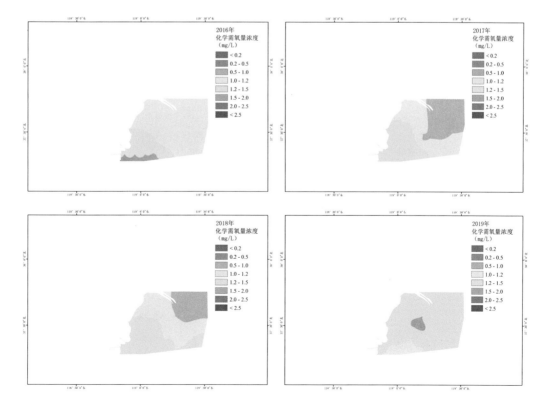

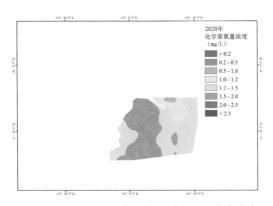

图 4.3-21   2016—2020 年研究区域 COD 浓度分布图

Ⅱ.COD 时间分布特征

2018 年,研究区域年均 COD 浓度达标,其中夏季(8 月)COD 浓度最高,COD 高值集中在小清河、广利河、支脉河河口附近海域(图 4.3-22)。

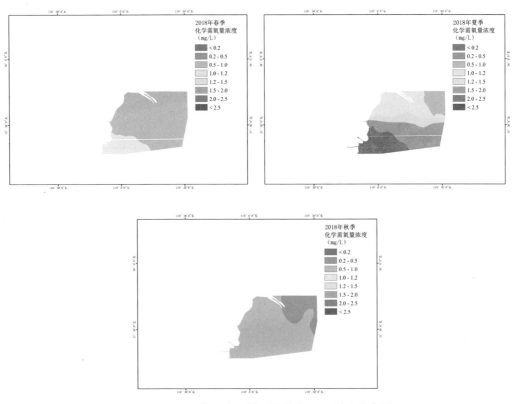

图 4.3-22   2018 年研究区域不同季节 COD 浓度分布图

2019 年,研究区域年均 COD 浓度达标,其中春季(5 月)COD 浓度最低,夏季(8 月)COD 浓度最高,高值出现在小岛河入海口附近海域(图 4.3-23)。

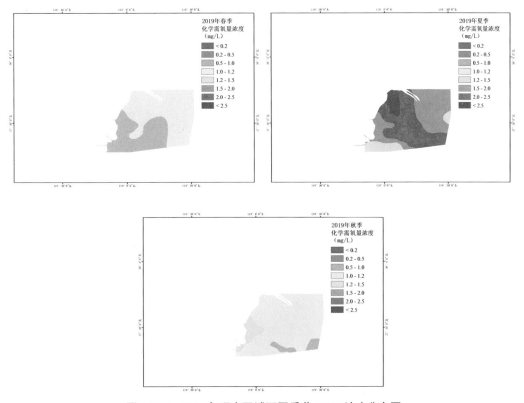

图 4.3-23　2019 年研究区域不同季节 COD 浓度分布图

2020 年,研究区域 COD 浓度未出现超标现象,夏季(8 月)COD 浓度达到最高值,为 2.43 mg/L,其中小清河以及小岛河河口附近海域 COD 浓度最高(图 4.3-24)。

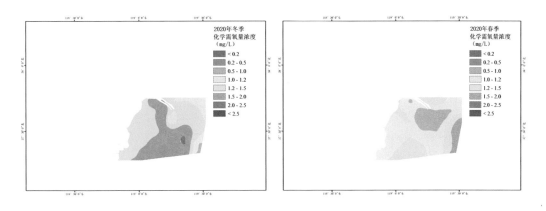

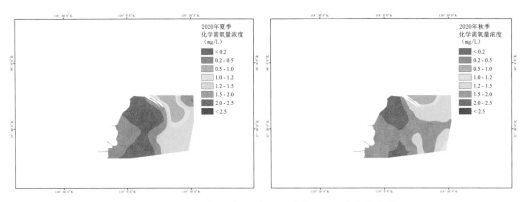

图4.3-24　2020年研究区域不同季节COD浓度分布图

3）活性磷酸盐污染分布特征

Ⅰ.活性磷酸盐空间分布特征

参照《海水水质标准》（GB 3097—1997）中活性磷酸盐二级标准（0.03 mg/L），2016—2020年研究区域活性磷酸盐浓度均达标，2017年活性磷酸盐浓度最高，主要分布在小岛河河口附近海域（图4.3-25）。

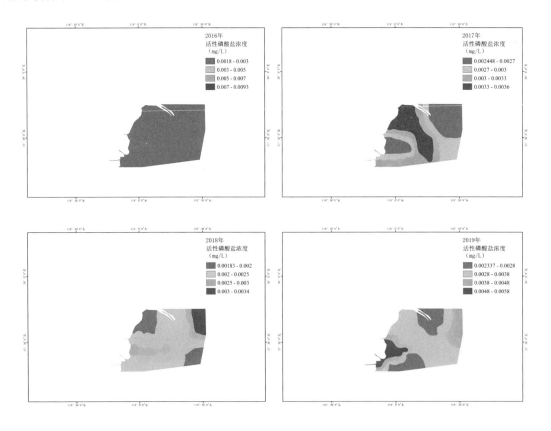

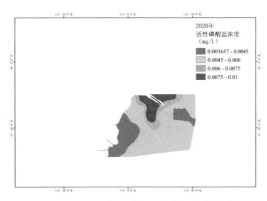

图 4.3-25　2016—2020 年研究区域活性磷酸盐浓度分布图

Ⅱ.活性磷酸盐时间分布特征

2018—2020 年研究区域不同季节活性磷酸盐分布不集中,河口附近海域偶尔出现活性磷酸盐浓度较高的区域,但规律不明显(图 4.3-26 至图 4.3-28)。

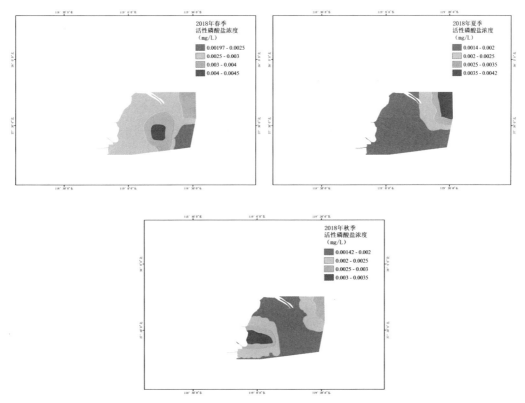

图 4.3-26　2018 年研究区域不同季节活性磷酸盐浓度分布图

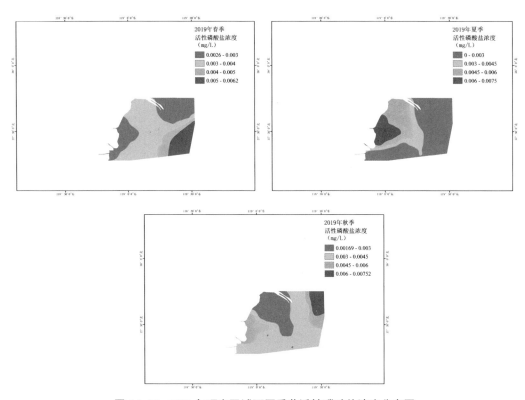

图 4.3-27　2019 年研究区域不同季节活性磷酸盐浓度分布图

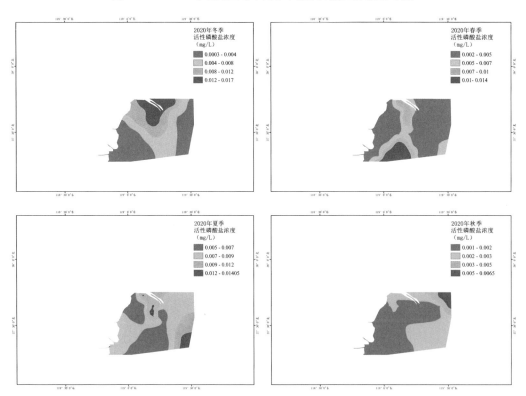

图 4.3-28　2020 年研究区域不同季节活性磷酸盐浓度分布图

图 4.3-29 所示为 2021 年研究区域夏季(8 月)、秋季(10 月)活性磷酸盐浓度分布情况。参照《海水水质标准》(GB 3097—1997)中活性磷酸盐二级标准(0.03 mg/L),小清河河口附近海域浓度超标,夏季(8 月)最高浓度达到 0.058 mg/L,超标 93%,秋季(10 月)最高浓度达到 0.13 mg/L,超标 333%,并且以小清河河口作为主要输入源由陆地向海洋呈梯度扩散趋势。

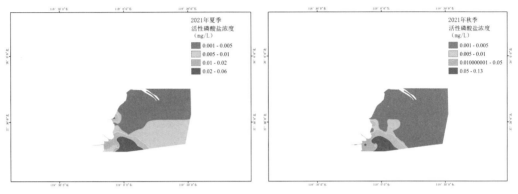

图 4.3-29　2021 年研究区域夏季(8 月)、秋季(10 月)活性磷酸盐浓度分布图

3. 国控站点 SDB05004 水质现状

国控站点 SDB05004 为研究区域内重点关注站位,代表了东营开发区近岸海域的水环境质量,根据东营市海洋功能区划,SDB05004 所在海域为海洋保护区,海水水质要求不劣于二类。本次研究分析了 2016—2021 年该站位 DIN、COD 及活性磷酸盐浓度变化情况,如图 3.2-30 至图 3.2-32 所示。其中,COD 和活性磷酸盐浓度均符合海洋功能区划要求,但 DIN 浓度出现超标现象,超标率达到 77.3%,其中超出劣四类的比例高达 45.5%。

图 4.3-30　国控站点 SDB05004DIN 浓度

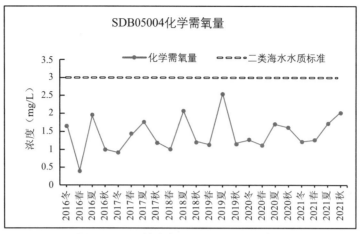

图 4.3-31　国控站点 SDB05004COD 浓度

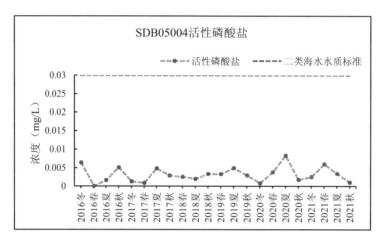

图 4.3-32　国控站点 SDB05004 活性磷酸盐浓度

4.3.3　沉积物

为了对研究区域附近海域的基本情况进行海洋环境监测(沉积物和生物)，共布设 16 个监测站位(图 4.3-33，表 4.3-15)。

图 4.3-33　监测站位分布图

表 4.3-15　监测站位及监测项目表

站位	经度	纬度	调查项目
GZ01	119° 31′ 09″	37° 59′ 22″	水质
GZ02	119° 25′ 28″	37° 55′ 29″	水质、沉积物、生态
GZ03	119° 21′ 40″	37° 51′ 41″	水质
GZ04	119° 40′ 57″	38° 00′ 21″	水质
GZ05	119° 36′ 33″	37° 56′ 15″	水质、沉积物、生态
GZ06	119° 31′ 32″	37° 51′ 58″	水质
GZ07	119° 26′ 40″	37° 48′ 07″	水质、沉积物、生态
GZ08	119° 22′ 06″	37° 44′ 21″	水质
GZ09	119° 47′ 21″	37° 57′ 28″	水质、沉积物、生态
GZ10	119° 41′ 53″	37° 53′ 00″	水质
GZ11	119° 37′ 12″	37° 48′ 44″	水质、沉积物、生态
GZ12	119° 32′ 30″	37° 44′ 34″	水质
GZ13	119° 28′ 11″	37° 40′ 46″	水质、沉积物、生态
GZ14	119° 47′ 57″	37° 49′ 52″	水质、沉积物、生态
GZ15	119° 43′ 11″	37° 45′ 33″	水质
GZ16	119° 37′ 43″	37° 41′ 27″	水质、沉积物、生态

1. 监测结果

本次监测沉积物监测结果见表 4.3-16，图 4.3-34。各监测项目分述如下。

油类：监测期间调查海域沉积物油类含量的变化范围为 18.7~24.3 mg/kg。

铜：监测期间调查海域沉积物铜含量的变化范围为 11.1~19.2 mg/kg。

铅：监测期间调查海域沉积物铅含量的变化范围为 19.6~28.0 mg/kg。

镉：监测期间调查海域沉积物镉含量的变化范围为 0.06~0.09 mg/kg。

锌：监测期间调查海域沉积物锌含量的变化范围为 31.9~41.7 mg/kg。

有机碳：监测期间调查海域沉积物有机碳含量的变化范围为 0.53%~0.61%。

硫化物：监测期间调查海域沉积物硫化物含量的变化范围为 40.8~83.8 mg/kg。

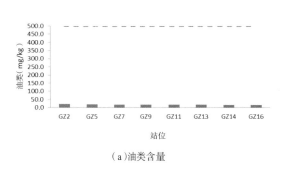

（a）油类含量

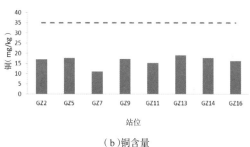

（b）铜含量

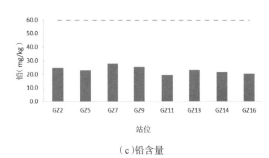

（c）铅含量

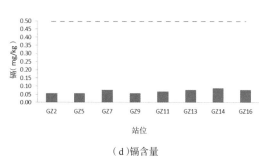

（d）镉含量

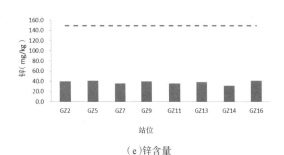

（e）锌含量

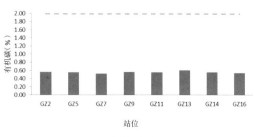

（f）有机碳含量

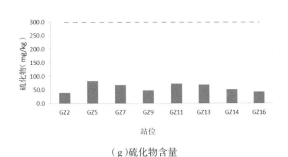

（g）硫化物含量

图 4.3-34　研究区域海域沉积物中各物质含量

注:图中虚线为海洋沉积物质量一类标准值。

表 4.3-16　研究区域海域沉积物监测结果

站号	铜 （mg/kg）	铅 （mg/kg）	镉 （mg/kg）	锌 （mg/kg）	油类 （mg/kg）	硫化物 （mg/kg）	有机碳 （%）
GZ02	17.2	24.8	0.06	40.5	24.3	40.8	0.57
GZ05	17.8	23.1	0.06	41.5	22.7	83.8	0.56
GZ07	11.1	28.0	0.08	36.9	21.1	68.4	0.53
GZ09	17.4	25.6	0.06	40.2	21.1	49.3	0.57
GZ11	15.4	19.6	0.07	36.3	20.0	73.4	0.56
GZ13	19.2	23.2	0.08	39.4	20.3	70.3	0.61
GZ14	17.9	21.9	0.09	31.9	19.0	52.5	0.56
GZ16	16.4	20.7	0.08	41.7	18.7	44.2	0.55

2. 评价结果

本次监测沉积物标准指数计算结果见表 4.3-17。各监测项目评价分述如下。

油类:监测期间调查海域沉积物油类标准指数的变化范围为 0.04~0.05,标准指数都在"允许"范围内,表明该海域沉积物油类含量很少,符合一类海洋沉积物要求。

铜:监测期间调查海域沉积物铜标准指数的变化范围为 0.32~0.55,标准指数在"允许"和"影响"之间,符合一类海洋沉积物要求。

铅:监测期间调查海域沉积物铅标准指数的变化范围为 0.33~0.47,标准指数在"允许"范围内,符合一类海洋沉积物要求。

镉:监测期间调查海域沉积物镉标准指数的变化范围为 0.12~0.18,标准指数在"允许"范围内,表明该海域沉积物镉含量极其微少,符合一类海洋沉积物要求。

锌:监测期间调查海域沉积物锌标准指数的变化范围为 0.21~0.28,标准指数在"允许"范围内,表明该海域沉积物锌含量极其微少,符合一类海洋沉积物要求。

有机碳:监测期间调查海域沉积物有机碳标准指数的变化范围为 0.27~0.31,标准指数在"允许"范围内,符合一类海洋沉积物要求。

硫化物：监测期间调查海域沉积物硫化物标准指数的变化范围为 0.14~0.28，标准指数在"允许"范围内，符合一类海洋沉积物要求。

表 4.3-17   沉积物标准指数

站号	铜	铅	镉	锌	石油类	硫化物	有机碳
GZ02	0.49	0.41	0.12	0.27	0.05	0.14	0.29
GZ05	0.51	0.39	0.12	0.28	0.05	0.28	0.28
GZ07	0.32	0.47	0.16	0.25	0.04	0.23	0.27
GZ09	0.50	0.43	0.12	0.27	0.04	0.16	0.29
GZ11	0.44	0.33	0.14	0.24	0.04	0.24	0.28
GZ13	0.55	0.39	0.16	0.26	0.04	0.23	0.31
GZ14	0.51	0.37	0.18	0.21	0.04	0.18	0.28
GZ16	0.47	0.35	0.16	0.28	0.04	0.15	0.28

综合以上分析，研究区域海域沉积物中所有调查因子含量均符合一类海洋沉积物标准要求。

4.3.4   海洋生物

1. 叶绿素 a

叶绿素 a 是反映浮游植物现存量的良好指标，也是海洋环境评价的重要因素之一。通过它可以估算出初级生产力，因此叶绿素 a 含量的多少也代表了研究区域初级生产力的高低。

研究区域海水中叶绿素 a 的含量变化范围为 0.84~1.53 μg/L，均值为 1.12μg/L。各站位叶绿素 a 含量的分布较均匀，叶绿素 a 含量的最高值出现在 GZ07 号站，最低值出现在 GZ16 号站（图 4.3-35）。

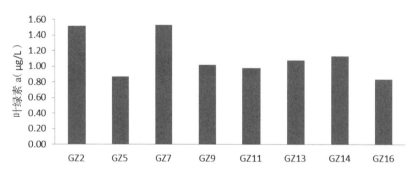

图 4.3-35   研究区域各测站叶绿素 a 含量分布

2. 浮游植物

浮游植物是一类具有色素或有色素体，能进行光合作用，并制造有机物的自养性浮游生物，是海洋中的初级生产力，它们和底栖藻类一起构成海洋中有机物的初级产量。浮游植物是构建海洋生态平衡的基础环节，是海洋动物尤其是幼体的直接或间接饵料，是海洋生物生产力的基础,浮游植物数量的多少直接影响到海域的生产力大小和浮游动物的种群数量,在海洋渔业具有重要意义。浮游植物的种类和种数决定了海域初级生产者的稳定性和缓冲能力的大小,因此浮游植物是海洋环境调查不可或缺的生物指标,有些浮游植物具有富集污染物质的能力,可作为污染的指示生物,在海洋环境评价研究中具有一定的意义。

种类组成:本次调查海域共获取浮游植物 19 种(详见浮游植物种名录见表 4.3-18),隶属硅藻门和甲藻门。其中,硅藻门 18 种,占浮游植物总种类数的 95%;甲藻门 1 种,占总种类数的 5%。硅藻在调查海域浮游植物种类组成上占有绝对优势。

表 4.3-18　浮游植物种名录

序号	种名	拉丁文名
1	圆筛藻	Coscinodiscus spp.
2	星脐圆筛藻	Coscinodiscus asteromphalus
3	虹彩圆筛藻	Coscinodiscus oculus-iridis
4	透明辐杆藻	Bacteriastrum hyalinum
5	具槽直链藻	Melosira sulcata
6	掌状冠盖藻	Stephanopyxis palmeriana
7	中华盒形藻	Biddulphia sinensis
8	布氏双尾藻	Ditylum brightwellii
9	角毛藻	Chaetoceros spp.
10	窄隙角毛藻	Chaetoceros affinis
11	旋链角毛藻	Chaetoceros curvisetus
12	深环沟角毛藻	Chaetoceros constrictus Gran
13	丹麦角毛藻	Chaetoceros danicus
14	窄面角毛藻	Chaetoceros paradox Cleve
15	佛氏海毛藻	Thalassiothrix frauenfeldii
16	新月菱形藻	Nitzschia closterium
17	曲舟藻	Pleurosigma sp.
18	蜂腰双壁藻	Diploneis bombus
19	多甲藻	Peridinium sp.

数量分布及优势种:调查海域各测站浮游植物细胞数量变化范围为($2.1 \sim 35.4$)$\times 10^4$ 个 /m³,平均值为 10.9×10^4 个 /m³(见表 4.3-19)。在细胞数量组成上,硅藻门细胞密度占总细胞密度的 99.95%,甲藻门占 0.05%,硅藻在调查海域浮游植物数量组成上占有绝对优势。从站位出现频率和细胞密度来看,调查海域浮游植物的优势种为具槽直链藻(Melosira sulcata)和窄面角毛藻(Chaetoceros paradox Cleve)。在调查海域中,具槽直链藻的站位出现频率为 62.5%,优势度为 0.05,个体密度为 8 474 个 /m³;窄面角毛藻的站位出现频率为 50%,优势度为 0.10,个体密度为 23 279 个 /m³(见表 4.3-19)。

表 4.3-19   浮游植物总细胞密度和优势种的细胞密度

站号	总密度（个 /m³）	优势种密度（个 /m³）	
		具槽直链藻	窄面角毛藻
GZ02	47 805	20 594	0
GZ07	60 835	11 061	0
GZ13	354 400	19 200	93 600
GZ16	169 242	0	62 229
GZ11	73 071	0	18 500
GZ14	80 236	10 353	11 906
GZ09	64 116	0	0
GZ05	20 982	6 583	0
平均值	108 836	8 474	23 279

群落特征：调查海域浮游植物群落特征参数值统计结果分析见表 4.3-20。由表 4.3-20 可知，调查海域浮游植物多样性指数介于 1.52~2.28，均值为 2.00；均匀度指数介于 0.46~0.79，均值为 0.65；丰度指数介于 0.33~0.65，均值为 0.46；优势度指数介于 0.63~0.91，均值为 0.74。

表 4.3-20   浮游植物群落特征指数统计表

站号	种数	多样性	均匀度	丰度	优势度
GZ02	7	2.22	0.79	0.37	0.63
GZ11	12	2.28	0.64	0.65	0.74
GZ14	8	2.04	0.68	0.41	0.70
GZ09	9	1.99	0.63	0.48	0.75
GZ05	6	1.75	0.68	0.33	0.82
GZ07	8	2.12	0.71	0.43	0.70
GZ13	10	2.11	0.64	0.48	0.64
GZ16	10	1.52	0.46	0.50	0.91
平均值	9	2.00	0.65	0.46	0.74

3. 浮游动物

种类组成：本次调查海域共获取浮游动物 15 种（详见浮游动物种名录表 4.3-21），包括节肢动物 6 种、毛颚动物 1 种、脊索动物 1 种、浮游幼虫 7 种，各占总种类数的 40%、7%、7%、46%。

表 4.3-21   浮游动物种名录

序号	中文名	拉丁文名
1	仔稚鱼	Fish larva
2	近缘大眼剑水蚤	Corycaeus affinis Mcmurrichi

续表

序号	中文名	拉丁文名
3	拟长腹剑水蚤	Oithona similis Claus
4	双刺纺锤水蚤	Acartia bifilosa (Giesbrecht)
5	小拟哲水蚤	Paracalanus parvus (Claus)
6	中国毛虾	Acetes chinensis Hansen
7	中华哲水蚤	Calanus sinicus Brodsky
8	强壮箭虫	Sagitta crassa Tokioka
9	短尾类溞状幼虫	Brachyura zoea larva
10	多毛类幼体	Polychaeta larva
11	腹足类幼体	Gastropoda larva
12	双壳类幼体	Cyphonautes larva
13	水母幼体	Medusa larva
14	鱼卵	Fish egg
15	长尾类幼虫	Macrura larva

生物量:各站浮游动物的生物量在 2.0~11.6 mg/m³,均值为 5.0 mg/m³,各站位浮游动物生物量的分布总体较均匀(表 4.3-22)。

表 4.3-22　各站点浮游动物生物量

站号	生物量(mg/m³)
GZ02	2.0
GZ07	11.6
GZ13	5.3
GZ16	3.9
GZ11	5.2
GZ14	3.8
GZ09	2.9
GZ05	5.3
平均值	5.0

数量分布及优势种:调查海域各站位浮游动物个体数量的波动范围为 6.79~162.17 个 /m³,平均值为 32.16 个 /m³,各站位浮游动物个体数量分布较为均匀(表 4.3-23)。从站位出现频率和个体密度来看,调查海域浮游动物的优势种为中华哲水蚤(Calanus sinicus Brodsky)和双刺纺锤水蚤(Acartia bifilosa(Giesbrecht))。在调查海域中,站位出现频率均为 100%。

表 4.3-23   浮游动物群落特征指数统计表

站号	种数	个体密度（个 /m³）	多样性	均匀度	丰度	优势度
GZ02	6	8.71	2.13	0.82	1.05	0.63
GZ07	7	162.17	1.51	0.54	0.70	0.86
GZ13	6	15.19	1.90	0.74	0.93	0.73
GZ16	7	6.79	2.14	0.76	1.41	0.74
GZ11	9	16.56	2.36	0.74	1.40	0.70
GZ14	6	13.82	1.62	0.63	0.90	0.87
GZ09	5	7.71	1.59	0.68	0.84	0.85
GZ05	10	26.29	1.90	0.57	1.38	0.76
平均值	7	32.16	1.89	0.69	1.08	0.77

群落特征：调查海域浮游动物群落特征参数值统计结果分析见表 4.3-23。由表 4.3-23 可知，调查海域浮游动物多样性指数介于 1.51~2.36，均值为 1.89；均匀度指数介于 0.54~0.82，均值为 0.69；丰度指数介于 0.70~1.41，均值为 1.08；优势度指数介于 0.63~0.87，均值为 0.77。

4. 大型底栖生物

种类组成：本次调查海域共获取底栖生物 9 种（详见底栖生物种名录表 4.3-24），隶属于环节和软体 2 个动物门。其中，环节动物 4 种、软体动物 5 种，分别占总物种数的 55.6% 和 44.4%。

表 4.3-24   底栖生物种名录

序号	中文名	拉丁文名
1	不倒翁虫	Sternaspis scutata（Renier）
2	沙蚕科	Nereidae
3	双齿围沙蚕	Perinereis aibuhitensis Grube
4	锥头虫科	Orbiniidae
5	脆壳理蛤	Theora fragilis（A. Adams）
6	红明樱蛤	Moerella rutila（Dunker）
7	江户明樱蛤	Moerella jedoensis（Lischke）
8	四角蛤蜊	Mactra veneriformis Reeve
9	樱蛤科	Tellinidae

生物量及密度：本次调查海域各站位底栖生物的生物量变化范围为 0.36~1.16 g/m²，平均值为 0.63 g/m²，各站位底栖生物的生物量分布总体较均匀（表 4.3-25）；各站位底栖生物的栖息密度变化范围为 80~240 个 /m²，平均值为 123 个 /m²（表 4.3-25）。

表 4.3-25 各站点底栖生物量与栖息密度

站号	生物量(g/m²)	生物密度(个 /m²)
GZ02	0.90	240
GZ07	0.62	140
GZ13	0.42	80
GZ16	1.16	100
GZ11	0.38	80
GZ14	0.70	140
GZ09	0.36	100
GZ05	0.48	100
平均值	0.63	123

底栖生物优势种:从站位出现频率和个体密度来看,调查海域底栖生物的优势种为各种沙蚕(Nereidae)。在调查海域中,该种的站位出现频率为 87.%。

群落特征:底栖生物群落的多样性、均匀度、丰度、优势度分析是反映底栖生物群落结构特点的一些重要参考指标,它们同时也可反映调查海域底质生态状况的优劣。调查海域底栖生物多样性指数介于 0~2.46,均值为 1.52;均匀度指数介于 0.92~0.98(其中一个站位只采集到 1 种);丰度指数介于 0~1.39,均值为 0.89;优势度指数介于 0.50~1.00,均值为 0.74。底栖生物群落结构相对稳定(表 4.3-26)。

表 4.3-26 底栖生物群落特征指数统计表

站号	种数	多样性	均匀度	丰度	优势度
GZ02	6	2.46	0.95	1.39	0.5
GZ07	4	1.95	0.98	1.07	0.57
GZ13	3	1.50	0.95	1.00	0.75
GZ16	3	1.52	0.96	0.86	0.8
GZ11	1	0	—	0	1.00
GZ14	4	1.84	0.92	1.07	0.71
GZ09	4	1.92	0.96	1.29	0.6
GZ05	2	0.97	0.97	0.43	1.00
平均值	3	1.52	—	0.89	0.74

4.3.5 渔业资源

莱州湾及黄河口水域是黄渤海渔业生物的主要产卵场、栖息地和索饵场,是渤海复合渔业的传统渔场,具有区域性单种群渔业及捕捞方式多样化的特点。

1. 鱼类资源

鱼类种类组成以 8—10 月最多,占主要地位的为鳀、棱鳀、斑鰶、黄鲫、小黄鱼、孔鳐、梅童、鲈、天竺鲷、银鲳、白姑鱼、小带鱼、焦氏舌鳎、青鳞鱼、叫姑鱼、油舒、蛇鲻、带鱼、半滑舌鳎、牙鲆、东方鲀等。其中，底层鱼种数远多于中上层鱼类。虽然中上层鱼类数量较少，但其生物量却占总生物量的主要部分。

2. 虾蟹类资源

莱州湾渔场是多种虾蟹类的产卵繁育场所。在此生长、栖息、繁殖的虾蟹类达 50 余种，主要品种有对虾、毛虾、背腹褐虾、糠虾、三疣梭子蟹、日本鲟、虾姑等。

3. 贝类资源

潍坊市浅海、潮间带底质分为沙泥底质和泥质底质，滩涂贝类资源 40 余种，主要贝类资源有文蛤、四角蛤蜊、毛蚶、光滑河蓝蛤、牡蛎、扁玉螺和福氏玉螺等 10 多种，贝类资源是该区近海主要地方性渔业资源。

4. 其他水产资源

海蜇是该区近海的主要捕捞品种之一，由于该资源年际波动很大，产量有的年份很高，而有的年份极少。

第5章　近岸海域污染来源解析

　　陆源污染是近岸海域污染的最主要来源。我国在 2020 年完成渤海攻坚战目标任务后,海洋环境保护工作的重点转向全面推进重点海域综合治理攻坚。沿海地区有良好的经济发展优势,但生态环境保护形势依然严峻,莱州湾近岸海域作为渤海内的重点海域,一直受以黄河为主的河流径流氮磷输入的影响,持续存在劣四类水质,产生了海域营养盐富集且氮磷失衡等一系列生态问题。为进一步加强流域和近岸海域污染物浓度控制的联防联治工作,需要从入海源头抓起,分区分类实施污染物来源排查,通过"解剖麻雀",形成以乡镇为污染物源的区块化污染源解析,体现精准治污的原则,精准确定各污染物排放量大的重点行业,科学核算不同路径入海的点源和面源污染,才能有针对性地制定入海污染物的综合治理措施,统筹推进"河流 - 河口 - 海域"一体化生态治理体系的建设。因此,本章在大量查阅相关文献,收集研究区域内多年水文、经济、农村年鉴、水质历史与现状监测数据和污染源排放数据的基础上,通过现场大量走访调研了核算农村面源排放所需的第一手资料,对入海河流、工业排污口、城镇污水处理厂、水产养殖和各类农业面源的污染物负荷开展了详细核算,分析了各类不同污染源入海的贡献比例,为下一步制定污染物总量控制与削减方案提供了数据支撑。

5.1　国内外近岸海域污染源解析研究进展

　　近岸海域的陆源污染可分为两大类:一类是直接入海污染源,包括入海河流、入海排污口、海水养殖等直接排放进入海水的污染源,其中入海河流与入海排污口占输入的污染物总入海量的 90%;另一类是间接入海污染源,即向入海河流排放的各类污染源,包括入河排污口、城镇生活面源、农村生活面源、农业种植面源、畜禽养殖面源、地表径流面源等。由于陆源污染的形式多样,为准确追溯计算各类污染源的负荷占比,多年来国内外专家学者提出了多种溯源方法。

5.1.1　河流断面沿程实测溯源法

　　以河流流域为对象,梳理干支流水系关系,按照先干流、后支流的顺序,通过近年来水质监测站的历史数据,逐一分析污染物浓度沿程变化趋势和时空分布特征,结合历史水文监测数据计算各支流污染物通量,甄别对干流污染物浓度影响较大的支流,并结合土地利用情况,初步判定影响干流污染物浓度的关键区域和排放源类型。

　　在必要时可对初步判定的关键区域,如确定的潜在污染源位置,开展水质、水量同步加密监测,可分别在丰枯季节开展监测,进一步缩小污染来源范围。

　　从理论上讲,断面沿程实测方法的计算结果最为精确,但水质监测频率不高、监测数据代表性不强、水文水质监测数据不同步等情况会进一步带来较大的通量计算误差。因此,在实测方法中可以引入 LOADEST 模型计算的方法,对河流中污染物通量进行评估,该模型是利用有限、离散的监测数据,建立多元回归方程,获得年、月、日等不同时间尺度下的河流断面污染物通量数据,可以为流域非点源迁移转化研究提供精细化的数据支撑。喻一等应用深圳河河口近 10 年的监测数据,研究建立了 LOADEST 评估模型,分析了典型污染物通量变化;许子舟利用天津 26 个水质断面数据构建了 LOADEST 模型,评估了 21 条河流断面 TN 和 TP 通量。王硕基于监测数据使用 LOADEST 模型评估了安徽滩 34 个区县的农业非点源入河负荷量。

在污染源解析研究中,由断面沿程实测计算得到的污染负荷不仅包括点源,还包括非点源,很难从中分辨出不同污染源的贡献量。降水径流是面源污染产生的自然动力和载体,没有地表径流,面源污染物就无法进入受纳水体。只有在发生降水并产生地表径流的条件下,才有可能同时发生点源和面源污染。可以认为,丰水期地表径流才会引起面源污染。部分专家学者假设点源污染物排放速率全年不变,采用汛期月均污染负荷减去非汛期月均污染负荷得到汛期面源月均污染负荷总量,但面源污染的解析依然难以做到。

5.1.2 污染负荷统计核算法

河流中的污染物来源包括点源和面源两部分。点源污染主要包括工业点源、城镇生活点源和规模化畜禽养殖污染源等列入排污许可的污染源。其中,工业点源和城镇生活点源多为污水处理厂,是监管的责任主体,有较好的持续监测数据资料可供利用,可根据污水排放口到入河排污口的距离和排放速率,确定相应的入河系数,核算点源污染负荷的入河量;而规模化畜禽养殖污染源则相对复杂,部分规划化畜禽养殖场要求对排放的污水开展自行监测,有一定的监测数据可供利用;而部分养殖场则不排放生产污水,将产生的粪污发酵后成为有机肥料用于农业种植,进而成为农业面源,因此在估算畜禽养殖污染源时多采用统计资料,计算污染负荷产生量后,需根据实际情况采用不同的污染物入河系数。

面源污染负荷的入河量可采用输出系数模型进行估算。输出系数模型基于不同的土地利用类型,利用人口、农业实际灌溉面积、化肥农药施用量、畜禽养殖量等统计数据,分别依据农业种植污染物排放系数、农村生活污染物排放系数、畜禽养殖污染物排放系数等相关经验参数,构建半分布式集总模型,计算陆源污染物的输出量,再通过建立污染源和受纳水体之间的关系给定入河系数,计算陆源污染入河量。由于输出系数法所需的数据相对容易获取,在有一定文献或实验的推荐系数取值的基础上,为大尺度、缺乏监测数据的区域计算污染负荷提供了实用方法。

1.Johnes 输出系数法

美国、加拿大于 20 世纪 70 年代提出了输出系数法,以便于研究土地利用与营养盐负荷的关系。早期的输出系数模型中,所有土地利用的系数取值是一样的,Johnes 针对这一不足进行了改进,建立了较完备的输出系数模型,弥补了早期的不足。在该模型中,农药化肥可根据农业用地的不同(水田、菜地、旱地、坡地等)划分为不同类型,确定输出系数;居民生活可将城镇划分为居住区、商业区,生活污水根据人口密度不同,设定不同的污水收集和处理率,确定输出系数;针对畜禽养殖的种类和规模,分别确定不同的输出系数。此外,在总氮方面还可以考虑植物固氮、大气氮沉降等因素的影响,极大地扩展了输出系数模型的内容,提高了模型的精度和灵敏性。

$$L = \sum_{i=1}^{n} E_i \left[A_i \left(I_i \right) \right] + P$$

式中 L——污染物流失量;

E_i——第 i 种污染源输出系数；

A_i——第 i 类土地利用面积或第 i 种畜禽数量、人口数量；

I_i——第 i 种污染物输入量；

P——大气污染物的湿沉降通量。

胡开明等使用输出系数法对通榆河考核断面的污染开展了溯源分析，并提出了削减方案。

2.Load Calculator 模型

Johnes 构建的输出系数模型虽然区分了不同污染物的来源和输出系数，但缺乏必要的物理基础和污染的空间分布。Load Calculator 模型是丹麦 DHI 公司开发的用于计算污染负荷的模型，可用于计算流域内各种点源、面源的污染负荷总量，并可处理多种不同的污染类型，该模型在输出系数模型的基础上，增加了时空权重的设置，用以考虑污染物在不同水文年内季节和空间上的分布不均。同时，Load Calculator 模型考虑到面源汇入是由降雨驱动，可以结合降雨径流和地形坡度，并考虑各类污染物的流出率和运移速率。在入河方式上，除可以给定入河系数外，还可以基于流域数字高程，采用基于运输距离的衰减率体现从污染源到进入受纳水体过程的流域截留效应。韩蕊翔利用 Load Calculator 和 MIKE11 模型模拟了汉江流域面源污染对江洋县断面的影响。

3.样方单元调查法

样方单元调查法是针对不同产污类型，按照样方单元取有典型代表性的区域，分别进行调研、监测、评估的方法。一般认为样方单元是能进行产污识别，且可统计计量的最小独立单元，通过对其产污强度和影响参数取值，从而计算陆源污染物的输出量。产污单元的划分十分重要，产污单元要具有全面性、典型性和代表性，尽可能涵盖陆源污染的典型来源，且尽可能避免交叉重复计算，同时各单元的统计数据还要具备获取性。对每一类单元的污染源来源、迁移转化途径充分调查研究，评估其污染负荷。赖斯芸等首次提出了单元调查法，并对中国农业非点源污染的分布情况进行了实例研究。郝芳华等在构建大尺度区域非点源污染负荷计算的二元结构模型中，采用类似单元调查的方法确立了不同非点源污染类型的计算参数。

5.1.3　同位素溯源法

同位素溯源法主要用于总氮、总磷等一般污染物的溯源分析，如总氮溯源分析可用氮氧同位素法。由于不同来源的元素具有不同的同位素特征值范围，基于特征值的差异可进行污染物的溯源。如氮氧多元同位素法通过测定样品的硝酸盐氮、氧同位素含量，进行氮、氧稳定同位素值与经验值的对比，判定氮元素污染是否来源于大气沉降、土壤有机氮、化学合成肥料、污水和粪便中的一种。基于多元同位素特征值，可以运用 Mix SIAR 模型对上述四种氮元素污染来源进行定量解析计算，获得不同污染源的贡献率。任奕蒙等利用硝酸盐稳定同位素示踪技术并结合土地利用空间分布分析了赤水河流域丰水期与枯水期干流及主要支流河水硝酸盐来源与转化过程。夏妍梦等通过对天津海河降雨事件的主离子常规监测与氮氧同位素监测，认为降雨期间城市河流物质输送并不遵循稀释效应。岳甫均利用氮氧同位素在松花江、辽河、黄河三大河流以及西南典型农业小流域，开展不同尺度河流氮的主要来源和转化过程分析，并估算了流域氮输出通量。

5.1.4 指纹溯源法

1. 微生物指纹法

微生物指纹法是基于 DNA 高通量测序技术（Next-Generation Sequencing，NGS），构建不同污染源废水中的微生物组成或特征菌群图谱。由于不同宿主饮食结构和生存环境的差异，不同来源粪便污染物的指示微生物的基因会存在一定差异，基于这种差异可进行污染物的微生物溯源。微生物指纹法通过采集区域和潜在来源点位的样品进行 DNA 序列测定，基于微生物数据库进行微生物比对分类，根据分类结果判断微生物溯源类型，借助 Source Tracker 微生物溯源模型，判别入海河流中污染物的主要潜在来源。Source Tracker 模型是一款追踪微生物来源的软件，通过对 16S rRNA 基因进行高通量测序，可以分析工厂、农田、养殖厂尾水的微生物特征，追溯河流污染物的贡献和来源。目前，在 2 km 范围内 Source Tracker 模型有比较好的适用性，对畜禽养殖、水产养殖、污水处理厂等敏感度强，适用于精准溯源过程。祁钊等使用这一技术在巢湖流域对水体粪便污染进行溯源，发现村庄与污水处理厂排污口是水体污染最主要的来源，并存在养猪场粪便排污和野生鸟类粪便。Brown 等使用 Source Tracker 模型成功识别出苏必利尔湖河口粪便污染主要来自污水处理厂排放的废水（70%）和海鸥粪便（30%）。Staley 等将 5 种来源的粪便以不同比例添加到淡水中，发现其识别粪便污染的准确性高达 91%。

2. 水质指纹溯源法

水质指纹溯源法主要通过测定区域内污染源废水的水质特征，如水质的三维荧光光谱特征、基于气相色谱 - 质谱联用仪（CG-MS）的质谱指纹、基于多接收器电感耦合等离子体质谱（MC-ICP-MS）的水质指纹等，构建污染源水质指纹数据库。将水体水质指纹与数据库进行比对，根据水纹峰型、峰强度的变化，初步推断污染入侵过程，并将水体水纹与污染源水纹进行对比，达到污染源分析和判别的目的。随着水质指纹数据库的不断完善，采用该方法可以构建生活污水和印染、电子、石化等行业的水质指纹库，可将溯源精度提高至行业水平，精准到企业水平。巢波等利用水质荧光指纹法在太湖流域漏湖开展了污染溯源，发现在该地区种植业面源主要在春、夏两季产生影响，生活源在夏、冬两季占主要地位，工业源在特定月份占主导影响。王英俊等利用该技术准确溯源了印染废水，与人工排查结果一致。

5.1.5 面源模型法

面源污染问题早在 20 世纪 30 年代左右就被提出，70 年代以后逐渐在世界各地受到极大的重视，因为其具有隐蔽性、随机性、分散性、难以监测和不易量化处理等特点，同时它又和流域径流、土壤流失、物质迁移等水文过程紧密相连，因此研究内容逐渐向复杂的机理模型发展，以便于在长时间序列和大流域尺度上定量描述面源污染的形成机制和过程。面源模型一般以水文模型或水动力模型为基础，通过模拟污染物的径流、淋溶、挥发 - 沉降及向水体迁移的过程，揭示流域污染负荷时空分布特征和污染物的输移规律。

第一个将水文、侵蚀过程和面源污染结合在一起的机理模型是美国农业部 Knisel 于 1980 年提出的农业管理系统的 CREAMS 模型（Chemical，Runoff and Erosion from Agricultural Management Systems Model）。此外，还有在 1987 年提出的通用流域污染负荷模型（Generalized Watershed Loading Function，GWLF）。GWLF 模型是一个半分布式、半经验式的中尺度流域负荷模型,能够评估负荷流域水系中的溶解态氮磷和总氮、总磷的月负荷量,该模型还提供月均土壤侵蚀、沉积物量、河川径流量以及面源污染源解析。GWLF 模型作为国家《水体达标方案编制技术指南》推荐模型之一,由于数据需求简单、易于获取等特点,适用于中小型流域的水文、泥沙和污染物传输过程模拟。张琰在宝象河流域使用 GWLF 模型估算了非单元污染负荷,表明流域非点源负荷以溶解态为主,其中溶解态氮占总氮负荷的 88%,溶解态磷占总磷负荷的 35%。刘艳等在新安江干流联用 GWLF 模型与一维河道水质模型(QUAL2Kw),得出面源污染对监测断面的活性 CBOD、总氮、氨氮、硝态氮的影响最为显著。赵越等在新安江上游练江流域利用 GWLF 模型得出流域溶解态总氮通过地表水传输占比为 42%,通过地下水传输占比为 40%,在水质较差的枯水期,农村生活源(37%)和点源(9%)贡献相对显著。李泽利等对 2016—2017 年于桥水库总氮和总磷负荷进行了计算,得出引滦调水的总氮浓度上升是总氮负荷上升的主要原因。

20 世纪 90 年代比较著名的模型有 HSPF、SWAT 等。HSPF(Hydrological Simulation Program-Fortran)模型是在 Stanford 水文模型的基础上发展起来的,是美国环保署(EPA)为了更好地进行环境灾害预测而开发的,是研究水资源与水环境演化过程的重要工具之一,作为半分布式水文水质模型的优秀代表, HSPF 模型能够综合模拟河道水力、流域径流、土壤流失、污染物迁移等过程,适用于较大流域范围,并具备进行面源污染负荷在长时间序列上的连续模拟的工程,包括总氮、总磷、大肠杆菌等常见的各类污染物含量的模拟,但在模型参数设置上基于欧洲标准,模型参数尚未本土化,且模型需求的监测数据在国内较难获得,因此导致该模型仅在中国少数几个地区开展了研究与应用。Chen 运用 HSPF 模型在分析不同土地利用对中国东部西苕溪盆地降水径流的影响时发现, HSPF 模型可以很好地再现实测的日流量和季节流量,但是不能准确地重现极端条件下的径流,且参数的不确定性对径流的影响随时间尺度变化而变化。Yi 等采用 HSPF 模型评估了 RCP4.5 和 RCP8.5 情境下未来 3 个时间段内单位面积面源总氮和总磷排放强度的变化。李精精基于 HSPF 模型构建了东牙溪流域水文与水质模拟模型,发现改变土地利用对流域总氮和总磷面源污染的变化非常显著。

SWAT 模型是由美国农业部农业研究中心开发的,基于物理的流域尺度分布式水文模型,是在农业和林业为主要区域的流域中最有前景的具有连续模拟能力的模型。随着模型的发展, SWAT 模型被越来越多地用来评估流域尺度下的面源污染,分析其时空分布,进而识别关键污染区域和关键污染期,也用于分析和评价污染控制管理措施对水环境的影响。王忠良采用 SWAT 模型模拟了哈尔滨磨盘山水库流域的面源污染情况,并采用畜禽养殖面源污染负荷预警值方法进行了环境风险分析,基于不同土地利用情景模式研究了流域的管理措施优化配置与成本效益分析,最终提出了一套适用于该研究区的生态移民和生态补偿的管理措施。史冲等在鲇鱼山水库使用 SWAT 模型构建了氮磷面源污染模型,并结合污染分割法,发现城镇和水产养殖造成的面源污染最高。但是 SWAT 模型在面源模拟方面也有一定局限性,由于其模型涉及大量参数,在平原河网复杂区域的面源污染模拟功能偏弱。

MIKE SHE 模型是一个完全基于物理计算的分布式水文模型,由丹麦水动力研究所(DHI)研发,涵盖了水文循环中蒸散发、地表径流、非饱和流、地下水流和明渠流以及它们之间的相互作用,其水质模块可以模拟溶质在地表水(地表径流和明渠流)和地下水(非饱和流和地下水流)中的运移,以及线性 / 非线性的吸附 / 解吸和一级衰减过程,该模型广泛应用于流域水文与营养盐归宿综合模拟与分析。MIKE 模型系列独有的 ECO-Lab 模块可以模拟更多复合的多物质运动学反应,包括生态水文的各个组成部分,如 BOD-DO 的响应关系,各种不同形态氮和磷的转化过程等重要环境问题研究。因此,该模型在水质计算中能够针对不同物质设置不同的固定浓度边界,解锁对复杂的多物质模拟的限制,如不同农业生产面源中的养分分配和运输。Hou 等利用 MIKE SHE 和 MIKE11 与 MIKE ECO-Lab 相结合,模拟了桑加蒙河流域农业生态系统中不同形式氮的转化与运移,并预测了未来气候变化下的情况。Liu 等利用 MIKE SHE 和 MIKE11 耦合模拟了华北洋河流域的水文水质变化,并对有 / 没有污染控制措施的洋河国家监测段的 COD 和 TP 浓度进行了评价。

5.1.6　空间统计模型

1. 半机理统计模型

SPARROW(SPAtially Referenced Regressions On Watershed attributes)模型是由美国地质调查局(USGS)开发的半机理流域空间统计模型。它以河流断面污染负荷作为相应变量,以流域污染源和空间属性等作为解释变量,以非线性方程的形式建立统计模型,定量描述流域及水体污染物的来源及其传输过程。该模型充分考虑了污染物在陆地和河道中传输的影响因素,能较为准确地模拟污染物从产生到流域出口的全过程。与 SWAT、HSPF、MIKE SHE 等模型相比,该模型需要的观测数据少,监测频率要求低,适用于大中型流域模拟计算。由于 SPARROW 模型对流域多年平均状态下的污染物传输与分布进行模拟,因而在污染源解析评估、污染物迁移转化环境影响因子分析、流域水质评估与模拟及水环境监测管理等方面具有较好的应用前景。Robertson 等利用 SPARROW 模型对加拿大 - 美国五大湖的富营养化问题(氮和磷)开展了溯源评估。杨中文等利用潘阳建立的 SPARROW 模型,估算了 13 种总磷污染源负荷,认为农业(56.4%)和城镇生活(30.6%)是最主要的污染来源。许自舟在天津地区将 ECM 模型与 SPARROW 模型进行耦合模拟,对总氮与总磷进行溯源评估,结果显示该地产生的总氮主要来自城镇居民生活、工业及畜禽养殖,总磷主要来自城镇居民生活、农村居民生活及畜禽养殖。

2. 遥感统计模型

DPeRS(Diffuse Pollution estimation with Remote Sensing)模型是我国自主研发的遥感分布式污染估算模型,是"十四五"期间我国国家层面农业面源污染监测评估的主要工具之一。DPeRS 模型系统以遥感像元为基本模型运算单位,可实现污染负荷空间精细化、可视化表征。与传统总量减排核算相比,该模型引入了遥感数据,有效降低了对地面数据的要求,并实现了从"点"到"面"的空间突破,其可以概括为 5 个污染类型和 2 个元素形态,即农田径流型、城镇径流型、农村生活型、畜禽养殖型和水土流失型,以及溶解态和颗粒态两种污染物形态。具体污染指标包括总氮、总磷、氨氮和化学需氧量,可对农业面源污染和城镇径流面源污染开展定量评估和分析。冯爱萍等运用该模型估算了天津海河流域面源污染的潜在风险,认为农田径流是氮磷型面源的最主要来源,在空间上认为海河流域有约 36% 以上的区域存在氮磷型面源风险。怀红燕等运用该模型估算了上海地区面源污染,得出面源污染主要集中在上海市西南部地区。王玉等运用该模型在渭河流域典型断面汇水区评估了面源污染及成因分析,认为农田径流是氮磷面源污染的主要来源,畜禽养殖是 COD 的主要来源。

5.2　直接入海污染源

5.2.1　非本地直接入海污染通量分析

1. 黄河

黄河在东营开发区境内无陆域污染输入,利津水文站是黄河入海前的最后一个水文水质监测站,距离黄河入海口 104 km。依据《黄河水量调度执行情况公告》《中国河流泥沙公报》和利津水文站水质、水文监测数据,估算黄河 COD、NH$_3$-N、TN 和 TP 污染入海通量。

黄河入海污染物总量计算公式:

$$W_{黄} = \sum M_{i黄}$$
$$M_{i黄} = \sum C_{i黄} \times Q_{i黄}$$

式中　$W_{黄}$——黄河入海污染总量;

$M_{i黄}$——黄河逐月入海污染总量;

$C_{i黄}$——黄河逐月各类污染物入海浓度;

$Q_{i黄}$——黄河逐月入海径流量。

2020 年黄河入海径流量为 335.8 亿立方米,较 2016 年增加 303.1%;COD 月入海量在 3 640~121 856 t/ 月范围,COD 年入海总量为 32.59 万吨,较 2016 年增加 237.1%;NH$_3$-N 月入海量在 50~6 667 t/ 月范围,NH$_3$-N 年入海总量为 1.60 万吨,较 2016 年增加 339.3%;TN 月入海量在 1 193~25 877 t/ 月范围,TN 年入海总量为 9.56 万吨,较 2016 年增加 212.6%;TP 月入海量在 10~337 t/ 月范围,TP 年入海总量为 0.18 万吨,较 2016 年增加 135.4%,具体见表 5.2-1。

2021 年 1—11 月黄河入海径流量为 385.8 亿立方米;COD 月入海量在 4 039~75 219 t/ 月范围,COD 年入海总量为 31.38 万吨;NH$_3$-N 月入海量在 156~2 145 t/ 月范围,NH$_3$-N 年入海总量为 0.65 万吨;TN 月入海量在 2 539~42 767 t/ 月范围,TN 年入海总量为 13.59 万吨;TP 月入海量在 40~538 t/ 月范围,TP 年入海总量为 0.20 万吨,具体见表 5.2-1。

表 5.2-1　2016—2021 年黄河年入海污染通量

年份	径流量(亿立方米)	COD(t/a)	NH$_3$-N(t/a)	TN(t/a)	TP(t/a)
2016	83.3	96 704	3 650	30 590	756
2017	95.8	107 258	3 688	32 576	610
2018	334.8	286 627	10 477	115 669	1 816
2019	342.0	291 150	6672	111 761	1 365
2020	335.8	325 946	16 034	95 613	1 780
2021(1—11 月)	385.8	313 860	6 502	135 873	2 001

图 5.2-1 所示为 2016—2021 年黄河径流量及主要污染物通量逐月变化情况,图 5.2-2 所示为 2016—2010 年黄河污染入海通量变化情况。

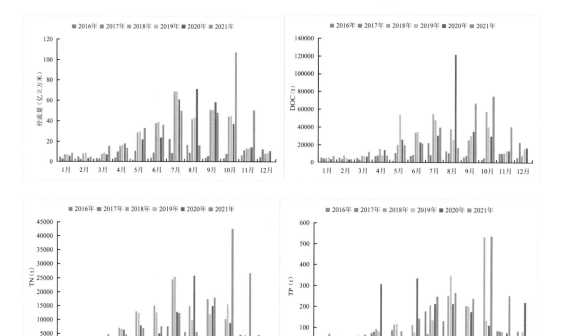

图 5.2-1　2016—2021 年黄河径流量及主要污染物通量逐月变化情况

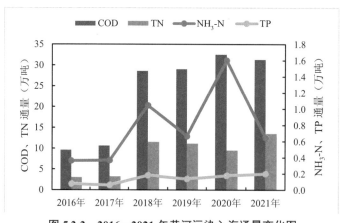

图 5.2-2　2016—2021 年黄河污染入海通量变化图

2. 小清河

小清河在寿光市羊口镇注入莱州湾,入海污染物对东营开发区近岸海域影响较大,故计算小清河入海污染通量,但不计入东营开发区入海污染源。石村水文站是小清河入海前的水文站,王道闸断面是小清河上的省控断面,依据小清河王道闸断面水质数据和石村水文站水文监测数据,计算小清河 COD、NH₃-N、TN 和 TP 污染入海通量。

小清河入海污染物总量计算公式:

$$W_{清} = \sum M_{i清}$$

$$M_{i清} = \sum C_{i清} \times Q_{i清}$$

式中　$W_{清}$——小清河入海污染总量;

　　　$M_{i清}$——小清河逐月入海污染总量;

　　　$C_{i清}$——小清河逐月各类污染物入海浓度;

　　　$Q_{i清}$——小清河逐月入海径流量。

2020 年小清河入海径流量为 10.9 亿立方米,较 2016 年增加 16.0%;COD 月入海量在 453~3 656 t/ 月范围,COD 年入海总量为 16 815 t,较 2016 年削减 47.7%;NH$_3$-N 月入海量在 9~463 t/ 月范围,NH$_3$-N 年入海总量为 736 t,较 2016 年削减 40.0%;TN 月入海量在 246~1 301 t/ 月范围,TN 年入海总量为 6 500 t,较 2016 年削减 28.5%;TP 月入海量在 1~53 t/ 月范围,TP 年入海总量为 171 t,较 2016 年削减 34.6%,具体见表 5.2-2。

2021 年 1—11 月小清河入海径流量为 18.4 亿立方米;COD 月入海量在 1 153~9 709 t/ 月范围,COD 年入海总量为 27 911 t;NH$_3$-N 月入海量在 11~204 t/ 月范围,NH$_3$-N 年入海总量为 675 t;TN 月入海量在 558~3 056 t/ 月范围,TN 年入海总量为 13 042 t;TP 月入海量在 8~79 t/ 月范围,TP 年入海总量为 282 t,具体见表 5.2-2。

图 5.2-3 所示为 2016—2021 年小清河径流量及主要污染物通量逐月变化情况,图 5.2-4 所示为小清河污染物入海通量变化情况。

表 5.2-2　2016—2021 年小清河年入海污染通量

年份	径流量(亿立方米)	COD(t/a)	NH$_3$-N(t/a)	TN(t/a)	TP(t/a)
2016	9.4	32 131	1 226	9 095	262
2017	7.8	25 577	994	9 981	152
2018	13.0	40 756	1181	11 286	261
2019	12.1	27 484	819	8 039	222
2020	10.9	16 815	736	6 500	171
2021(1—11 月)	18.4	27 911	675	13 042	282

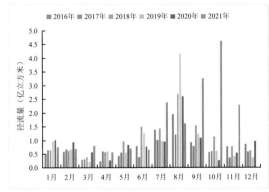

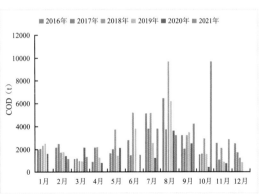

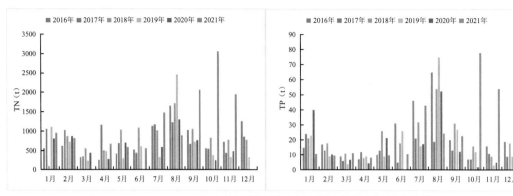

图 5.2-3　2016—2021 年小清河径流量及主要污染物通量逐月变化情况

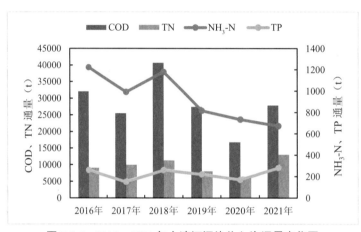

图 5.2-4　2016—2021 年小清河污染物入海通量变化图

3. 支脉河

支脉河在广饶县北部与广利河汇流注入渤海,王营水文站是支脉河入海前的水文站,辛沙桥路口断面是支脉河上的国控断面,依据支脉河辛沙桥路口断面水质监测数据和王营水文站水文监测数据,计算支脉河 COD、NH₃-N、TN 和 TP 污染入海通量。

支脉河入海污染物总量计算公式:

$$W_{支} = \sum M_{i支}$$
$$M_{i支} = \sum C_{i支} \times Q_{i支}$$

式中　$W_{支}$——支脉河入海污染总量;

　　　$M_{i支}$——支脉河逐月入海污染总量;

　　　$C_{i支}$——支脉河逐月各类污染物入海浓度;

　　　$Q_{i支}$——支脉河逐月入海径流量。

2020 年支脉河入海径流量为 3.9 亿立方米,较 2016 年增加 158.3%;COD 月入海量在 62~1 684 t/ 月范围,COD 年入海总量为 4 161 t,较 2016 年削减 5.6%;NH₃-N 月入海量在 2~224 t/ 月范围,NH₃-N 年入海总量为 251 t,较 2016 年增加 60.2%;TN 月入海量在 51~423 t/ 月范围,TN 年入海总量为 1 061 t,较 2016 年增加 16.8%;TP 月入海量在 1~13 t/ 月范围,TP 年入

海总量为 20 t,较 2016 年削减 17.8%,具体见表 5.2-3。

2021 年 1—11 月支脉河入海径流量为 9.2 亿立方米;COD 月入海量在 280~5 788 t/ 月范围,COD 年入海总量为 13 342 t;NH₃-N 月入海量在 3~52 t/ 月范围,NH₃-N 年入海总量为 167 t;TN 月入海量在 38~1 591 t/ 月范围,TN 年入海总量为 4 062 t;TP 月入海量在 1~79 t/ 月范围,TP 年入海总量为 143 t,具体见表 5.2-3。

图 5.2-5 所示为支脉河污染物入海通量变化情况。

表 5.2-3　2016—2021 年支脉河年入海污染通量

年份	径流量(亿立方米)	COD(t/a)	NH₃-N(t/a)	TN(t/a)	TP(t/a)
2016	1.51	4 409.2	157	909	24.9
2017	2.32	8 328.8	218.1	1 354.9	38
2018	2.33	7 432.7	165.4	1 444.6	35.9
2019	7.52	21 883.2	413.6	—	—
2020	3.9	4 161	251	1 061	20
2021(1-11 月)	9.2	13 342	167	4 062	143

注:"—"为缺少基础数据。

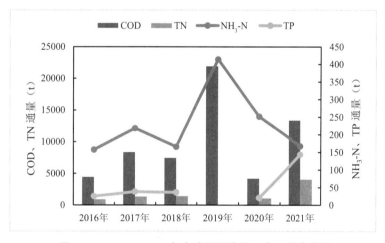

图 5.2-5　2016—2021 年支脉河污染物入海通量变化图

5.2.2　本地直接入海污染通量分析

1. 排污口

东营开发区目前共有入海排污口 2 个,分别为东营华泰化工集团有限公司和中信环境水务(东营)有限公司,2 个排污口均为连续稳定排放状态,COD、NH₃-N、TN 和 TP 排放浓度稳定。表 5.2-4 为东营开发区 2 个排污口基本信息。

排污口污染物年入海总量计算公式:

$$P = C \times Q$$

式中　P ——排污口污染物年入海总量;

C——排污口污染物年均排放浓度；

Q——排污口废水年排放总量。

表 5.2-4　东营开发区入海排污口基本情况

序号	入海排污口名称	排污口经度	排污口纬度	排污口编号	排污口性质	投入使用时间	服务对象	污水特征	排放方式	入海方式	排污口位置	排放标准
1	东营华泰化工集团有限公司	118.81°	37.40°	370502001	企业直排	2015年1月	东营华泰化工集团有限公司、东营市联成化工有限责任公司	含第二类污染物	连续	一般管线	岸边排放	《城镇污水处理厂污染物排放标准》（GB 18918—2002）一级 A 标准
2	中信环境水务（东营）有限公司	118.87°	37.42°	370502002	其他直排口	2013年6月	金岭集团，金茂化工，鲁方金属，大地硅业，高原化工，三峰环保，园区生活水	含第二类污染物	连续	一般管线	岸边排放	

2020 年，东营华泰化工集团有限公司排放 COD 浓度在 23.9~28.8 mg/L 范围、NH_3-N 浓度在 0.22~0.95 mg/L 范围、TN 浓度在 4.13~7.65 mg/L 范围、TP 浓度在 0.06~0.23 mg/L 范围；中信环境水务（东营）有限公司排放 COD 浓度在 17.5~29.0 mg/L 范围、NH_3-N 浓度在 0.1~2.2 mg/L 范围、TN 浓度在 3.37~8.15 mg/L 范围、TP 浓度在 0.08~0.26 mg/L 范围，如图 5.2-6 所示。直排口 COD 浓度 <50 mg/L、NH_3-N 浓度 <5 mg/L，TN 浓度 <15 mg/L、TP 浓度 <0.5 mg/L，均达到《城镇污水处理厂污染物排放标准》（GB 18918—2002）一级 A 标准，属于达标排放。

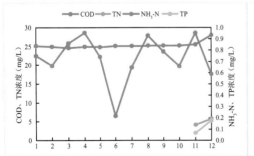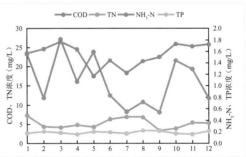

图 5.2-6　2020 年东营华泰化工集团有限公司（左）和中信环境水务（东营）有限公司（右）污染物排放逐月浓度变化

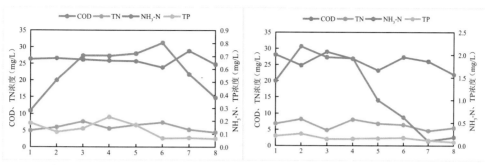

图 5.2-7　2021 年 1—8 月东营华泰化工集团有限公司（左）和中信环境水务（东营）有限公司（右）污染物排放逐月浓度变化

2020 年东营开发区入海排污口废水年排放总量为 992.5 万吨，污染物排放总量为 278.9 t，其中 COD 排放量最多，为 240.5 t，占排放总量的 86.1%，见表 5.2-5。2021 年 1—8 月东营开发区入海排污口废水年排放总量为 827.35 万吨，污染物排放总量为 275.1 t，其中 COD 排放量最多，为 216.37 t，占排放总量的 78.7%，见表 5.2-6。

表 5.2-5　2020 年东营开发区入海排污口污染物浓度及污染物排放量

入海排污口名称	污染物浓度（mg/L）					污染物排放量（t/a）				废水年排放量（万吨）
	COD	NH$_3$-N	TN	TP	达标情况	COD	NH$_3$-N	TN	TP	
东营华泰化工集团有限公司	25.3	0.73	4.94	0.12	达标	130.89	3.77	3.6	0.1	516.92
中信环境水务（东营）有限公司	23.12	1.08	5.21	0.19	达标	109.26	5.16	25.23	0.89	475.23
东营开发区合计	24.21	0.905	5.075	0.155	达标	240.15	8.93	28.83	0.99	992.15

表 5.2-6　2021 年 1—8 月东营开发区入海排污口污染物浓度及污染物排放量

入海排污口名称	污染物浓度（mg/L）					污染物排放量（t/a）				废水年排放量（万吨）
	COD	NH$_3$-N	TN	TP	达标情况	COD	NH$_3$-N	TN	TP	
东营华泰化工集团有限公司	26.04	0.58	5.95	0.13	达标	118.9	2.74	26.87	0.6	453.86
中信环境水务（东营）有限公司	25.89	1.17	6.35	0.16	达标	97.47	4.23	23.69	0.6	373.49
东营开发区合计	25.965	0.875	6.15	0.145	达标	216.37	6.97	50.56	1.20	827.35

2. 水产养殖

经收集相关统计资料和现场调查，确定东营开发区水产养殖基本为工厂化养殖和坑塘养殖，其中工厂化养殖品种主要为海参和虾，海参养殖主要排水时间为 9—10 月、虾养殖排水时间为 11—12 月和 3—4 月（分两季）；坑塘养殖品种主要是虾，集中在 11 月进行排水。依据 3 个水产养殖排污口排水量及其主要污染物排放浓度，计算水产养殖入海排放通量。

2021年东营开发区水产养殖排水总量为0.65亿立方米,以坑塘养殖为主,排水量为0.6亿立方米,占排水总量的92.0%;NH₃-N排放量为4.17 t,其中坑塘养殖排放量为3.9 t,占92.8%;DIN排放量为26.3 t,其中坑塘养殖排放量为25.6 t,占97.4%;活性磷酸盐排放量为0.41 t,其中坑塘养殖排放量为0.22 t,占53.7%,具体见表5.2-7、图5-2-8。

表5.2-7　2021年水产养殖污染物排放情况

排污口名称	排水量(亿立方米)	污染物排放量(t/a)		
		NH₃-N	DIN	活性磷酸盐
排污口2	0.15	1.04	6.09	0.27
排污口3	0.18	0.80	7.89	0.10
排污口4	0.32	2.33	12.32	0.04
合计	0.65	4.17	26.30	0.41

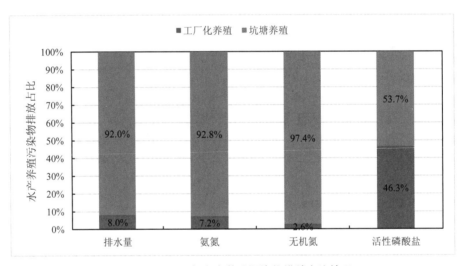

图5.2-8　2021年水产养殖污染物排放占比情况

3. 其他入海河流污染通量

除黄河、小清河和支脉河外,研究区域内还有4条入海河流,分别为广利河、永丰河、小岛河和溢洪河。由于部分水文站无逐月水文监测数据,其他河流年污染入海量通过年均水量进行估算。

河流入海污染物总量计算公式:

$$W = C \times Q$$

式中　W——河流各类污染物年入海总量;

　　　C——河流断面污染物年均入海浓度;

　　　Q——河流年入海总径流量。

1)广利河

广利河东八路桥为国控水质监测断面。2020年广利河入海径流量为1.51亿立方米,较

2016 年增加 6.6%；COD 年入海总量为 4 791.2 t，较 2016 年增加 7.9%；NH₃-N 年入海总量为 48.3 t，较 2016 年削减 64.5%；TN 年入海总量为 354.9 t，较 2016 年削减 52.7%；TP 年入海总量为 13.6 t，较 2016 年削减 34.3%，见表 5.2-8。

表 5.2-8　2016—2021 年广利河径流量、水质情况和污染入海通量

年份	监测站位	径流量（亿立方米）	水质情况（mg/L）				入海通量（t/a）			
			COD	NH₃-N	TN	TP	COD	NH₃-N	TN	TP
2016	东八路桥	1.42	31.27	0.96	5.28	0.15	4 440.3	136.3	750	20.7
2017		2.47	41.29	1.17	5.41	0.18	10 198.6	289	1 336.3	44.5
2018		1.24	28.09	0.54	2.88	0.12	3 486	67	357.4	14.9
2019		1.68	24.67	0.49	2.48	0.15	4 144.6	82.3	416.6	25.2
2020		1.51	31.73	0.32	2.35	0.09	4 791.2	48.3	354.9	13.6
2021（1—11 月）		2.55	24.09	0.36	3.02	0.11	6 143.0	91.8	770.1	28.1

2021 年 1—11 月广利河入海径流量为 2.55 亿立方米，COD 年入海总量为 6 143.0 t，NH₃-N 年入海总量为 91.8 t，TN 年入海总量为 770.1 t，TP 年入海总量为 28.1 t，见表 5.2-8。

图 5.2-9 所示为 2016—2021 年广利河污染入海通量变化情况。

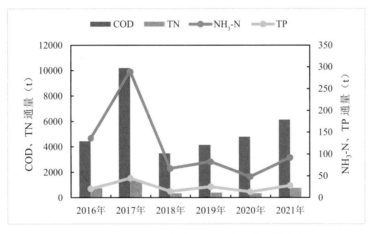

图 5.2-9　2016—2021 年广利河污染入海通量变化图

2）永丰河

永丰河红光渔业社为市控监测断面。2020 年永丰河入海径流量为 0.66 亿立方米，较 2018 年减少 16.2%；COD 年入海总量为 1 584 t，较 2018 年削减 38.3%；NH₃-N 年入海总量为 24.4 t，较 2018 年削减 32.7%；TN 年入海总量为 235 t；TP 年入海总量为 14.5 t，见表 5.2-9。

2021 年 1—11 月永丰河入海径流量为 1.12 亿立方米，COD 年入海总量为 6 283.2 t，NH₃-N 年入海总量为 97.4 t，TN 年入海总量为 460.3 t，TP 年入海总量为 30.2 t，见表 5.2-9。

表 5.2-9　2018—2021 年永丰河径流量、水质情况和污染入海通量

年份	监测站位	径流量（亿立方米）	水质情况（mg/L）				入海通量（t/a）			
			COD	NH$_3$-N	TN	TP	COD	NH$_3$-N	TN	TP
2018	永丰河红光渔业社	0.79	32.5	0.46	—	—	2 567.5	36.3	—	—
2020		0.66	24	0.37	3.56	0.22	1 584.0	24.4	235.0	14.5
2021（1—11 月）		1.12	56.1	0.87	4.11	0.27	6 283.2	97.4	460.3	30.2

3）小岛河

小岛河东隋村桥为例行监测断面。2020 年小岛河入海径流量为 0.03 亿立方米，与 2016 年持平；COD 年入海总量为 62.4 t，较 2016 年增加 21.4%；NH$_3$-N 年入海总量为 2.3 t，较 2016 年增加 475%；TN 年入海总量为 12.5 t，较 2016 年增加 267.6%；TP 年入海总量为 0.4 t，较 2016 年削减 50%，见表 5.2-10。

2021 年 1—11 月小岛河入海径流量为 0.06 亿立方米，COD 年入海总量为 360.6 t，NH$_3$-N 年入海总量为 3.8 t，TN 年入海总量为 24.2 t，TP 年入海总量为 0.6 t，见表 5.2-10。

表 5.2-10　2016—2021 年小岛河径流量、水质情况和污染入海通量

年份	监测站位	径流量（亿立方米）	水质情况（mg/L）				入海通量（t/a）			
			COD	NH$_3$-N	TN	TP	COD	NH$_3$-N	TN	TP
2016	东隋村桥	0.03	17.12*	0.13	1.14	0.28	51.4	0.4	3.4	0.8
2020		0.03	20.79	0.78	4.16	0.14	62.4	2.3	12.5	0.4
2021（1—11 月）		0.06	60.1	0.64	4.04	0.1	360.6	3.8	24.2	0.6

注：表中"*"根据东隋村桥断面高锰酸盐指数浓度估算 COD 浓度，即 COD=4.0× 高锰酸盐指数。

4）溢洪河

溢洪河无天然来水，河道基本为污水处理厂尾水、生活污水、雨水等，污染物主要通过工业、污水处理厂等点源及城镇生活、农村生活、农业种植、畜禽养殖、地表径流等面源入海。根据工业、污水处理厂等点源实测数据（自动监测系统获取）及排入河道的面源污染（《2021 年东营统计年鉴》）统计数据，进行污染通量计算。

2020 年，溢洪河污染源排水量为 0.48 亿立方米，污水处理厂源排水量最多，为 0.45 亿立方米，占 93.8%；COD 年入海总量为 3 152.5 t，畜禽养殖源最多，为 1 568.8 t，占 49.8%；NH$_3$-N 年入海总量为 193.9 t，畜禽养殖源最多，为 134.8 t，占 69.5%；TN 年入海总量为 526.6 t，污水处理厂源最多，为 356.3 t，占 67.7%；TP 年入海总量为 349.5 t，畜禽养殖源最多，为 333.3 t，占 95.4%，见表 5.2-11。

2021 年，溢洪河污染源排水量为 0.56 亿立方米，污水处理厂源最多，为 0.52 亿立方米，占 92.9%；COD 年入海总量为 3 399.32 t，畜禽养殖源最多，为 1 568.8 t，占 46.2%；NH$_3$-N 年入海总量为 192.62 t，畜禽养殖源最多，为 134.8 t，占 70.0%；TN 年入海总量为 612.92 t，污水处理厂源最多，为 442.6 t，占 72.2%；TP 年入海总量为 349.14 t，畜禽养殖源最多，为 333.3 t，占 95.5%，见表 5.2-11。

表 5.2-11 2020 年和 2021 年溢洪河污染入海通量

年份	污染源		排水量（亿立方米）	污染物排放量（t/a）			
				COD	NH₃-N	TN	TP
2020	点源	工业源	0.03	69.42	1.59	—	—
		污水处理厂源	0.45	1 126.94	36.33	356.25	10.47
	面源	城镇生活源	—	79.25	6.70	9.23	0.98
		农村生活源	—	168.34	11.08	15.60	0.65
		农业种植源	—	86.04	3.26	34.81	2.45
		畜禽养殖源	—	1 568.82	134.78	104.28	333.31
		地表径流源	—	53.68	0.17	6.39	1.60
	合计		0.48	3 152.49	193.90	526.56	349.46
2021	点源	工业源	0.04	98.13	2.56	—	—
		污水处理厂源	0.52	1 345.06	34.08	442.61	10.16
	面源	城镇生活源	—	79.25	6.70	9.23	0.98
		农村生活源	—	168.34	11.08	15.60	0.65
		农业种植源	—	86.04	3.26	34.81	2.45
		畜禽养殖源	—	1 568.82	134.78	104.28	333.31
		地表径流源	—	53.68	0.17	6.39	1.60
	合计		0.56	3 399.32	192.62	612.92	349.14

注：2021 年溢洪河面源为统计数据估算，2021 年排放量与 2020 年相当，"—"表示未获取数据。

5）其他入海河流污染通量汇总

研究区域除黄河、小清河和支脉河外的 4 条主要入海河流中，广利河、永丰河和小岛河根据入海径流量及污染物浓度计算污染物入海通量；溢洪河因无天然径流，根据点源、面源污染估算污染物入海通量。

2020 年，4 条入海河流总径流量为 2.7 亿立方米，COD 年入海总量为 9 590.1 t，NH₃-N 年入海总量为 269.0 t，TN 年入海总量为 1 128.9 t，TP 年入海总量为 378.0 t。2021 年，4 条入海河流总径流量为 4.3 亿立方米，较 2020 年增加 59.5%；COD 入海总量 16 186.1 t，较 2020 年增加 68.8%；NH₃-N 年入海总量为 385.7 t，较 2020 年增加 43.4%；TN 年入海总量为 1 867.6 t，较 2020 年增加 65.4%；TP 年入海总量为 408.0 t，较 2020 年增加 7.9%。

表 5.2-12 2020 年和 2021 年其他入海河流污染物入海通量统计表

年份	河流名称	径流量（亿立方米）	入海通量（t/a）			
			COD	NH₃-N	TN	TP
2020	广利河	1.5	4 791.2	48.3	354.9	13.6
	永丰河	0.7	1 584.0	24.4	235.0	14.5
	小岛河	0.03	62.4	2.3	12.5	0.4
	溢洪河	0.48	3 152.5	193.9	526.6	349.5
	合计	2.7	9 590.1	269.0	1 128.9	378.0

续表

年份	河流名称	径流量（亿立方米）	入海通量（t/a）			
			COD	NH₃-N	TN	TP
2021	广利河	2.6	24.1	0.4	3.0	0.1
	永丰河	1.1	56.1	0.9	4.1	0.3
	小岛河	0.1	60.1	0.6	4.0	0.1
	溢洪河	0.56	3 399.3	192.6	612.9	349.1
	合计	4.3	16 186.1	385.7	1 867.6	408.0

5.2.3　小结

东营开发区近岸海域入海污染源包括黄河、小清河、支脉河、排污口、水产养殖和其他入海河流，其中黄河、小清河和支脉河污染输入为非本区域直接入海污染源，2个排污口、水产养殖和4条其他入海河流为本区域直接入海污染源。研究区域内主要入海污染物为COD和TN。现按海域TN入海后70%①转化为DIN进行海域DIN输入折算。

2020年，东营开发区近岸海域COD年输入总量为35.67万吨，其中黄河贡献91.36%、小清河贡献4.71%、支脉河贡献1.17%、东营开发区贡献2.76%；DIN年输入总量为7.31万吨，其中黄河贡献91.61%、小清河贡献6.23%、支脉河贡献1.02%、东营开发区贡献1.14%；TP年输入总量为0.24万吨，其中黄河贡献75.74%、小清河贡献7.28%、支脉河贡献0.85%、东营开发区贡献16.13%，具体见表5.2-13、图5.2-10。

表5.2-13　2020年东营开发区近岸海域污染输入通量

序号	污染源类型	入海污染贡献情况					
		COD(t/a)	COD(%)	DIN(t/a)	DIN(%)	TP(t/a)	TP(%)
		非直接入海污染通量					
1	黄河	325 946	91.36	66 929	91.61	1 780	75.74
2	小清河	16 815	4.71	4 550	6.23	171	7.28
3	支脉河	4161	1.17	743	1.02	20	0.85
		直接入海污染通量					
4	入海排污口	240.15	0.07	20	0.03	0.99	0.04
5	水产养殖**	—	—	26	0.03	—	—
6	其他入海河流	9 590	2.69	790	1.08	378	16.09
	合计	356 752	100	73 059	100	2 350	100

注：表中"**"因缺少2020年水产养殖统计数据，2020年水产养殖排放量按与2021年相当估算；
　　"—"表示无基础数据。

---
① 《东营市近岸海域污染来源解析与削减方案》。

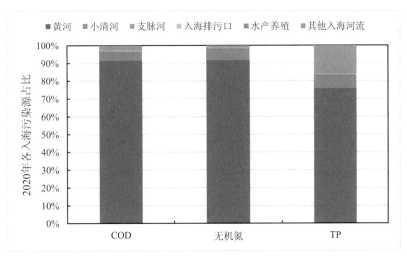

图 5.2-10　2020 年东营开发区近岸海域污染输入通量占比图

2021 年东营开发区近岸海域 COD 年输入总量为 37.15 万吨,其中黄河贡献 84.48%、小清河贡献 7.51%、支脉河贡献 3.59%、东营开发区贡献 4.42%;DIN 年输入总量为 10.85 万吨,其中黄河贡献 87.70%、小清河贡献 8.42%、支脉河贡献 2.62%、东营开发区贡献 1.26%;TP 年输入总量为 0.28 万吨,其中黄河贡献 70.58%、小清河贡献 9.95%、支脉河贡献 5.04%、东营市开发区贡献 14.43%,具体见表 5.2-14、图 5.2-11。

表 5.2-14　2021 年东营开发区近岸海域污染输入通量

序号	污染源类型	入海污染贡献情况					
		COD(t/a)	COD(%)	DIN(t/a)	DIN(%)	TP(t/a)	TP(%)
非本地直接入海污染源							
1	黄河	313 860	84.48	95 111	87.70	2 001	70.58
2	小清河	27 911	7.51	9 129	8.42	282	9.95
3	支脉河	13 342	3.59	2 843	2.62	143	5.04
本地直接入海污染源							
4	入海排污口	216	0.06	36	0.03	1	0.04
5	水产养殖	—	—	26	0.02	—	—
6	其他入海河流	16 186	4.36	1 308	1.21	408	14.39
	合计	371 515	100	108 453	100	2 835	100

注:"—"表示无基础数据。

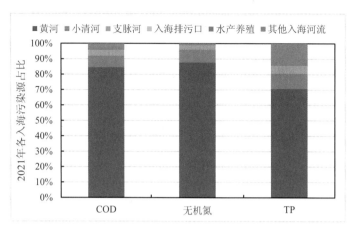

图 5.2-11　2021 年东营开发区近岸海域污染输入通量占比图

综上所述,研究区域直接入海污染源中黄河为主要污染源,对 COD、TN、TP 的贡献最大。

5.3　间接入海污染源

5.3.1　流域划分

1.划分方法

东营市辖区地处黄河冲积平原的滨海地带,地势总体平缓,南高北低、西高东低,顺黄河方向为西南高、东北低。汇水控制单元划分的核心是确定产汇流机制,一般借助数字高程模型(DEM)基于经典的八向法流向模型(D8 算法)提取区域水文要素信息。划分区域地势相对平坦,本次划分将区域水系、沟渠等数据手动叠加进入 DEM 数据中,提高 DEM 划分精度。在ArcGis 操作平台中对细化后的 DEM 进行洼地填充,利用 D8 算法进行汇流方向分析,计算每一栅格处流过的水量,以得到该栅格的汇流累积值,提取数字水系,完成汇流方向和数字水系的提取,确定各水系出口所对应的汇水控制单元,结合区域河网结构对汇水区进行修正,形成区域汇水控制单元。在此基础上,考虑与东营市"十四五"规划"汇水范围"的一致性,按照乡镇行政边界对划分单元进行调整,最终形成陆上研究区域的汇水控制单元。

2.数据基础

1)DEM 数据

本次区域划分采用中国地理空间数据云提供的分辨率为 30 m × 30 m 的 GDEMV2 DEM数据集,进行合并并提取,形成研究区域 DEM 数据,为划分地区汇水控制单元提供依据,图5.3-1 所示为研究区域 DEM 数据。

图例
DEM
■ 196
■ −5

图 5.3-1　研究区域 DEM 数据

2）区域水系

研究区域包括黄河流域水系和淮河流域水系,黄河本身属于黄河流域,黄河以南属淮河流域管辖,淮河流域水系多为东西走向,共有小清河、支脉河、广利河、永丰河等 20 条河流。

3）汇水范围

根据东营市"十四五"规划汇水范围成果,研究区域主要涉及黄河、溢洪河、广利河、支脉河、小清河共 5 条河、7 个国控断面对应的汇水范围。其中,黄河丁字路口汇水范围包括小岛河,溢洪河黄河路桥断面包括永丰河。图 5.3-2 所示为研究区域汇水范围。

图 5.3-2　研究区域汇水范围

4）行政规划

　　研究区域主要涉及垦利区、东营区、东营开发区和广饶县，涉及乡镇街道共 28 个，其中东营区 11 个、垦利区 8 个、广饶县 9 个。

3. 划分结果

在 ArcGis 操作平台完成研究区域基于流域尺度的汇水区域划分,并进一步结合市域范围内的乡镇边界,完成研究区域汇水控制单元划分,如图 5.3-3 所示。

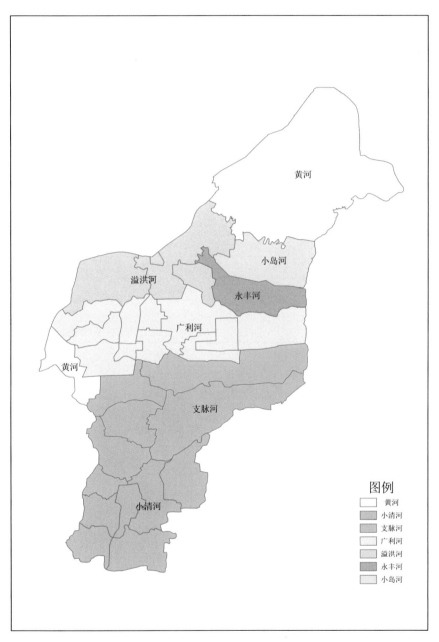

图 5.3-3　研究区域汇水控制单元划分

划分完成后,汇水控制单元及其涉及的区县、乡镇情况见表 5.3-1。

永安镇被划分入小岛河与永丰河汇水控制区,基本将永丰河以南区域划入永丰河,包括永安镇、东三村、西三村、东九村、三十八户村、一村、牛圈村、东兴村、二十四顷村、永安村、镇南村、十七村、前二十五村、二十八村、胜利村、新立村、九十六户村、中心村、十方里村、十一村、前七村、六十户村、西兴村,其他村划入永丰河范围。

乐安街道被划入支脉河流域和小清河流域,其中支脉河流域主要包括三里村、前初村、西秦村、东秦村、张庄村、东高村、张庙村、陈家村、西张村、左家村、东南村、韩疃村、中赵村、寺上村、东关村、石村、东何村、甄庙村、范李村、榆林村、寨村、大尧村、西尧村、营子村、北贾村、东王村、西高村、西王村、孟家村、倪家村,其他村划入小清河范围。

表 5.3-1　研究区域汇水控制单元涉及乡镇详细名单

汇水区名称	控制断面	区县	乡镇
黄河(东营段)流域	丁字路口	垦利区	黄河口镇
	利津水文站	东营区	龙居镇
溢洪河	黄河路桥	垦利区	胜坨镇、垦利街道、兴隆街道
广利河流域	东八路桥	垦利区	郝家镇、董集镇
		东营区	文汇街道、黄河街道、东城街道、辛店街道、胜利街道、胜园街道、史口镇、东营开发区
支脉河(东营段)流域	辛沙路桥	东营区	六户镇、牛庄镇、
		广饶县	丁庄镇、陈官镇、花官镇、乐安街道
永丰河流域	红光渔业社	垦利区	永安镇
小岛河	东隋村闸	垦利区	永安镇
小清河(东营段)流域	羊口	广饶县	广饶街道、乐安街道、大王镇、稻庄镇、李鹊镇、大码头镇

5.3.2　陆域入河污染源解析

基于市域范围内划定的汇水控制单元,对涉水污染物的污染源情况进行统计,并依据工业源、污水处理厂源、城镇生活源、农村生活源、农业种植源、畜禽养殖源和城市地表径流源七大污染源,核算各污染源的污染入水体负荷情况。

1. 工业源

工业源污染物入河量计算:

$$W_{工业r} = (W_{工业p} - \theta_1) \times \beta_1$$

式中　$W_{工业r}$——工业企业污染物入河量;

　　　$W_{工业p}$——工业企业污染物排放量;

　　　θ_1——被污水处理厂处理掉的工业污染物量;

　　　β_1——工业污染物入河系数(取值范围为 0.8~1.0),根据东营市工业企业直排污染入河,β_1 取值为 1。

研究区域内工业污染源数据来自东营市排污口自动监测系统,2020—2021 年研究区域内工业废水直排入河的企业共有 21 家,其中东营区 8 家、垦利区 1 家、广饶县 12 家,直排工业企业名单见表 5.3-2。

表 5.3-2 研究区域直排工业企业名单及污染排放情况

序号	所在区域	企业名称	行业类别	受纳水体	最终汇入
1	东营区	东营市佳昊化工有限责任公司	原油加工及石油制品制造	广利河	广利河
2	东营区	山东海科化工集团有限公司	原油加工及石油制品制造	五干排	支脉河
3	东营区	中国石油化工股份有限公司胜利油田分公司石油化工总厂	原油加工及石油制品制造	五干排	支脉河
4	东营区	山东神驰化工集团有限公司	原油加工及石油制品制造	广利河	广利河
5	东营区	东营利源环保科技有限公司	原油加工及石油制品制造	广利河	广利河
6	东营区	山东龙源石油化工有限公司	原油加工及石油制品制造	广利河	广利河
7	东营区	东营龙府酒厂	白酒制造	广利河	广利河
8	东营区	东营市鲁唐八福豆制品有限公司	豆制品制造	广利河	广利河
9	垦利区	山东石大胜华化工集团股份有限公司垦利分公司	原油加工及石油制品制造	溢洪河	溢洪河
10	广饶县	东营齐润化工有限公司	原油加工及石油制品制造	小清河	小清河
11	广饶县	广饶华邦化学有限公司	原油加工及石油制品制造	小清河	小清河
12	广饶县	山东麟丰化工科技有限公司	原油加工及石油制品制造	小清河	小清河
13	广饶县	山东华誉集团有限公司	禽类屠宰	花官大沟	小清河
14	广饶县	东营市华胜印染有限公司	棉印染精加工	小清河	小清河
15	广饶县	山东恩泽乳品有限公司	液体乳制造	小清河	小清河
16	广饶县	正和集团股份有限公司	原油加工及石油制品制造	预备河	小清河
17	广饶县	山东华星石油化工集团有限公司	原油加工及石油制品制造	小清河	小清河
18	广饶县	东营华泰清河实业有限公司	机制纸及纸板制造	小清河	小清河
19	广饶县	山东华泰纸业股份有限公司	机制纸及纸板制造	小清河	小清河
20	广饶县	山东永兴泰食品股份有限公司	禽类屠宰	小清河	小清河
21	广饶县	东营临广化工有限公司	食品及饲料添加剂制造	小清河	小清河

本次工业污染源核算的污染物入河量为研究区域内直排入河道的污染量。通过核算可知,研究区域内直排工业企业 2020 年入河量为 2 046 万立方米,COD、NH$_3$-N、TP 和 TN 入河量分别为 1 365 t、26 t、72 t 和 58 t;2021 年入河量为 2 526 万立方米,COD、NH$_3$-N、TP 和 TN 入河量分别为 1 447 t、23 t、71 t 和 71 t;小清河入河量、COD 和 TN 最高,2020—2021 年约分别占研究区域的 70%、77% 和 83%;广利河 NH$_3$-N 和 TP 的入河量最高,2020—2021 年约分别占研究区域的 52% 和 80%,具体见表 5.3-3。

表 5.3-3 研究区域工业源污染物入河量统计表(单位:t/a)

控制单元名称	水量(万立方米)		COD		NH$_3$-N		TP		TN	
	2020	2021	2020	2021	2020	2021	2020	2021	2020	2021
广利河	229.95	222.70	215.72	209.45	12.67	12.71	56.92	56.89	8.05	·6.82
溢洪河	277.45	393.62	69.42	98.13	1.59	2.56	0.00	0.00	0.00	0.00

续表

控制单元名称	水量（万立方米）		COD		NH₃-N		TP		TN	
	2020	2021	2020	2021	2020	2021	2020	2021	2020	2021
支脉河	107.65	139.10	24.96	28.49	0.37	0.38	0.07	0.03	3.58	2.52
小清河	1 431.33	1 770.75	1 055.67	1 110.63	11.21	7.76	14.67	14.09	46.39	62.09

2. 城镇生活源

东营市城镇生活污染包括生活污水排放和生活垃圾排放两部分，其中东营市城镇生活垃圾已基本实现全收集、零排放，收集的污水均纳管进入污水处理厂，因此本章节核算的城镇生活污水入河量为未纳管进入污水处理厂的部分。东营市城镇生活污染产生量采取排污系数法计算，污染物排放系数参考《第二次全国污染物普查生活污染源产排污系数手册（试用版）》。

城镇生活源污染入河量计算公式：

$$W_{城镇生活r} = N_{城镇} \times \alpha_{城镇} \times (1-\gamma_1) \times \beta_2$$

式中　$W_{城镇生活r}$——城镇生活源污染物入河量；

　　　$N_{城镇}$——城镇常住人口数量；

　　　$\alpha_{城镇}$——城镇生活产排污系数，取值参考《第二次全国污染物普查生活污染源产排污系数手册（试用版）》，见表5.3-4；

　　　γ_1——城镇生活污水收集率，东营市城镇生活污水收集率为0.731，城镇生活污水处理率为0.96；

　　　β_2——城镇生活污染物入河系数（取值范围0.6~0.9），结合东营市城镇居民生活排污入河特征，β_2取值0.6。

表 5.3-4　东营市城镇生活源产排污系数

序号	指标名称	单位	参数取值
1	排污系数	无量纲	0.6
2	COD	g/（人·日）	50.9
3	NH₃-N	g/（人·日）	4.3
4	TP	g/（人·日）	0.63
5	TN	g/（人·日）	5.93

城镇生活源产污计算主要根据统计数据，因此只对已发布的2020年统计数据进行核算，2021年可参考该结果。根据《2021年东营统计年鉴》中的2020年各区县城镇人口统计数据和东营市土地利用中居民点及工矿用地解译成果，将城镇人口数据核算到各城镇，结果见表5.3-5。

表 5.3-5 研究区域城镇人口核算

区县	城镇人口	乡镇街道	汇水控制单元	人口比例	城镇人口
东营区	570 921	文汇街道	广利河	3.35%	19 149
		牛庄镇	支脉河	9.86%	56 288
		辛店街道	广利河	4.19%	23 911
		龙居镇	黄河	9.33%	53 245
		黄河路街道	广利河	4.63%	26 459
		史口镇	广利河	7.62%	43 531
		胜园街道	广利河	1.75%	9 983
		六户镇	支脉河	24.53%	140 037
		东城街道	广利河	4.80%	27 394
		胜利街道	广利河	25.34%	144 694
		东营开发区	广利河	4.59%	26 230
广饶县	257 883	陈官镇	支脉河	9.44%	24 339
		李鹊镇	小清河	6.31%	16 276
		大王镇	小清河	10.73%	27 665
		花官镇	支脉河	9.97%	25 706
		大码头镇	小清河	10.91%	28 134
		稻庄镇	小清河	10.14%	26 160
		广饶街道	小清河	4.39%	11 329
		乐安街道	小清河	5.82%	15 004
		乐安街道	支脉河	3.92%	10 112
		丁庄镇	支脉河	28.37%	73 158
垦利区	97 809	董集镇	广利河	3.99%	3 907
		兴隆街道	溢洪河	3.05%	2 981
		郝家镇	广利河	3.07%	3 007
		胜坨镇	溢洪河	9.79%	9 580
		永安镇	小岛河	10.84%	10 603
		永安镇	永丰河	8.72%	8 531
		黄河口镇	黄河	49.00%	47 923
		垦利街道	溢洪河	11.16%	10 918
		社管会类似乡级单位	溢洪河	0.37%	359

参考《第二次全国污染物普查生活污染源产排污系数手册(试用版)》,东营市污水排放系数为 0.6,人均 COD 产污系数为 50.9 g/(人·d),NH_3-N 产污系数为 4.3 g/(人·d),TP 产污系数为 0.63 g/(人·d),TN 产污系数为 5.93 g/(人·d)。依据城镇人口核算结果和生活污水收集率,计算各汇水控制单元内城镇生活污水污染物入河量。

研究区域 2020 年城镇生活源排放的 COD、NH_3-N、TP 和 TN 入河量分别为 3 081 t、260 t、

38 t 和 359 t,见表 5.3-6。污染物排放的主要汇水控制单元为广利河和支脉河,各占研究区域入河总量的 35% 左右;其次为小清河,占总量的 13%;广利河和支脉河是研究区域城镇人口最主要的集中区。

表 5.3-6　研究区域城镇生活源污染物入河量统计表(单位:t/a)

汇水控制单元名称	COD	NH₃-N	TP	TN
广利河	1 091.32	92.19	13.51	127.14
黄河	336.33	28.41	4.16	39.18
小岛河	35.25	2.98	0.44	4.11
小清河	414.13	34.99	5.13	48.25
溢洪河	79.25	6.70	0.98	9.23
永丰河	28.36	2.40	0.35	3.30
支脉河	1 095.89	92.58	13.56	127.67

3. 农村生活源

农村生活源污染包括生活污水排放和生活垃圾排放,其中东营市生活垃圾已基本实现“队保洁、村收集、乡转运、县处理”,农村生活垃圾零污染排放,部分污水集中处理,因此本章节仅核算农村生活污水排放,核算的农村生活污水入河量为未纳管进入污水处理厂的部分。农村生活污水采取排污系数法计算,污染物排放系数参考《第二次全国污染物普查生活污染源产排污系数手册(试用版)》。

农村生活源污染入河量计算公式:

$$W_{农村生活 r} = N_{农村} \times \alpha_{农村} \times (1 - \gamma_2) \times \beta_3$$

式中　$W_{农村生活 r}$——农村生活源污染物入河量

$N_{农村}$——农村常住人口数量;

$\alpha_{农村}$——农村生活产排污系数,取值参考《第二次全国污染物普查生活污染源产排污系数手册(试用版)》《山东省农村环境连片整治示范项目技术指南》,见表 5.3-7;

γ_2——农村生活污水收集率,根据 2021 年东营农村生活污水治理情况,收集率为 0.501;

β_3——农村生活污染物入河系数(取值范围 0.2~0.4),考虑东营市农村居民生活排污入河特征,β_3 取值 0.2。

表 5.3-7　研究区域农村生活源产排污系数

序号	指标名称	单位	参数取值
1	排污系数	无量纲	0.85
2	COD	g/(人·日)	31.3
3	NH₃-N	g/(人·日)	2.06
4	TP	g/(人·日)	0.12
5	TN	g/(人·日)	2.90

农村生活源产污计算主要根据统计数据,因此只对已发布的 2020 年统计数据进行核算,2021 年可参考该结果。根据《2021 年东营统计年鉴》中的 2020 年各区县农村人口统计数据和东营市土地利用中居民点及工况用地解译成果,将农村人口数据核算到各乡镇,结果见表 5.3-8。

表 5.3-8　研究区域农村人口核算

区县	农村人口	乡镇街道	所属汇水控制单元	人口比例	农村人口
东营区	109 812	文汇街道	广利河	3.35%	3 683
		牛庄镇	支脉河	9.86%	10 827
		辛店街道	广利河	4.19%	4 599
		龙居镇	黄河	9.33%	10 241
		黄河路街道	广利河	4.63%	5 089
		史口镇	广利河	7.62%	8 373
		胜园街道	广利河	1.75%	1 920
		六户镇	支脉河	24.53%	26 935
		东城街道	广利河	4.80%	5 269
		胜利街道	广利河	25.34%	27 831
		东营开发区	广利河	4.59%	5 045
广饶县	276 012	陈官镇	支脉河	9.44%	26 050
		李鹊镇	小清河	6.31%	17 420
		大王镇	小清河	10.73%	29 610
		花官镇	支脉河	9.97%	27 513
		大码头镇	小清河	10.91%	30 112
		稻庄镇	小清河	10.14%	27 999
		广饶街道	小清河	4.39%	12 126
		乐安街道	小清河	5.82%	16 059
		乐安街道	支脉河	3.92%	10 822
		丁庄镇	支脉河	28.37%	78 301
垦利区	142 828	董集镇	广利河	3.99%	5 705
		兴隆街道	溢洪河	3.05%	4 353
		郝家镇	广利河	3.07%	4 391
		胜坨镇	溢洪河	9.79%	13 989
		永安镇	小岛河	10.84%	15 484
		永安镇	永丰河	8.72%	12 458
		黄河口镇	黄河	49.00%	69 980
		垦利街道	溢洪河	11.16%	15 943
		社管会类似乡级单位	溢洪河	0.37%	525

参考《第二次全国污染物普查生活污染源产排污系数手册(试用版)》,东营市农村生活污水排放系数为0.2,人均COD产污系数为31.3 g/(人·d),NH₃-N产污系数为2.06 g/(人·d),TP产污系数为0.12 g/(人·d),TN产污系数为2.90 g/(人·d)。根据区域农村常住人口数,计算汇水控制单元内农村生活污水污染物排放入水体负荷量。

研究区域2020年农村生活源排放的COD、NH₃-N、TP和TN入河量分别为2 557 t、168 t、10 t和237 t,见表5.3-9。污染物排放的主要汇水控制单元为支脉河,约占研究区域入河总量的34%,其次为小清河,约占总量的25%;支脉河和小清河是研究区域农村分布最广泛的区域。

表5.3-9   研究区域农村生活源污染物入河量统计表(单位:t/a)

汇水控制单元名称	COD	NH₃-N	TP	TN
广利河	347.73	22.89	1.33	32.22
黄河	387.95	25.53	1.49	35.94
小岛河	74.88	4.93	0.29	6.94
小清河	644.76	42.43	2.47	59.74
溢洪河	168.34	11.08	0.65	15.60
永丰河	60.24	3.96	0.23	5.58
支脉河	872.65	57.43	3.35	80.85

4. 污水处理厂源

污水处理厂源污染入河量计算公式:

$$W_{治理设施 r} = W_{治理设施 p} \times \beta_4$$

式中 $W_{治理设施 r}$——污水处理厂源污染入河量;

$W_{治理设施 p}$——污水处理厂源污染物排放量;

β_4——污水处理厂源污染入河系数,根据东营市污水处理厂源排口分布情况,β_4取值1。

研究区域共建成集中式污水处理厂36座,总处理能力为98.6万吨/日,其中每日万吨以上处理能力的东营区3家、垦利区6家、广饶县6家、东营开发区4家,共19家,其中东营开发区的联合水务(东营)有限公司排水入海,其余排口入河,见表5.3-10和表5.3-11。

表5.3-10   东营市各区县城镇污水处理情况

行政区	污水处理厂个数	污水设计处理能力 (万吨/日)	污水处理厂处理能力在1万吨 /日以上个数	万吨以上处理能力 (万吨/日)
东营区	8	11.2	3	20.1
垦利区	6	12.5	6	12.5
广饶县	18	24.262	6	22
东营开发区	4	27	4	27

表 5.3-11　东营市污水处理厂基本情况

编号	区县	污水处理厂名称	类型	排放标准	处理能力（万吨/日）	受纳水体	最终汇入	是否有湿地	备注
1	东营区	西城南污水处理厂	城镇	一级 A	6	新广蒲河	支脉河	否	
2		五六干合排污水处理厂	城镇	Ⅳ类	2.5	广利河	广利河	否	
3		东营高新技术开发区污水处理厂（胜利工业园）	城镇+工业	一级 A	0.6	排入西城南污水处理厂	支脉河	否	
4		牛庄污水处理厂	城镇+工业	一级 A	0.2	新广蒲河	支脉河	是	
5		六户镇污水处理厂	城镇	一级 A	0.1	新广蒲河	支脉河	否	
6		史口镇污水处理厂	城镇+工业	一级 A	1.6	新广蒲河	支脉河	否	
7		龙居污水处理厂	城镇	一级 A	0.1	新广蒲河	支脉河	否	
8		广利港污水处理站	分散型	一级 A	0.1	排入中信水务	入海	否	污水不入河流
9	垦利区	垦利区东兴污水处理厂（鲁通）	城镇	一级 A	2	溢洪河	溢洪河	是	
10		垦利县利河污水处理厂（胜坨）	城镇+工业	一级 A	1	六干排	广利河	是	
11		垦利县三达水务有限公司（董集）	城镇+工业	一级 A	1	清户支沟	广利河	是	
12		西城北污水处理厂（中拓）	城镇	一级 A	4	六干排	广利河	是	
13		垦利开发区污水处理厂（首创博瑞）	工业	一级 A	2	溢洪河	溢洪河	是	
14		胜坨污水处理厂（首创博远）	工业	一级 A	2.5	溢洪河	溢洪河	是	
15	广饶县	广饶康达环保水务有限公司	城镇+工业	一级 A	7.5	预备河	小清河	否	
16		广饶县大王镇污水处理厂	城镇+工业	一级 A	6	小清河	小清河	否	
17		广饶县白云水处理有限公司	城镇+工业	Ⅴ类	3	阳河	小清河	否	
18		广饶县稻庄镇污水处理厂（起凤环保）	城镇+工业	一级 A	0.8	织女河	小清河	否	
19		广饶县李鹊镇污水处理厂	城镇+工业	一级 A	0.5	齐鲁排海管线	入海	否	
20		广饶街道污水处理厂	城镇+工业	一级 A	2	预备河	小清河	否	
21		广饶县稻庄镇高园污水处理厂（环发智能）	工业	一级 A	0.5	织女河	小清河	否	

续表

编号	区县	污水处理厂名称	类型	排放标准	处理能力（万吨/日）	受纳水体	最终汇入	是否有湿地	备注
22	广饶县	广饶县大王镇李桥西污水处理厂（东营中创污水处理有限公司）	工业	一级A	1	织女河	小清河	否	
23		广饶滨海新区2污水处理厂	城镇+工业	一级A	2.5	小清河	小清河	否	
24		丁庄镇生活污水处理厂	城镇	一级A	0.1	支脉河	支脉河	否	
25		大码头镇生活污水处理厂（东片）	城镇	一级A	0.03	预备河	小清河	否	
26		大码头镇生活污水处理厂（西片）	城镇	一级A	0.03	预备河	小清河	否	
27		陈官镇生活污水处理厂	城镇	一级A	0.05	支脉河	预备河	是	
28		广饶县花官镇污水处理厂	城镇	一级A	0.1	二干接渗	小清河	否	
29		稻庄高湾生活污水处理厂	城镇	一级A	0.03	织女河	小清河	否	
30		乐安街道生活污水处理厂	城镇	一级A	0.02	预备河	小清河	否	
31		李鹊镇生活污水处理厂	城镇	一级A	0.03	李鹊镇太和村团结沟	小清河	否	
32		中触媒华邦(东营)有限公司	工业	一级A	0.072	预备河	小清河	否	
33	东营开发区	东营首创水务有限公司	城镇+工业	一级A	8	东营河	溢洪河	是	
34		东城北污水处理厂（北控水务）	城镇	一级A	4	溢洪河	溢洪河	是	
35		东城南污水处理厂（津膜环保）	城镇	一级A	12	新广蒲河	支脉河	否	
36		联合水务(东营)有限公司(中信环境)	工业	一级A	3	渤海湾	入海	是	

　　本次污水处理厂源核算的污染物入河量为研究区域内处理能力达到1万吨/日以上的污水处理厂。通过核算可知，污水处理厂2020年入河水量为17 948万立方米，COD、NH_3-N、TP和TN入河量分别为3 751 t、91 t、49 t和1 428 t；2021年入河水量为19 197万立方米，COD、NH_3-N、TP和TN入河量分别为4 023 t、69 t、49 t和1 500 t，见表5.3-12。支脉河的入河量、COD、TP和TN最高，2020—2021年约分别占研究区域的35%、39%、42%和45%；溢洪河NH_3-N的入河量最高，2020—2021年约占研究区域的45%。

表 5.3-12　研究区域污水处理厂源污染物入河量统计表（单位：t/a）

控制单元名称	水量（万立方米）		COD		NH₃-N		TP		TN	
	2020	2021	2020	2021	2020	2021	2020	2021	2020	2021
广利河	3 059.70	2 539.89	644.81	518.30	10.02	7.69	10.78	9.73	176.07	143.50
溢洪河	4 522.28	5 214.21	1 126.94	1 345.06	36.33	34.08	10.47	10.16	356.25	442.61
支脉河	6 091.68	7 122.97	1 398.90	1 674.53	8.07	14.09	19.26	22.34	633.09	690.27
小清河	4 274.53	4 320.00	580.75	484.96	36.47	12.96	8.24	6.90	262.13	223.14

5. 农业种植源

农业种植源污染物入河量采取排污系数法计算，污染物排放系数参考《第一次全国污染源普查农业污染源手册》。

农业种植源污染入河量计算公式：

$$W_{农r} = \sum (M \times \alpha_农) \times \beta_5 \times \gamma_1$$

式中　$W_{农r}$——农业种植源污染入河量；

M——各类型土地面积；

$\alpha_农$——东营市农业面源污染产污系数，取值参考《第一次全国污染源普查农业污染源手册》，见表 5.3-13。

β_5——农业面源污染入河系数（取值范围 0.1~0.3），考虑东营农业种植特征和土壤类型，β_5 取值 0.1。

γ_1——修正系数，农田化肥亩施用量在 25 kg 以下取 0.8~1.0，在 25~35 kg 取 1.0~1.2，在 35 kg 以上取 1.2~1.5。

2020 年东营区、垦利区、广饶县耕地面积分别为 429 750 亩、1 007 370 亩和 930 795 亩，年化肥施用总量分别为 21 111 t、34 112 t 和 89 631 t，农田化肥亩施用量分别为 49.1 kg、33.9 kg、96.3 kg，因此东营区、垦利区和广饶县的 γ_1 取值分别为 1.3、1.2 和 1.5。

表 5.3-13　研究区域农业面源污染产污系数

土地类型	农业面源污染产生量（kg/（亩·年））			
	COD	NH₃-N	TP	TN
旱地、菜地	3.68	0.15	0.11	1.6
水田	3.87	0.39	0.07	1.18
园地	1.64	0.03	0.03	0.32
林地	1.64	0.03	0.03	0.32

农村种植源产污计算主要根据统计数据，因此只对已发布的 2020 年统计数据进行核算，2021 年可参考该结果。根据《2021 年东营统计年鉴》中的东营市 2020 年农业种植数据统计情况和土地利用数据中对耕地、林地、园地的解译结果，将各类农业种植面积核算到各乡镇，结果见表 5.3-14。

表 5.3-14　研究区域农业种植面积核算（亩）

区县	乡镇街道	汇水控制单元	类型	面积	类型	面积	类型	面积
东营区	文汇街道	广利河	耕地	12 977	园地	487	林地	951
东营区	牛庄镇	支脉河	耕地	38 145	园地	1 430	林地	2 795
东营区	辛店街道	广利河	耕地	16 204	园地	607	林地	1 187
东营区	龙居镇	黄河	耕地	36 082	园地	1 353	林地	2 644
东营区	黄河路街道	广利河	耕地	17 931	园地	672	林地	1 314
东营区	史口镇	广利河	耕地	29 500	园地	1 106	林地	2 162
东营区	胜园街道	广利河	耕地	6 765	园地	254	林地	496
东营区	六户镇	支脉河	耕地	94 898	园地	3 558	林地	6 954
东营区	东城街道	广利河	耕地	18 564	园地	696	林地	1 360
东营区	胜利街道	广利河	耕地	98 054	园地	3 676	林地	7 185
东营区	东营农业高新技术产业示范区	广利河	耕地	17 775	园地	666	林地	1 302
广饶县	陈官镇	支脉河	耕地	84 744	园地	1 747	林地	1 356
广饶县	李鹊镇	小清河	耕地	56 670	园地	1 168	林地	907
广饶县	大王镇	小清河	耕地	96 325	园地	1 986	林地	1 542
广饶县	花官镇	支脉河	耕地	89 505	园地	1 845	林地	1 432
广饶县	大码头镇	小清河	耕地	97 959	园地	2 019	林地	1 568
广饶县	稻庄镇	小清河	耕地	91 086	园地	1 878	林地	1 458
广饶县	广饶街道	小清河	耕地	39 448	园地	813	林地	631
广饶县	乐安街道	小清河	耕地	52 243	园地	1 077	林地	836
广饶县	乐安街道	支脉河	耕地	35 207	园地	726	林地	563
广饶县	丁庄镇	支脉河	耕地	254 728	园地	5 251	林地	4 077
垦利区	董集镇	广利河	耕地	27 909	园地	319	林地	8 699
垦利区	兴隆街道	溢洪河	耕地	21 295	园地	244	林地	6 637
垦利区	郝家镇	广利河	耕地	21 481	园地	246	林地	6 695
垦利区	胜坨镇	溢洪河	耕地	68 443	园地	783	林地	21 333
垦利区	永安镇	小岛河	耕地	75 753	园地	867	林地	23 611
垦利区	永安镇	永丰河	耕地	60 949	园地	697	林地	18 997
垦利区	黄河口镇	黄河	耕地	342 374	园地	3 917	林地	106 714
垦利区	垦利街道	溢洪河	耕地	78 003	园地	892	林地	24 313
垦利区	社管会类似乡级单位	溢洪河	耕地	2 568	园地	29	林地	800

　　参考《第一次全国污染源普查农业污染源手册》以及化肥施用量修正系数，计算农业种植施用的化学肥料在各汇水控制单元的污染物入河量。研究区域 2020 年农业种植源排放的 COD、NH_3-N、TP 和 TN 入河量分别为 1 051 t、41 t、31 t 和 442 t，见表 5.3-15。污染物排放的主

要汇水控制单元为支脉河,约占研究区域入河总量的31%';其次为小清河,约占总量的23%; 支脉河和小清河是研究区域农业分布最广泛的区域。

表 5.3-15 研究区域农村种植源污染物入河量统计表(单位:t/a)

汇水控制单元名称	COD	NH_3-N	TP	TN
广利河	134.28	5.29	3.92	56.40
黄河	191.08	7.28	5.45	77.66
小岛河	38.27	1.45	1.09	15.48
小清河	243.33	9.83	7.23	104.86
溢洪河	86.04	3.26	2.45	34.81
永丰河	30.79	1.17	0.88	12.46
支脉河	327.20	13.17	9.70	140.51

6. 畜禽养殖源

畜禽养殖源污染物入河量采取排污系数法计算,污染物排放系数参考《第二次全国污染源普查畜禽养殖业产排污系数与排污系数手册》。

畜禽养殖源污染入河量计算公式:

$$W_{畜禽r} = W_{畜禽p} \times \beta_5$$

式中 $W_{畜禽r}$——畜禽养殖污染物入河量;

$W_{畜禽p}$——畜禽养殖污染物排放量;

β_5——畜禽养殖入河系数(取值范围 0.1~0.5),根据东营畜禽养殖污染物排放情况,β_5

取值 0.1。

$$W_{畜禽p} = \delta_1 \times t \times N_{畜禽} \times \alpha_4 + \delta_2 \times t \times N_{畜禽} \times \alpha_5$$

式中 δ_1——畜禽个体日产粪量;

t——饲养期;

$N_{畜禽}$——畜禽养殖数量;

α_4——畜禽粪尿中污染物平均含量;

δ_2——畜禽个体日产尿量;

α_5——畜禽个体尿中污染物平均含量,上述参数取值见表 5.3-16 和表 5.3-17。

表 5.3-16 畜禽粪尿排泄系数

项目	单位	牛	猪	羊	蛋禽类
粪	kg/d	20	2	2.6	0.1
尿	kg/d	10	3	—	—
饲养周期	天	365	199	365	60

表 5.3-17　畜禽粪便中污染物平均含量(单位:kg/t)

项目	COD	NH$_3$-N	TN	TP
牛粪	31	1.7	4.4	1.2
牛尿	6	3.5	8	0.4
猪粪	52	3.1	5.9	3.4
猪尿	9	1.4	3.3	0.5
羊粪	4.6	0.8	7.5	2.6
羊尿	—	—	—	—
禽粪	45	2.8	10.4	5.8

　　畜禽养殖源产污计算主要根据统计数据,因此只对已发布的 2020 年统计数据进行核算,2021 年可参考该结果。根据《2021 年东营统计年鉴》中的东营市 2020 年畜禽养殖统计数据和《2020 年东营规模养殖场清单》,核算研究区域各乡镇畜禽养殖情况,见表 5.3-18。

　　2018 年,东营市规模化畜禽规模养殖场设施配建率达 97%,粪污综合利用率达 82.81%,主要利用方式为粪污发酵后作为有机肥料用于附近农田,从而转变为农业面源入河,因此计算结果为畜禽养殖的粪污作为农业有机肥料最终入河的污染物量,根据上述因素畜禽养殖入河系数取 0.1。2020 年,研究区域畜禽养殖中 COD、NH$_3$-N、TP 和 TN 入河量分别为 6 960 t、570 t、721 t 和 1 370 t,见表 5.3-19。COD、NH$_3$-N、TP 和 TN 在汇水控制单元中污染入河量排序较为一致,入河量最高的三个汇水控制区为小清河、溢洪河和支脉河,小清河约占污染物入河总量的 30%,溢洪河约占总量的 22%,支脉河约占总量的 20%。

表 5.3-19　研究区域畜禽养殖源污染物入河量统计表(单位:t/a)

汇水控制单元名称	COD	NH$_3$-N	TP	TN
黄河	833.92	70.35	65.27	188.94
溢洪河	1 568.82	134.78	104.28	333.31
广利河	551.41	48.93	33.97	120.58
支脉河	1 349.96	102.93	289.76	120.47
小清河	2 026.07	163.92	182.31	490.89
小岛河	513.38	40.01	35.38	87.89
永丰河	116.43	9.48	10.01	27.82

表 5.3-18　研究区域各乡镇畜禽养殖情况核算表

区县名称	乡镇	鸡 存栏	鸡 出栏	鸡 大型场	牛 存栏	牛 出栏	牛 大型场	牛 普通场	生猪 存栏	生猪 出栏	生猪 大型场	生猪 普通场	羊 存栏	羊 出栏	羊 大型场
东营区	六户镇														
	龙居镇			11			1	3				2			4
	牛庄镇			13			5				3	2			
	胜利街道														
	胜园街道			1				1							
	史口镇	140.72	555.21	5	1.38	1.29	1		6.83	5.09			1.66	1.51	1
	文汇街道						1	1							
东营开发区	东城街道														
	六户镇			1			1	1			1	1			
	胜利街道						1				1				
	永安镇			3											
广饶县	陈官镇			5							2				
	大码头镇			28							1				
	大王镇			2			1	5							
	稻庄镇			14			1	1				3			
	丁庄镇	847.12	4 829.17	30	3.13	0.69			10.44	12.44		1	2.6	2.66	
	广饶街道			36			2					9			1
	花官镇			9							1	1			
	东安街道											2			
	李鹊镇			12							1				

续表

区县名称	乡镇	鸡			牛				生猪				羊		
		存栏	出栏	大型场	存栏	出栏	大型场	普通场	存栏	出栏	大型场	普通场	存栏	出栏	大型场
垦利区	董集镇			3			1	1							
	郝家镇			3								2			
	黄河口镇			15			1	1			1	5			1
	垦利街道	305.23	1 017.04	33	2.56	1.77	2	7	52.01	44.52	3	2	3.25	2.56	
	胜坨镇			11			1	2			1	21			
	兴隆街道			7				2			1	13			1
	永安镇			23			2	2			3	3			

7. 地表径流源

城镇地表径流中的污染物主要来自降雨径流对城镇地表的冲刷,城镇地表径流年污染负荷通过多场降雨的径流污染物平均浓度和年径流量计算。地表径流污染采用单位负荷法计算。

地表径流源污染入河量计算公式:

$$L = \sum L_i \times A_i \times \beta_6$$

式中　L——地表径流污染物年流失量;

L_i——第 i 种土地利用类型地表径流污染物年流失量;

A_i——第 i 种土地利用类型的面积(km^2);

β_6——地表径流污染物污染入河系数,β_6 取值 1.0。

$$L_i = R_i \times F_i \times r_i \times P$$

式中　L_i——第 i 种土地利用类型地表径流污染物年流失量;

R_i——第 i 种土地利用类型地表径流污染物浓度参数,见表 5.3-20;

F_i——第 i 种土地利用类型人口密度参数,见表 5.3-21;

r_i——第 i 种土地利用类型扫街频率参数,$r_i = \min(NS/20, 1)$,其中 N_s 为扫街的时间间隔(以小时计),由于扫街频率一般为 1 天或 1 天以上一次,因此 $r_i = 1$。

P——年降水量(cm/a)。

表 5.3-20　地表径流源负荷污染物浓度参数表

城市土地利用类型	地表径流源污染物浓度参数(kg/(cm·km²))			
	COD	NH₃-N	TP	TN
城镇建成区	51	0.15	1.5	5.8
其他	9	0.07	0.4	2.7

表 5.3-21　人口密度参数

城市土地利用类型	人口密度参数
城镇建成区	$0.142 + 0.111D_p^{0.54}$,其中 D_p 为人口密度(万人/km²)
其他	0.142

城镇地表径流中的污染物主要来自降雨径流对城镇地表的冲刷,城镇地表径流年污染负荷通过多场降雨的径流污染物平均浓度和年径流量计算,参考相关文献,并结合区域城镇的特点,确定城镇径流初期雨水中 COD 浓度为 51 kg/(cm·km²),NH₃-N 浓度为 0.15 kg/(cm·km²),TP 浓度为 1.5 kg/(cm·km²),TN 浓度为 5.8 kg/(cm·km²)。根据城镇建成区面积,计算流域内城镇径流面源污染物入水体排放负荷量。

根据《2021 年东营统计年鉴》和东营土地利用数据,将土地利用分类中的居民点及工矿用地记为城镇建成区,将交通用地和水利设施用地记为其他,核算各乡镇城镇建成区和其他土地面积,并根据 2020 年人口统计数据,核算各乡镇总人口,详细情况见表 5.3-22。

表 5.3-22 研究区域城镇建成区及人口核算表

区县	乡镇街道	汇水范围	类型	面积（km²）	总人口（万人）	类型	面积（km²）
东营区	文汇街道	广利河	城镇建成区	9.30	2.28	其他	5.79
东营区	牛庄镇	支脉河	城镇建成区	27.33	6.71	其他	17.02
东营区	辛店街道	广利河	城镇建成区	11.61	2.85	其他	7.23
东营区	龙居镇	黄河	城镇建成区	25.86	6.35	其他	16.10
东营区	黄河路街道	广利河	城镇建成区	12.85	3.15	其他	8.00
东营区	史口镇	广利河	城镇建成区	21.14	5.19	其他	13.16
东营区	胜园街道	广利河	城镇建成区	4.85	1.19	其他	3.02
东营区	六户镇	支脉河	城镇建成区	68.00	16.70	其他	42.33
东营区	东城街道	广利河	城镇建成区	13.30	3.27	其他	8.28
东营区	胜利街道	广利河	城镇建成区	70.27	17.25	其他	43.74
东营区	东营农业高新技术产业示范区	广利河	城镇建成区	12.74	3.13	其他	7.93
广饶县	陈官镇	支脉河	城镇建成区	21.06	5.04	其他	3.59
广饶县	李鹊镇	小清河	城镇建成区	14.08	3.37	其他	2.40
广饶县	大王镇	小清河	城镇建成区	23.93	5.73	其他	4.08
广饶县	花官镇	支脉河	城镇建成区	22.24	5.32	其他	3.79
广饶县	大码头镇	小清河	城镇建成区	24.34	5.82	其他	4.15
广饶县	稻庄镇	小清河	城镇建成区	22.63	5.42	其他	3.86
广饶县	广饶街道	小清河	城镇建成区	9.80	2.35	其他	1.67
广饶县	乐安街道	小清河	城镇建成区	12.98	3.11	其他	2.21
广饶县	乐安街道	支脉河	城镇建成区	8.75	2.09	其他	1.49
广饶县	丁庄镇	支脉河	城镇建成区	63.29	15.15	其他	10.80
垦利区	董集镇	广利河	城镇建成区	6.10	0.96	其他	4.22
垦利区	兴隆街道	溢洪河	城镇建成区	4.66	0.73	其他	3.22
垦利区	郝家镇	广利河	城镇建成区	4.70	0.74	其他	3.25
垦利区	胜坨镇	溢洪河	城镇建成区	14.96	2.36	其他	10.35
垦利区	永安镇	小岛河	城镇建成区	16.56	2.61	其他	11.46
垦利区	永安镇	永丰河	城镇建成区	13.33	2.10	其他	9.22
垦利区	黄河口镇	黄河	城镇建成区	74.86	11.79	其他	51.80
垦利区	垦利街道	溢洪河	城镇建成区	17.05	2.69	其他	11.80
垦利区	社管会类似乡级单位	溢洪河	城镇建成区	0.56	0.09	其他	0.39

根据城镇建成区面积、人口密度计算 2020 年东营市各区县地表径流污染情况,可知 2020 年研究区域地表径流中 COD、NH_3-N、TP 和 TN 入河量分别为 342 t、1 t、10 t 和 44 t,其中随地表径流入支脉河的污染物量最高,约占总量的 31%,其次为广利河,约占 27%,见表 5.3-23。

表 5.3-23 研究区域地表径流源污染物入河量统计表（单位:t/a）

汇水控制单元名称	COD	NH₃-N	TP	TN
广利河	89.55	0.31	2.77	11.84
黄河	54.43	0.19	1.69	7.27
小岛河	8.98	0.03	0.28	1.20
小清河	53.65	0.17	1.60	6.39
溢洪河	20.18	0.07	0.63	2.70
永丰河	7.22	0.03	0.22	0.97
支脉河	108.55	0.35	3.29	13.60

8. 陆域入河污染源分析

通过前期现场调研和资料收集,研究区域涉水污染源主要包括工业污染源、城镇生活污染源、农村生活污染源、污水处理厂污染排放、农业种植源、畜禽养殖源和地表径流污染。通过污染负荷核算,研究区域 COD、NH₃-N、TP 和 TN 的入河量分别为 19 107.79 t/a、1 158.22 t/a、761.21 t/a 和 4 106.64 t/a。按汇水流域划分,各汇水流域和各区县污染物入水体排放情况见表 5.3-24。

表 5.3-24 研究区域各汇水控制单元入河量统计表（单位:t/a）

汇水控制单元名称	COD	NH₃-N	TP	TN
广利河	3 074.82	192.30	123.19	532.30
黄河	1 803.71	131.76	78.06	348.99
小岛河	670.75	49.40	37.47	115.62
小清河	5 018.36	299.02	221.65	1 018.64
溢洪河	3 118.99	193.80	119.45	751.91
永丰河	243.05	17.03	11.69	50.13
支脉河	5 178.11	274.90	169.70	1 289.06
总计	19 107.79	1 158.22	761.21	4 106.64

从汇水范围来看,研究区域内 COD 入河量最高的两个汇水控制单元是支脉河与小清河,占比分别为 27.1% 和 26.3%,其次是溢洪河与广利河,占比分别为 16.3% 和 16.1%;NH₃-N 入河量从高到低依次为小清河、支脉河、溢洪河与广利河,占比分别为 25.8%、23.7%、16.7% 和 16.6%;TP 入河量从高到低依次为小清河、支脉河、广利河与溢洪河,占比分别为 29.1%、22.3%、16.2% 和 15.7%;TN 入河量从高到低依次为支脉河、小清河、溢洪河与广利河,占比分别为 31.4%、24.8%、18.3% 和 13%。综合来看,研究区域内污染物入河排放主要集中在小清河流域、支脉河、广利河和溢洪河,这四个流域的污染物入河排放量超过全市污染排放量的 85%,是污染排放的主要汇水范围。

按各污染源排放的统计情况来看表 5.3-25,研究区域 COD 污染物入水体排放主要源于畜禽养殖源和污水处理厂污染排放,其中畜禽养殖源排放量为 6 959.99 t/a,污水处理厂污染排放量为 3 751.4 t/a,在区域污染物入河量中的占比分别为 36.42% 和 19.63%;NH₃-N 入水体排放主要源于畜禽养殖源污染排放,其排放量为 570.4 t/a,占到区域污染排放总量的 49.25%;TP 入水体排放主要源于畜禽养殖源污染排放,排放量分别为 551.69 t/a,占到区域污染排放总量的 72.47%;TN 入河排放主要源于畜禽养殖和污水处理厂污染排放,其中畜禽养殖源排放量为 1 539.19 t/a,污水处理厂排放量为 1 427.53 t/a,分别占区域污染排放总量的 37.48% 和 34.76%。整体来看,工业污染、地表径流和农业种植排放污染入水体相对较少,地表径流排放的 COD、NH₃-N、TP 和 TN 仅占区域污染入河量的 1.79%、0.1%、1.38% 和 1.07%;工业源污染排放的 COD、NH₃-N、TP 和 TN 入河量分别为 1 365.77 t/a、25.84 t/a、71.66 t/a 和 58.02 t/a,占比分别为 7.15%、2.23%、9.41% 和 1.41%;农业种植源污染排放的 COD、NH₃-N、TP 和 TN 入河量分别为 1 050.98 t/a、41.45 t/a、30.7t/a 和 442.17t/a,占比分别为 5.5%、3.58%、4.03% 和 10.77%。

表 5.3-25　研究区域污染物各污染源入河量统计表(单位:t/a)

汇水控制单元名称	COD	NH₃-N	TP	TN
城镇生活	3 080.54	260.24	38.13	358.89
地表径流	342.56	1.14	10.48	43.97
工业	1 365.77	25.84	71.66	58.02
农村生活	2 556.55	168.26	9.80	236.87
农业种植	1 050.98	41.45	30.70	442.17
污水处理厂	3 751.40	90.89	48.76	1 427.53
畜禽养殖	6 959.99	570.40	551.69	1 539.19
总计	19 107.79	1 158.22	761.21	4 106.64

2020 年,研究区域内总计 COD 入河量为 19 107.79 t/a,入河量最大的为畜禽养殖源。分河系来看,小清河和支脉河的 COD 入河量最大,小清河 COD 主要来源为畜禽养殖源和工业源,支脉河为畜禽养殖源、污水处理厂和城镇生活源;其次为溢洪河和广利河,溢洪河 COD 主要来源为畜禽养殖源和污水处理厂,广利河为城镇生活源,见表 5.3-26。

表 5.3-26　研究区域各汇水区 COD 入河量统计表(单位:t/a)

汇水控制单元	城镇生活	地表径流	工业	农村生活	农业种植	污水处理厂	畜禽养殖	总计
广利河	1 091.32	89.55	215.72	347.73	134.28	644.81	551.41	3 074.82
黄河	336.33	54.43		387.95	191.08		833.92	1 803.71
小岛河	35.25	8.98		74.88	38.27		513.38	670.75
小清河	414.13	53.65	1 055.67	644.76	243.33	580.75	2 026.07	5 018.36
溢洪河	79.25	20.18	69.42	168.34	86.04	1 126.94	1 568.82	3 118.99
永丰河	28.36	7.22		60.24	30.79		116.43	243.05
支脉河	1 095.89	108.55	24.96	872.65	327.20	1 398.90	1 349.96	5 178.11
总计	3 080.54	342.56	1 365.77	2 556.55	1 050.98	3 751.40	6 959.99	19 107.79

2020 年,研究区域内总计 NH₃-N 入河量为 1 158.22 t/a,入河量最大的为畜禽养殖源。分河系来看,小清河和支脉河的 NH₃-N 入河量最大,小清河 NH₃-N 来源主要为畜禽养殖源,支脉河为畜禽养殖源和城镇生活源;其次为溢洪河和广利河,溢洪河 NH₃-N 主要来源为畜禽养殖源,广利河为城镇生活源,见表 5.3-27。

表 5.3-27 研究区域各汇水区 NH₃-N 入河量统计表(单位:t/a)

汇水控制单元	城镇生活	地表径流	工业	农村生活	农业种植	污水处理厂	畜禽养殖	总计
广利河	92.19	0.31	12.67	22.89	5.29	10.02	48.93	192.30
黄河	28.41	0.19		25.53	7.28		70.35	131.76
小岛河	2.98	0.03		4.93	1.45		40.01	49.40
小清河	34.99	0.17	11.21	42.43	9.83	36.47	163.92	299.02
溢洪河	6.70	0.07	1.59	11.08	3.26	36.33	134.78	193.80
永丰河	2.40	0.03		3.96	1.17		9.48	17.03
支脉河	92.58	0.35	0.37	57.43	13.17	8.07	102.93	274.90
总计	260.24	1.14	25.84	168.26	41.45	90.89	570.40	1 158.22

2020 年,研究区域内总计 TP 入河量为 761.21 t/a,入河量最大的为畜禽养殖源。分河系来看,小清河和支脉河的 TP 入河量最大,小清河 TP 来源主要为畜禽养殖源,支脉河为畜禽养殖源;其次为广利河和溢洪河,广利河 TP 主要来源为工业源,溢洪河为畜禽养殖源,见表 5.3-28。

表 5.3-28 研究区域各汇水区 TP 入河量统计表(单位:t/a)

汇水控制单元	城镇生活	地表径流	工业	农村生活	农业种植	污水处理厂	畜禽养殖	总计
广利河	13.51	2.77	56.92	1.33	3.92	10.78	33.97	123.19
黄河	4.16	1.69		1.49	5.45		65.27	78.06
小岛河	0.44	0.28		0.29	1.09		35.38	37.47
小清河	5.13	1.60	14.67	2.47	7.23	8.24	182.31	221.65
溢洪河	0.98	0.63	0.00	0.65	2.45	10.47	104.28	119.45
永丰河	0.35	0.22		0.23	0.88		10.01	11.69
支脉河	13.56	3.29	0.07	3.35	9.70	19.26	120.47	169.70
总计	38.13	10.48	71.66	9.80	30.70	48.76	551.69	761.21

2020 年,研究区域内总计 TN 入河量为 4 106.64 t/a,入河量最大的为畜禽养殖源和污水处理厂。分河系来看,支脉河和小清河的 TN 入河量最大,支脉河 TN 来源主要为污水处理厂,小清河为畜禽养殖源;其次为溢洪河和广利河,溢洪河 TN 主要来源为畜禽养殖源和污水处理厂,广利河为污水处理厂、城镇生活源和畜禽养殖源,见表 5.3-29。

表 5.3-29　研究区域各汇水区 TN 入河量统计表（单位：t/a）

汇水控制单元	城镇生活	地表径流	工业	农村生活	农业种植	污水处理厂	畜禽养殖	总计
广利河	127.14	11.84	8.05	32.22	56.40	176.07	120.58	532.30
黄河	39.18	7.27		35.94	77.66		188.94	348.99
小岛河	4.11	1.20		6.94	15.48		87.89	115.62
小清河	48.25	6.39	46.39	59.74	104.86	262.13	490.89	1 018.64
溢洪河	9.23	2.70	0.00	15.60	34.81	356.25	333.31	751.91
永丰河	3.30	0.97		5.58	12.46		27.82	50.13
支脉河	127.67	13.60	3.58	80.85	140.51	633.09	289.76	1 289.06
总计	358.89	43.97	58.02	236.87	442.17	1 427.53	1 539.19	4 106.64

5.3.3　小结

基于研究区域的地理高程和水系分布特征,将东营市东营区、垦利区、广饶县和东营开发区划分为 7 个汇水控制单元,对研究区域内涉水工业源、污水处理厂源、城镇生活源、农村生活源、农业面源、畜禽养殖源和城市地表径流源的入水体负荷进行核算。2020 年,东营陆域入河 COD、NH$_3$-N、TN、TP 量分别为 19 107.79 t/a、1 158.22 t/a、761.21 t/a 和 4 106.64 t/a。

（1）从汇水区角度分析,小清河和支脉河入河污染最高,其中小清河流域 COD、NH$_3$-N、TN、TP 入河量分别占区域总量的 26.26%、25.82%、29.12%、24.80%,支脉河流域 COD、NH$_3$-N、TN、TP 入河量分别占区域总量的 27.10%、23.73%、22.29%、31.39%。

（2）从污染来源角度分析,研究区域 COD 入河污染主要来自畜禽养殖源、污水处理厂源和城镇生活源,分别占总量的 36.42%、19.63% 和 16.12%;NH$_3$-N 入河污染主要来自畜禽养殖源和城镇生活源,分别占总量的 49.25% 和 22.47%;TP 入河污染主要来自畜禽养殖源排放,占总量的 72.47%;TN 入河污染主要来自畜禽养殖源和污水处理厂源,分别占总量的 37.48% 和 34.76%。

5.4　海湾污染来源解析

根据研究工作范围,研究区域为东营莱州湾区域,入海污染源在 4.2 节和 4.3 节已经详细阐述,在此不再赘述。根据 2016—2018 年研究区域大气湿沉降数据,对比研究区域 2 个排污口、4 条入海河流、水产养殖和大气湿沉降对入海污染物的贡献,具体见表 5.4-1 至表 5.4-3。

表 5.4-1　2016 年东营莱州湾污染源清单

序号	污染源类型	入海污染贡献情况					
		COD（t/a）	COD（%）	DIN（t/a）	DIN（%）	TP（t/a）	TP（%）
1	小清河	32 131	67.2	6 367	43.6	262	54.7
2	入海排污口	291	0.6	56	0.4	1	0.3
2.1	东营华泰化工集团有限公司	121	0.3	15	0.1	0.53	0.1

续表

序号	污染源类型	入海污染贡献情况					
		COD（t/a）	COD（%）	DIN（t/a）	DIN（%）	TP（t/a）	TP（%）
2.2	中信环境水务（东营）有限公司	170	0.4	41	0.3	0.88	0.2
3	其他入海河流	8 901	18.6	1 164	8.0	46	9.7
3.1	广利河	4 440	9.3	525	3.6	20.7	4.3
3.2	支脉河	4 409	9.2	636	4.4	24.9	5.2
3.3	永丰河	—	0.00	—	0.00	—	0.00
3.4	小岛河	51	0.1	2	0.02	0.84	0.2
4	水产养殖	6 473	13.5	1 832	12.5	169.35	35.3
5	大气湿沉降	—	—	5189	35.5	—	—
	合计	47 796	—	14 607	—	479	—

注：表中"—"为无基础数据，未计算。

表 5.4-2　2017 年东营莱州湾污染源清单

序号	污染源类型	入海污染贡献情况					
		COD（t/a）	COD（%）	DIN（t/a）	DIN（%）	TP（t/a）	TP（%）
1	小清河	25 577	51.1	6 987	55	152	42.7
2	入海排污口	291	0.6	56	0.4	1	0.4
2.1	东营华泰化工集团有限公司	121	0.2	15	0.1	0.5	0.1
2.2	中信环境水务（东营）有限公司	170	0.3	41	0.3	0.9	0.2
3	其他入海河流	18 527	37.0	1 884	14.8	83	23.2
3.1	广利河	10 198.6	20.4	935	7.4	45	12.5
3.2	支脉河	8 328.8	16.6	948	7.5	38	10.7
3.3	永丰河	—	—	—	—	—	—
3.4	小岛河	—	—	—	—	—	—
4	水产养殖	5 655	11.3	1 292	10.2	120	33.7
5	大气湿沉降	—	—	2 485	19.6	—	—
	合计	50 050	—	12 703	—	356	—

注：表中"—"为无基础数据，未计算。

表 5.4-3　2018 年东营莱州湾污染源清单

序号	污染源类型	入海污染贡献情况					
		COD（t/a）	COD（%）	DIN（t/a）	DIN（%）	TP（t/a）	TP（%）
1	小清河	40 756	68.8	7 900.2	56.4	261	59.2
2	入海排污口	291	0.5	56	0.4	1.4	0.3

序号	污染源类型	入海污染贡献情况					
		COD（t/a）	COD（%）	DIN（t/a）	DIN（%）	TP（t/a）	TP（%）
2.1	东营华泰化工集团有限公司	121	0.2	15	0.1	0.5	0.1
2.2	中信环境水务（东营）有限公司	170	0.3	41	0.3	0.9	0.2
3	其他入海河流	13 486	22.8	1 261	9.0	50.8	11.5
3.1	广利河	3 486	5.9	250	1.8	14.9	3.4
3.2	支脉河	7 432.7	12.5	1 011	7.2	35.9	8.1
3.3	永丰河	2 567.5	4.33	—	—	—	—
3.4	小岛河	—	—	—	—	—	—
4	水产养殖	4 708.36	7.9	1 429	10.2	127.8	29.0
5	大气湿沉降	—	—	3 362	24.0	—	—
	合计	59 242	—	14 008	—	441	—

注：表中"—"为无基础数据，未计算。

从大气湿沉降对 DIN 的贡献来看（表5.4-4），2016—2018 年 COD 和 TP 污染主要来自入海河流和水产养殖，DIN 主要来自大气湿沉降，仅次于 4.2 节中黄河的 DIN 年输入量（2020 年为 66 929 t，2021 年为 95 111 t），所以大气湿沉降也是研究区域海洋 DIN 的主要来源。

表 5.4-4　2016—2018 年研究区域大气湿沉降

年份	DIN（t/a）	DIN（%）
2016	5 189	47.0
2017	2 485	22.5
2018	3 362	30.5
合计	11 036	

第6章 近岸海域水环境数值模型模拟分析

数值模拟是评估与预测研究结果的重要手段与方法。由陆源产生的污染物总量,部分通过陆域水体的输送最终汇入海洋,影响近岸海域水质。因此,可以通过使用数值模拟的方法,明确陆域各污染源对近岸海域水质变化的影响。本章采用陆源污染源迁移与海洋污染物扩散耦合的数值模拟计算方法,对污染物由陆向海的总量进行计算模拟分析,计算污染物由陆域面源产生到入海的削减总量,模拟污染物由海域点源输入到扩散的物理运动过程,分析污染物扩散对周边海域的影响,分析成果可为总结近岸海域水污染成因以及制定污染物削减与管控方案提供技术支撑与措施指导。

6.1 国内外近岸海域水环境数值模拟研究进展

6.1.1 陆源污染物负荷估算的研究

陆源污染物负荷是指在一定时段内陆域范围内由点污染源和面污染源进入水体,最终汇入海域的污染物总量。陆源污染物负荷估算对海域范围内污染物总量迁移变化的控制与模拟提供依据。对近岸海域水环境模拟来说,污染物负荷作为模型计算参数,对模型计算的稳定性和准确性都有重要的意义。陆源污染物负荷估算可分为点污染源和面污染源进行。

1. 点源污染物负荷估算

点源污染是指具有固定排放点的污染源,独立且可识别,在数学模型中常用一点来表示以简化计算,如工业废水及城镇生活污水,均由排放口集中汇入江河湖海。一般地,点源污染在年内分配较为均匀,因而研究较为容易。

在陆源污染负荷总量中,通常点源污染的比重相对较大。对于点源污染的研究早于非点源污染。点源污染与当地城镇规模及社会经济发展紧密相关,要进行点源污染负荷估算即要建立起它们之间的相关关系,传统方法是进行多元化分析,建立预测模型,得出在一定拟合程度下的预测值。国内外在点源污染方面取得了一些成果,主要围绕灰色预测法、统计回归法和经验公式法展开。Albek 利用非参数回归法对点源污染物负荷进行估算,其结果可靠。陈友媛等从水文学角度出发,认为枯水季节污染来自点源污染,通过对径流形成分析,并采用直线斜割法得到河川基径流量,选取降雨量较少阶段的污染物浓度的加权平均作为点源污染物平均浓度,以此估算小清河流域点源污染负荷。王红莉等采用灰色模型 GM(1,1)对万元产值工业废水排放量进行预测,并以此推算出工业废水中的污染物负荷。李重荣等在研究中引入模糊系数,建立了模糊预测模型,对香溪河流域点源污染负荷进行了预测,预测结果较之于传统的万元产值系数法和指数外延法更趋合理。Schaffner 等建立了物质流分析(Material Flow Analysis, MFA)数学模型,对泰国萨钦河流域内点源和非点源污染进行预测,结果显示点源污染中的水产养殖与非点源污染中的水稻耕种是该流域的主要营养物质来源。李莉采取污染源相对准确的数据分别利用四种不同的核算方法——物料衡算法、产污/排污系数法、特征值分析法和相关数据对比分析法,对青岛市环胶州湾地区的工业污染物排放通量进行了估算。毕延凤等综合采用 GM(1,1)模型和曲线拟合法,建立了适用于海岸带的水污染负荷模型,对烟台市 2009—2013 年的点源和非点源污染负荷进行了估算。乔继平和代俊峰采用数字滤波法和水文估算法对点源与非点源污染负荷进行了计算。

2. 非点源污染物负荷估算

近年来,非点源污染已经成为水质问题的最大威胁,非点源污染负荷研究随之成为当前的热点之一。非点源污染 是指各类污染物在大面积降水和径流冲刷作用下汇入受纳水体而引起的水体污染,又称为面源污染。其污染物类型包括泥沙、营养物(以氮和磷为主)、可降解有机物(BOD、COD)、有毒有害物质(重金属、合成有机化合物)、溶解性固体及固体废弃物等。非点源污染分布较为分散,不易识别和监测,研究难度较大。对于非点源污染控制研究较早,大致始于 20 世纪 70 年代。1978 年,Davis 和 Zobrist 通过对流量与特定的水质参数进行回归分析,计算出瑞士河几种化学污染物的负荷。1985 年,Mills 等采用加载函数法对河流中污染负荷进行计算。1999 年,Albek 应用回归分析法对土耳其多条河流进行研究,并以此计算河流中的氯化物负荷。1996 年,Mays 提出利用流域建模的方法来估算污染物负荷。Malve 等提出了一种适用于大陆尺度的校准输出系数法,该方法所需的数据集易于获取,且考虑非点源污染的局部性和易变性,进而利用该方法对基于欧洲大陆尺度的河流水质非点源污染总氮、总磷和生化需氧量等进行负荷估算。

当前使用较为普遍的非点源污染负荷估算方法主要有输出系数法、断面监测法和流域建模法。

输出系数法最早由英国学者 Johnes 提出,其根据土地利用类型估算或预测非点源污染负荷输出量,从而避开了非点源污染产生的复杂过程,适用于缺乏完整监测资料的非点源污染负荷的估算,其代表方法有改进系数法和 PLOAD 模型。由于该方法简单、实用,故其在非点源污染识别及估算方面被广泛应用。

流域建模法着眼于非点源污染产生的机理特性,通过构建降雨径流与污染负荷数学模型,实现对非点源污染特征与负荷定量化问题的研究。该方法包括子流域的划分、流域产汇流计算和污染物的产生、迁移与转化等模块。其代表性模型系统有 SWAT(Soil and Water Assessment Tool)、AGNPS(Agricultural Non-Point Source)、HSPF(Hydrological Simulation Program-Fortran)、ANSWERS(Area Non-Point Source Watershed Environment Resource Simulation)、CREAMS(Chemicals,Runoff and Erosion for Agricultural Management Systems)等。该方法对水流及污染物迁移机理清晰,功能全面,计算精度较高;但对数据要求较高,模型结构复杂,计算效率低。

6.1.2　水动力数学模型的主要计算方法

平面二维数值模型是目前处理水流流动问题应用最为广泛的数值模型,其计算方法也得到了充分地发展。目前,众多应用于潮流数值计算的方法,按其离散基本原理可分为特征线法(MOC)、有限差分法(FDM)、有限单元法(FEM)和有限体积法(FVM)四大类。水力学基本方程组是一阶拟线性双曲型偏微分方程组,其与空气动力学基本方程组有较多相似之处,这类方程组的一个重要特性就是即使初始解是连续函数,亦或是解析函数,其数值解依然有可能出现间断。对于研究海域水动力水质数值计算来讲,同样存在数值解的间断问题,这极大地影响着数值计算模式的稳定性和计算精度。因此,下面从计算间断解的角度分别分析这几种数值解法的特点。

1. 特征线法(MOC)

20 世纪 50 年代初期,林秉南院士首先提出了适用于一维水流流动计算的特征线法,该方法迄今为止仍被应用并在不断改进中。特征线法是一种基于特征理论的求解双曲型偏微分方程组的最精确的数值解法,其基本思想是对于所需求解的一阶拟线性双曲型偏微分方程,利用二维空间的特征理论,推导出两族特征曲面及其相应的特征关系式,再对所得到的特征关系式进行离散求解,从而得到所需变量的数值解。

特征线法符合流动的物理机制,数学分析较为严谨,计算精度较高,可以用其来处理间断解的问题,只是在间断处不能直接用来计算间断,而是在间断处需采用激波拟合法使两侧衔接起来。其不足之处在于特征方程一般为非散度形式,即非守恒形式,在进行数值求解时,利用差分法离散特征方程会出现守恒误差,当流动状态沿程变化较大,如底坡起伏较大时,非齐次项的求解较为烦琐,且可能存在较大的误差。

2. 有限差分法(FDM)

计算机模拟流动问题最先采用的数值解法就是有限差分法,其迄今为止仍被广泛应用。有限差分法以节点近似为基础,以泰勒级数展开为工具,构造差分式与水流运动微分方程中的导数项的函数关系,从而得到每一时段内的差分方程组。若该差分方程组解耦,即可独立求解,则称为显格式;若需进行联立求解,则称为隐格式。

有限差分法以经典的数学逼近思想为基础,程序设计简便易行,处理效率高,但其往往不能很好地解决间断解问题。通过前人做出的很多努力,在差分格式中采用了 Riemann 问题的思想,其中最为典型的就是 Godunov 方法。随后,许多学者经过潜心研究,克服了 Godunov 方法的缺陷,基本上解决了高阶精度的差分格式在间断处的非物理性的伪振荡问题,使得该方法在处理间断问题上得以优化。但由于该方法一般情况下只适用于矩形网格或正交曲线网格,因此其在复杂几何形状的适应性及计算精度方面仍存在很大的难题。

3. 有限单元法(FEM)

从 20 世纪 70 年代开始,有限单元法就被应用于流体力学数值计算中。与有限差分法相区别,有限单元法以单元近似为基础,其基本原理是对有限的小区域内的物理量进行积分,通过单元积分构造函数与导数项的相关关系,使微分方程空间积分的加权余量极小化,即近似函数极小化,从而达到求近似解的目的。通常选用的权重函数与用来逼近的形状函数相同,这种为伽辽金(Galerkin)有限单元法。该方法适用于求解椭圆型微分方程的边值问题,但不适用于求解以对流为主的输移问题。但是,该方法类似于中心差分格式,缺乏足够的耗散,捕捉激波能力较弱,因而不适用于计算间断问题。而随后发展的间接有限单元法(Discontinuous FEM)虽能有效计算间断和抑制虚假振荡,但在非恒定流计算时耗时巨大,使得其难以在工程领域得到广泛应用。

4. 有限体积法(FVM)

有限体积法发展于 20 世纪 80 年代,被认为是介于有限差分法和有限单元法之间的一种新型的微分方程求解方法,它综合了上述两种方法的优点。有限体积法将计算域划分为若干规则或不规则的网格单元,且对网格的结构序列无硬性要求,离散格式灵活,适用于处理复杂边界流动问题,同时在解决间断问题方面有着良好的效果。

有限体积法并不是对方程组直接进行离散求解,而是从积分形式的守恒方程组出发,利用非结构化网格进行离散,在控制体边界上形成间断解的近似 Riemann 问题。在求解出通过每一控制体边界沿法向流入或流出的流量和动量通量后,再对每个控制体分别进行流量和动量平衡计算,从而得到计算时段末各控制体的平均水深和流速。因而, FVM 与 FDM 和 FEM 相比较而言,其物理意义更为直接清晰。若跨控制体边界通量的计算只涉及时段初始值,则为显式 FVM;若涉及时段始末值,则为隐式 FVM。由于跨控制体边界的通量对相邻控制体来讲是大小相等、方向相反的,故而在整个计算域内,跨所有边界的通量是相互抵消的。因此,对于由一个或多个控制体组成的整个计算域来讲,其是严格满足守恒条件的,不会出现守恒性误差。

FVM 使用的关键在于计算跨控制体界面的数值通量。目前,有多种计算数值通量的方法,如矩阵分裂法、通量向量分裂格式(FVS)、通量差分裂格式(FDS)以及利用近似 Riemann 解算子法的 Godunov 格式。目前,近似 Riemann 解的方法有多种格式,如 Osher 格式、HLL 格式、FVS 格式、Roe 格式、HLLC 格式等。由此可见,FVM 具有优良的性能,综合了上述各方法的优势,从而在实际应用上得以推广。

Godunov 格式的基本思想是在分段常数分布近似下,求得单元界面处的状态变量值,代入通量函数表达式中得到通量表达式。目前,利用 Riemann 解的 Godunov 格式是构建高精度有限体积数值模型的主流格式。张大伟采用基于 Roe 格式的近似 Riemann 解算子法计算通过网格单元交界面处的法向数值通量,应用 TVD-MUSCL 格式和 Hancock 格式将模式的空间和时间计算精度同时提高到二阶,也恰到好处地避免了水面梯度较大处虚假型物理振荡的发生。宋利祥采用 HLLC 格式计算二维浅水方程的对流数值通量,利用具有时空二阶精度的 MUS-CL-Hancock 预测 - 校正格式实现了二维浅水方程数值求解的时间二阶积分。张华杰基于自适应网格提出了针对二维浅水方程的简单和谐数值格式,该格式能较好地保证静水和谐性,并运用一系列的经典算例对模型进行了测试与检验。Bradford 和 Sanders 采用 Roe 格式的近似 Riemann 解计算单元界面处的数值通量,结合 MUSCL 数值重构将计算精度提至二阶,采用预测 - 校正时间步长的方式有效避免了虚假振荡,随后将所建的有限体积数值模型用于干床溃坝及长波爬高问题的研究,并取得了良好的效果。Zhao 等建立了适用于干湿过程交替出现的平原漫滩问题、溃坝问题等涉及间断流、急流和临界流的高精度有限体积数值模型,该模型采用能够正确处理干湿边界条件的 Osher 高分辨率数值格式计算物理通量,并在基西米河流域佛罗里达州流动模拟实例中显示出了良好的性能。Kuiry 采用 HLL 格式的 Riemann 求解器计算二维浅水方程中单元交界面处的无黏性数值通量,给出了静水条件下使通量梯度与底坡源项精确平衡的通量计算表达式,以及为了保持二阶空间精度提出的基于广泛计算背景的多维梯度重构方法和连续可微的多维斜率限制器,该研究在畸变网格的使用上也拥有较高的精度,因此更适合于实际应用。姜晓明等建立了一二维耦合的溃堤洪水数学模型,分别采用 HLL 格式和 Roe 格式计算一维情形和二维情形的界面通量,使空间同步性一致。

6.1.3　水质数学模型的研究

污染物进入水体后,随水流而迁移,在迁移过程中受水动力学、水文、物理、化学、生物和气候等因素的影响,产生物理、化学、生物等方面的演变,从而引起污染物的稀释与降解。污染物在浅水水流中沿垂向很快达到完全混合状态,其浓度在垂向上呈现均匀分布,其后的物质过程主要为横向扩散,所以标量对流扩散方程常被用来描述天然水体中污染物的输移扩散规律。而近海及河口中的污染物输移扩散等过程均与潮流的水动力过程密切相关。因此,在平面浅水间断水流运动研究的基础上,建立高效、稳定、实用的水动力 - 水质数学模型是当前研究的热点问题,亦是难点所在。

Benkhaldoun 等针对非平底地形上的污染物输运问题,采用有限体积法进行数值求解,保证了污染物量的守恒,但不具备 TVD 性。Liang 等采用交替算子分裂技术对对流扩散方程的对流项和扩散项进行了离散,采用 TVD-MacCormack 格式处理控制方程,利用所建模型模拟了泰晤士河口的污染物输移过程。

6.1.4　常用数值模拟软件

目前,比较常用的水动力及水质应用商用软件主要由 MIKE、SMS、EFDC 等。

MIKE 系列软件是由 DHI 公司开发的用于水流、水质和泥沙输移的模拟计算的软件包,软件包整合在 MIKEZERO 中。MIKE 的计算模块是基于有限差分法,基本方程求解用 ADI 法,采用交错网格离散。MIKE 提供了较为强大的后处理模块,将数据与图形捆绑在一起,可以更为方便地根据图形查找数据或者通过更改数据来实时修改图形。MIKE 系列软件是国内引进相对较早且应用较多的数值模拟软件之一。

SMS 软件是由杨百翰大学的环保模拟研究实验室、美国水道试验站和美国联邦高速公路联合开发的一款软件。该软件包括自由表面水流模型的前、后处理软件,有二维和三维的有限元和有限差分模型以及一维水流模型,包括水动力模型、波浪模型以及污染物和泥沙输移模型等,适用于任意形状的大小、复杂的网格的构建。

EFDC 模型是美国环保署最为推崇的模型之一,并广泛应用于各个大学、政府和环境咨询机构。它主要包括水动力、水质和泥沙模块,可以模拟水系统一维、二维和三维流场、沉积物的作用、水体富营养化过程、物质输运(包括温、盐、黏性和非黏性泥沙)等。

6.2　海流数值模型建立

6.2.1　海流数值模型和计算方法

本节使用丹麦水力学研究所研制的平面二维数值模型 MIKE21 FM,研究莱州湾东营周边近岸海域的潮流场运动规律及污染物迁移扩散情况。该模型采用非结构网格剖分计算域,三角网格能较好地拟合陆边界,网格设计灵活且可随意控制网格疏密,算法可靠,计算稳定。MIKE21 FM 采用标准 Galerkin 有限元法进行水平空间离散,在时间上采用显式迎风差分格式离散动量方程与输运方程。

1. 模型控制方程

质量守恒方程:

$$\frac{\partial \zeta}{\partial t} + \frac{\partial}{\partial x}(hu) + \frac{\partial}{\partial y}(hv) = 0$$

动量方程：

$$\frac{\partial u}{\partial t}+u\frac{\partial u}{\partial x}+v\frac{\partial u}{\partial y}-\frac{\partial}{\partial x}\left(\varepsilon_x\frac{\partial u}{\partial x}\right)-\frac{\partial}{\partial y}\left(\varepsilon_x\frac{\partial u}{\partial y}\right)-fv+\frac{gu\sqrt{u^2+v^2}}{C_z^2 H}=-g\frac{\partial\zeta}{\partial x}$$

$$\frac{\partial v}{\partial t}+u\frac{\partial v}{\partial x}+v\frac{\partial v}{\partial y}-\frac{\partial}{\partial x}\left(\varepsilon_x\frac{\partial v}{\partial x}\right)-\frac{\partial}{\partial y}\left(\varepsilon_y\frac{\partial v}{\partial y}\right)+fu+\frac{gv\sqrt{u^2+v^2}}{C_z^2 H}=-g\frac{\partial\zeta}{\partial y}$$

式中　ζ——水位；

　　　　h——静水深；

　　　　H——总水深，$H=h+\zeta$；

　　　　u、v——x、y 方向垂向平均流速；

　　　　g——重力加速度；

　　　　f——科氏力参数，$f=2\omega\sin\phi$，其中 ϕ 为计算海域所处地理纬度；

　　　　C_z——谢才系数，$C_z=\frac{1}{n}H^{\frac{1}{6}}$，其中 n 为曼宁系数；

　　　　ε_x、ε_y——x、y 方向水平涡动黏滞系数。

2. 定解条件

初始条件：

$$\begin{cases}\zeta(x,y,t)|_{t=t_0}=\zeta(x,y,t_0)=0\\ u(x,y,t)|_{t=t_0}=v(x,y,t)|_{t=t_0}=0\end{cases}$$

边界条件：固定边界取法向流速为零，即 $\vec{v}\cdot\vec{n}=0$；在潮滩区采用动边界处理。

3. 计算时间步长和底床糙率

模型计算时间步长根据 CFL 条件进行动态调整，确保模型计算稳定进行，最小时间步长为 30 s。底床糙率通过曼宁系数进行控制，曼宁系数 n 取 32~45 m$^{1/3}$/s。

4. 水平涡动黏滞系数

采用考虑亚尺度网格效应的 Smagorinsky（1963）公式计算水平涡动黏滞系数，表达式如下：

$$A=c_s^2 l^2\sqrt{2S_{ij}S_{ij}}$$

式中　c_s——常数；

　　　　l——特征混合长度，由 $S_{ij}=\frac{1}{2}\left(\frac{\partial u_i}{\partial x_j}+\frac{\partial u_j}{\partial x_i}\right)$（$i,j=1,2$）计算得到。

6.2.2　计算域和网格设置

本书主要研究区域位于莱州湾东营市附近海域，为合理模拟研究区域受到的海域水质环境影响，模拟区域放大为整个莱州湾区域，具体模拟区域范围为东经 118.916 9°~120.588 0°，北纬 37.080 5°~38.063 7°。模拟采用非结构三角网格，共生成网格数为 17 069 个，网格节点数为 9 412 个。开边界采用全球潮流模型预测的潮位边界，并在开边界处进行了加密，网格间距为 800 m。模拟区域网格设置如图 6.2-1 所示，水深地形如图 6.2-2 所示。

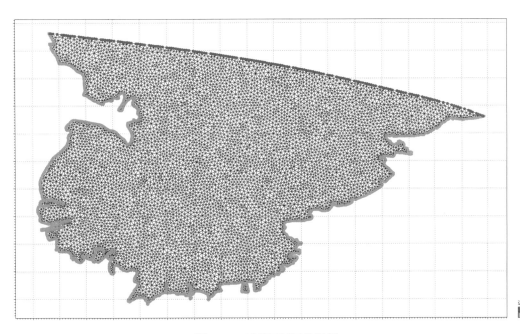

图 6.2-1　模拟区域网格设置

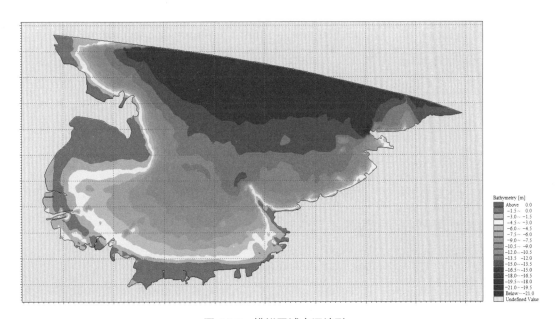

图 6.2-2　模拟区域水深地形

6.2.3　潮流数值模型及验证

利用上述模式对研究区域附近海域进行潮流场数值模拟,并以中国海洋大学在 2020 年 11 月开展的潮流调查数据为验证资料。图 6.2-3 至图 6.2-6 所示为研究区域附近测流点 S27、S29 表层流速、流向实测值与模拟计算值的比较。由图可知,潮流整体的流速、流向的大小和变化规律与实测结果比较接近,说明该计算模式能较好地再现该海区的实际潮流状况。此外,计算得知 S27 处实测流速的平均值为 0.42 m/s,模拟结果的流速平均值为 0.40 m/s;S29 处实测流速的平均值约为 0.57m/s,模拟结果的流速平均值为 0.54 m/s,两站位流速平均值误差均小于 10%。采用莱州港(E119.933°, N37.417°)的大潮期(2021 年 11 月 4—5 日)潮位资料与计算结果进行对比验证。根据《海岸与河口潮流泥沙模拟技术规程》的相关规定,认为模型的潮流模拟结果正确有效,该水动力模型可以应用于后续水质的数值模拟中。

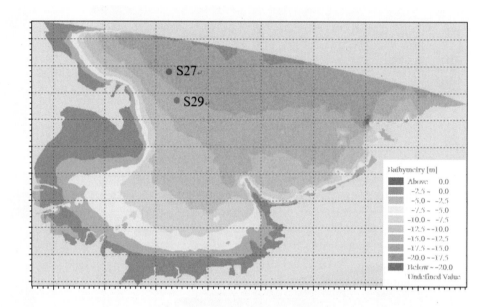

图 6.2-3　流速观测点位置

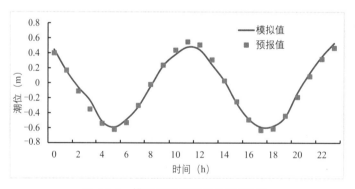

图 6.2-4　模拟结果与验潮站潮位对比

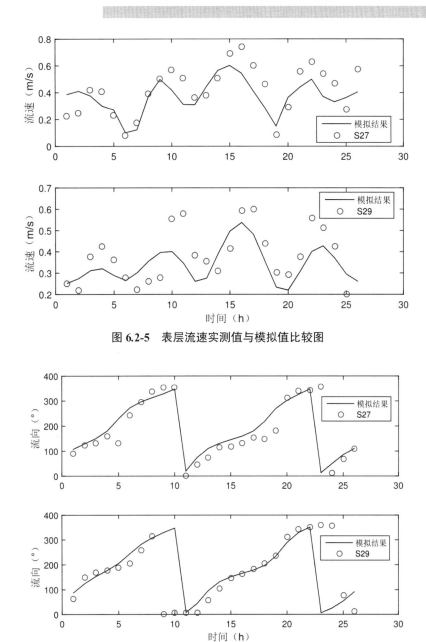

图 6.2-5　表层流速实测值与模拟值比较图

图 6.2-6　表层流向实测值与模拟值比较图

6.2.4　区域潮流场分析

根据潮流场计算结果,图 6.2-7 和图 6.2-8 分别给出了区域潮流涨急、落急流场图。

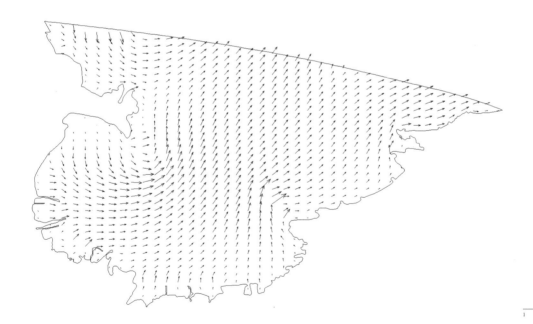

图 6.2-7　大潮涨急、落急流场图

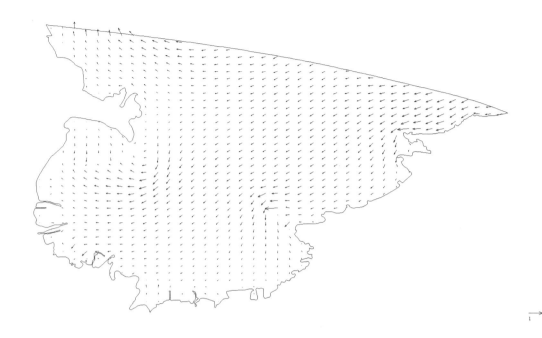

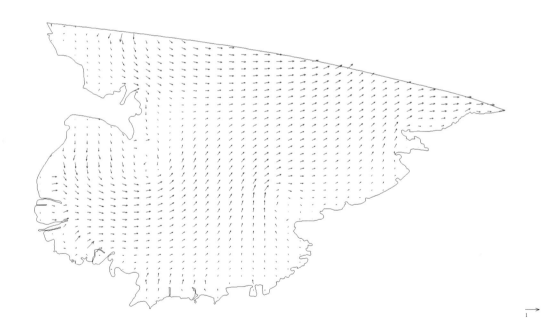

图 6.2-8　小潮涨急、落急流场图

从流场图可以看出，黄河入海口附近水体自 SE 向 NW 方向流动，由渤海湾外进入渤海湾内，在传至近岸的过程中受地形变化的影响，流向从 SE 转为 E 向，至近岸涨潮水体受局部地形及岸线变化的影响较为明显。近岸存在较为广阔的高滩，且地形坡度较缓，当潮位较低时，滩面大量出露。落潮过程与涨潮过程基本相反，水体自近岸向外海流动，在运动的过程中流向逐步发生偏转,从 W-E 向流动转为 NW-SE 向。从流速大小来看,涨急及落急时刻近岸海域流速均在 0.1~0.6 m/s。

黄河入海口以南近岸海域整体潮波规律为莱州湾大范围潮流基本呈现往复运动,涨潮偏西,落潮偏东。涨潮时,外海水体自 NE 向 SW 方向流动,在传至近岸的过程中受地形变化的影响,流向从 NE 转为 E 向,至近岸涨潮水体受局部地形及岸线变化的影响较为明显,南侧涨潮水体绕过潍坊港外侧围堤约束呈沿堤流动,一股继续向岸运动汇入小清河口,中部涨潮水体自 E 向 W 分为两股,其中一股汇入广利河口,另一股汇入小清河口。落潮过程与涨潮过程基本相反,水体自近岸向外海流动,在运动的过程中流向逐步发生偏转,从 W-E 向流动转为 SW-NE 向流入外海。从流速大小来看,近岸海域流速在 0.2~0.6 m/s,广利河口和小清河口附近海域受汇流影响,局部流速较高,河口附近海域涨急时刻最大流速可达 0.6 m/s,落急时刻近岸海域流速在 0.2~0.7 m/s。

6.3 主要入海河流对海域水质影响分析

6.3.1 海域水环境数学模型建立

Transport 模块可以解决基于非结构网格水动力模型的污染物在湖泊、河口、沿岸带和海区的迁移扩散现象,模拟污染物在水体中的对流和扩散过程。在这个模块里可以设置不同的扩散系数来反映不同水动力条件下不同类型的扩散现象。而对于有降解过程发生的物质来说,可以设定一个恒定的衰减常数模拟这种非保守物质的降解过程。

$$\frac{dC}{dt} = -K_c C$$

式中 K_c——污染物的降解系数;

C——水体中污染物在 t 时刻的浓度。

在潮流模型基础上,耦合 Transport 水质计算模块,构建近岸海域水环境数值模型,用于模拟海域污染负荷输入与海域水质的响应关系。

预测模式采用污染物扩散模式,与二维水流预测模式联解,计算垂向分布均匀的可溶性物质的浓度空间分布情况,模式如下:

$$\frac{\partial}{\partial t}(hC) + \frac{\partial}{\partial x}(uhC) + \frac{\partial}{\partial y}(vhC) = \frac{\partial}{\partial x}\left(hD_x\frac{\partial C}{\partial x}\right) + \frac{\partial}{\partial y}\left(hD_y\frac{\partial C}{\partial y}\right) - FhC + S$$

式中 C——污染物浓度;

u,v——x,y 方向上的流速(m/s);

h——水深(m);

D_x,D_y——x,y 方向的扩散系数(m²/s);

F——衰减系数(s^{-1});

S——源负荷量,$S = Q_s(C_s - C)$,其中 Q_s 为排放口污染物的流量,C_s 为排放口污染物的浓度。

6.3.2　计算方案

1. 入海河流海域水质计算模拟

根据第 4 章测算的各项污染源负荷解析结果,选取 COD、NH_3-N、DIN(以 TN 的 70% 换算)、TP 作为污染因子代入水环境数学模型,计算模拟研究海域空间年均浓度分布变化规律。根据第 4 章近岸海域污染物来源解析分析,小岛河入海径流量较少、溢洪河缺少面源入河数据、永丰河口设置有闸口,因此主要考虑其他 4 条入海河流(包括黄河、小清河、支脉河、广利河)在 2021 年枯水期及丰水期条件下逐次切换为单条河流的输入,其他输入条件不变,以此来单独分析各条主要入海河流输运陆源污染物对海域的水质影响程度及影响范围。

2. 陆源工业污水排放口水质计算模拟

根据东营市近岸海域的工业污水排水口向海洋排放的污染物总量,建立排污口污水扩散模型,根据第 5 章测算的各项污染源负荷解析结果,选取 COD、NH_3-N、DIN(以 TN 的 70% 换算)、TP 作为污染因子代入模型,计算 2 个主要工业污水排放源(东营华泰化工集团有限公司、中信环境水务(东营)有限公司)在 2021 年丰水期条件下的污染扩散情况。

3. 养殖尾水排放口水质计算模拟

以研究海域营养盐指标 DIN、NH_3-N、活性磷酸盐及污染因子 COD 为计算因子,根据东营市近岸海域的养殖尾水向海洋排放的污染物总量,建立养殖尾水扩散模型,根据第 5 章测算的各项污染源负荷解析结果,选取 COD、NH_3-N、DIN(以 TN 的 70% 换算)、TP 作为污染因子代入模型,计算 3 个主要养殖尾水排放源在 2021 年排放时间段内条件下的污染扩散情况。

4. 近岸海域污染源污染负荷影响范围分析

启闭入海河流的污染源开关,由 4 条入海河流径流及入海污染负荷、工业污水排污口负荷、养殖尾水排放口负荷共同参与计算,以此来分析所有入海污染源条件下的水质影响。

6.3.3　计算结果及分析

1. 入海河流海域水质计算模拟

单独分析各条主要入海河流输运陆源污染物对海域的水质影响程度,图 6.3-1 至图 6.3-4 所示为在黄河单独影响条件下 COD、NH_3-N、DIN(以 TN 的 70% 换算)、TP 在 2021 年一整年的影响扩散范围;图 6.3-5 至图 6.3-8 所示为在小清河单独影响条件下 COD、NH_3-N、DIN(以 TN 的 70% 换算)、TP 在 2021 年一整年的影响扩散范围;图 6.3-9 至图 6.3-12 所示为在广利河单独影响条件下 COD、NH_3-N、DIN(以 TN 的 70% 换算)、TP 在 2021 年一整年的影响扩散范围;图 6.3-13 至图 6.3-16 所示为在支脉河单独影响条件下 COD、NH_3-N、DIN(以 TN 的 70% 换算)、TP 在 2021 年一整年的影响扩散范围。

计算结果表明,所建水环境模型总体可以反映污染负荷的迁移扩散变化规律。入海河流在 2021 年向近岸海域输送陆源污染物影响范围由大到小依次为黄河、小清河、支脉河、广利河。从模拟影响的扩散范围来看,模拟 4 条入海河流均对东营开发区海域产生影响。

1）黄河单独入海

从图 6.3-1 至图 6.3-4 可以发现,受黄河径流量及莱州湾潮波运行规律影响, COD、氨氮、无机氮、总磷等污染因子由黄河入海后,主要沿着东营市海岸线向莱州湾底扩散,导致污染物质聚集在东营市近岸海域附近,进而影响东营市近岸海域水质。

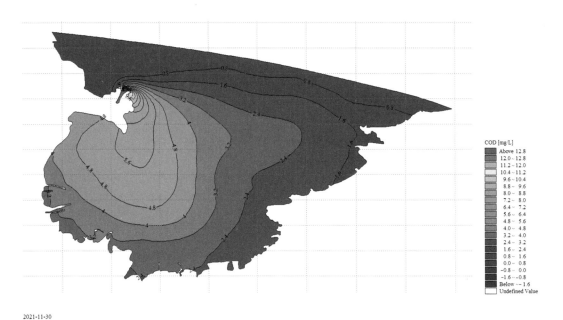

2021-11-30

图 6.3-1　COD 最大扩散范围

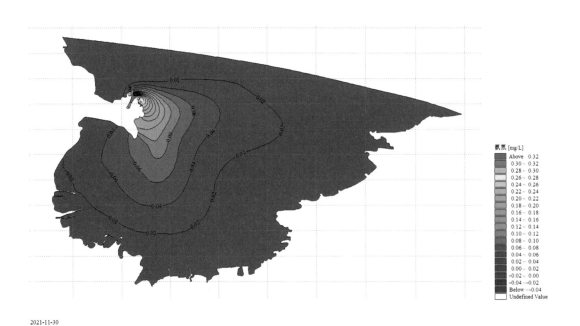

2021-11-30

图 6.3-2　氨氮(NH$_3$-N)最大扩散范围

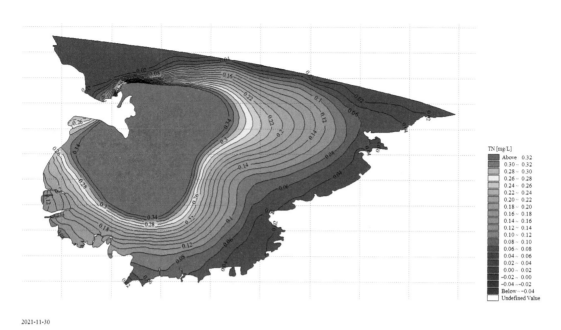

2021-11-30

图 6.3-3　无机氮(DIN)最大扩散范围

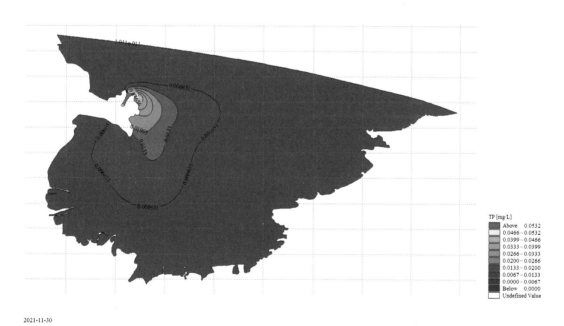

2021-11-30

图 6.3-4　总磷(TP)最大扩散范围

2）小清河单独入海

从图 6.3-5 至图 6.3-8 可以发现，受小清河径流量及莱州湾潮波运行规律影响，COD、氨氮、无机氮、总磷等污染因子由小清河入海后，主要沿着东营市、潍坊市海岸线向莱州湾底东南扩散，由于莱州湾底水动力交换能力较弱，导致污染物质聚集在小清河口附近海域，进而影响东营、潍坊等近岸海域水质。

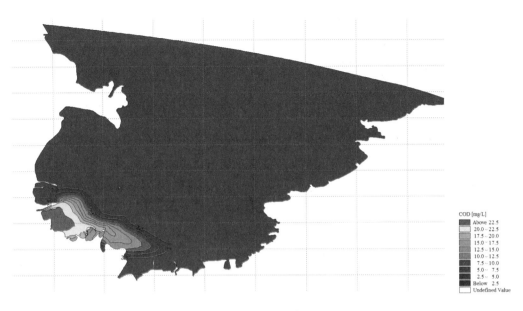

图 6.3-5　COD 最大扩散范围

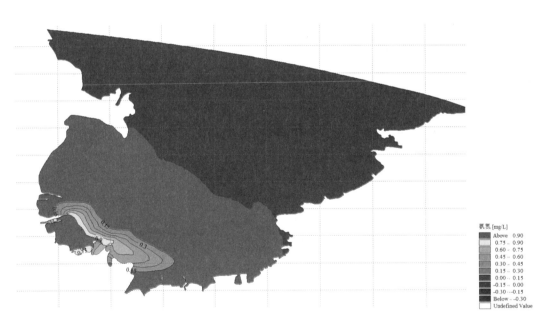

图 6.3-6　氨氮(NH₃-N)最大扩散范围

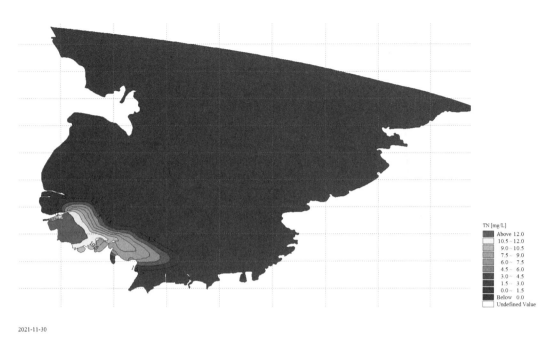

2021-11-30

图 6.3-7　无机氮(DIN)最大扩散范围

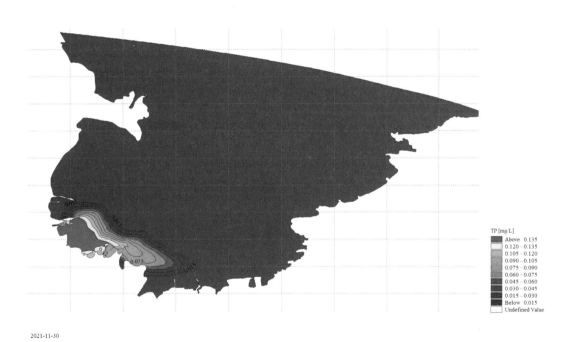

2021-11-30

图 6.3-8　总磷(TP)最大扩散范围

3)广利河单独入海

从图 6.3-9 至图 6.3-12 可以发现,相比黄河与小清河,广利河径流量较小,河口区域水深较浅,水动力交换能力较弱,COD、氨氮、无机氮、总磷等污染因子入海后,高浓度值集中在河口区域附近,很难向莱州湾扩散,进而影响东营市近岸海域水质。

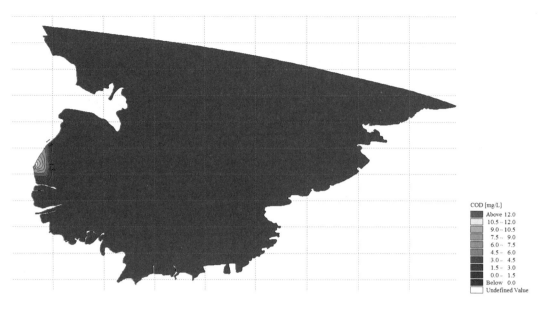

2021-11-30

图 6.3-9   COD 最大扩散范围

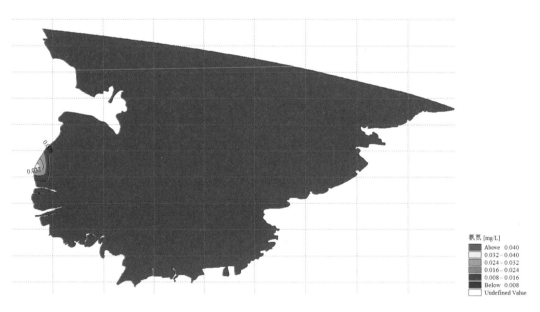

2021-11-30

图 6.3-10   氨氮（ NH$_3$-N ）最大扩散范围

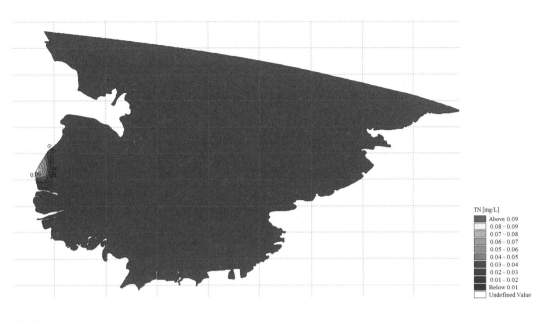

2021-11-30

图 6.3-11　无机氮(DIN)最大扩散范围

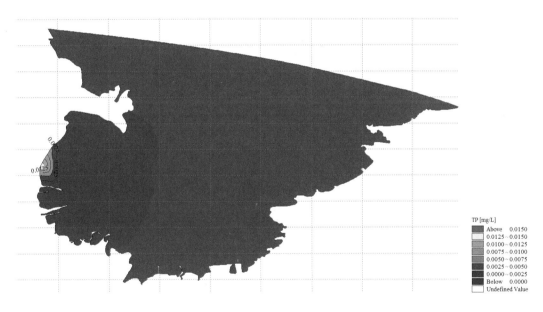

2021-11-30

图 6.3-12　总磷(TP)最大扩散范围

4）支脉河单独入海

从图 6.3-13 至图 6.3-16 可以发现，支脉河口距广利河口较近，相比黄河与小清河，支脉河径流量较小，河口区域水深较浅，水动力交换能力较弱，COD、氨氮、无机氮、总磷等污染因子入海后，高浓度值集中在河口区域附近，很难向莱州湾扩散，进而影响东营市近岸海域水质。

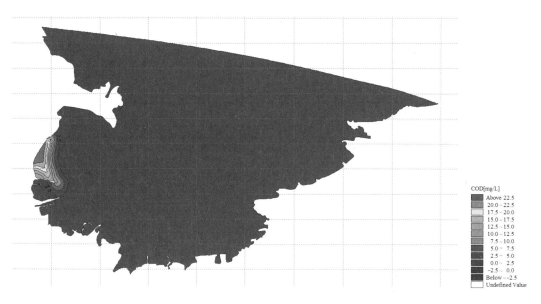

2021-11-30

图 6.3-13　COD 最大扩散范围

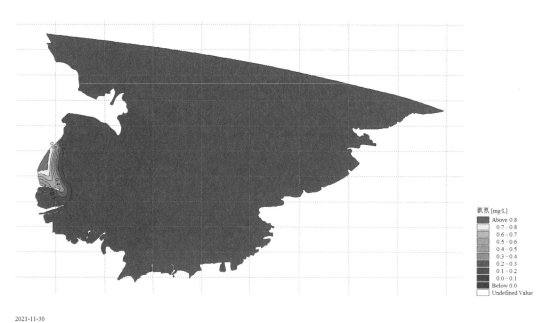

2021-11-30

图 6.3-14　氨氮(NH_3-N)最大扩散范围

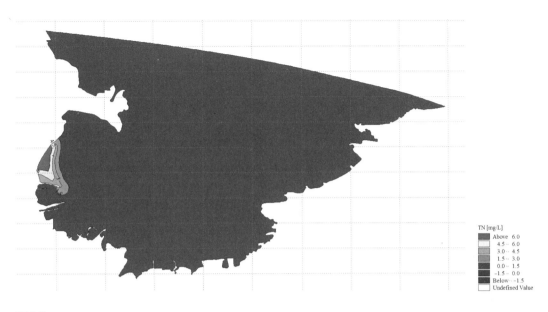

2021-11-30

图 6.3-15　无机氮(DIN)最大扩散范围

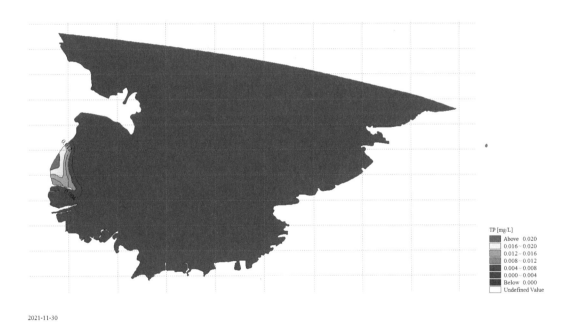

2021-11-30

图 6.3-16　总磷(TP)最大扩散范围

　　结合模型模拟计算结果(表 6.3-1)可知,入海污染物的扩散能力与入海径流量成正比。同时,莱州湾东营区域沿海平均水深在 3~5 m,尤其以黄河原入海口至东营市垦利区之间的区域,最浅部分水深甚至达到 1.5 m。则水动力交换能力较差,水体流通性较差,受区域范围外的水体影响较小。同时,在参与模拟计算的 4 条入海河流中,黄河受径流量影响,对污染物质迁移影响范围最大;支脉河由于径流量较小,加之河口区域水深较浅,陆源污染物入海后不能很快地扩散迁移,导致高浓度主要积存在河口区域附近,进而对近岸海域水质产生影响。

表 6.3-1　模拟计算结果

模拟入海河流	平均入海径流量 （亿立方米/年）	污染因子类型	平均入海浓度（mg/L）	最大扩散距离（至第二类水质标准,km）
黄河	335	COD	13	68.261
		氨氮	0.34	—
		总氮	3.61	57.736
		总磷	0.06	32.062
小清河	16.1	COD	22.8	32.305
		氨氮	1.02	—
		总氮	1.53	28.497
		总磷	0.147	30.701
广利河	1.4	COD	38	5.036
		氨氮	1.32	—
		总氮	3.28	1.5
		总磷	0.21	1.19
支脉河	4.7	COD	24.2	6.9
		氨氮	0.86	—
		总氮	7.04	20.98
		总磷	0.021	16.526

　　图 6.3-17 所示为模拟入海河流最大扩散范围与径流量变化规律。由图可知,入海河流的径流量会影响污染物在海域中的扩散,尤其以黄河的径流量巨大,不仅在莱州湾,甚至居整个渤海湾之首。黄河较大的径流量,每年可携带大量污染物入海,其扩散影响范围基本覆盖大半个莱州湾。

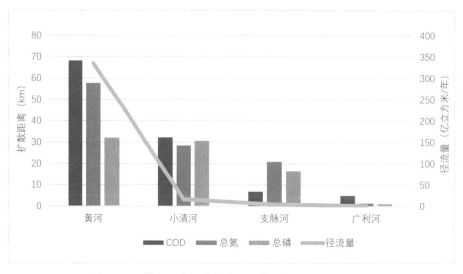

图 6.3-17　模拟入海河流最大扩散范围与径流量变化规律

2. 陆源工业污水排放口水质计算模拟

模型模拟了陆源工业污水排放口连续排放后对近岸海域的影响,选取东营开发区的 2 个污水排放口,分别为东营华泰化工集团有限公司和中信环境水务(东营)有限公司,2 个排污口均为连续稳定排放状态,COD、NH₃-N、TN 和 TP 排放浓度稳定。

单独分析工业污水排放口输运陆源污染物对海域的水质影响程度,图 6.3-18 至图 6.3-21 所示为在工业排污口单独影响条件下 COD、氨氮(NH₃-N)、无机氮(DIN,以 TN 的 70% 换算)、总磷(TP)在 2021 年秋季的影响扩散范围。

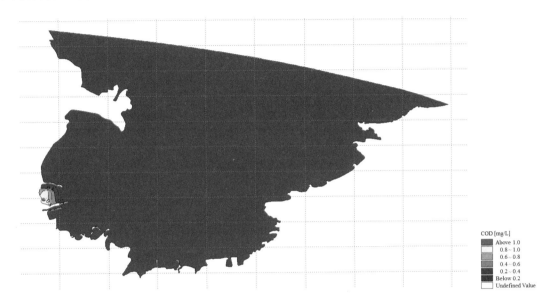

2021-11-30

图 6.3-18　COD 最大扩散范围

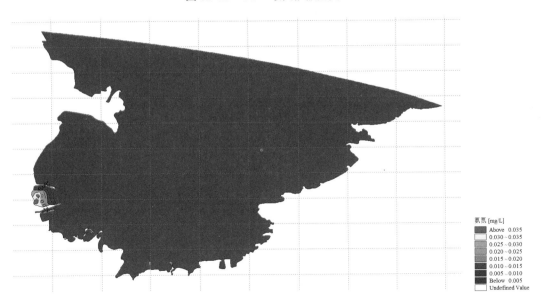

2021-11-30

图 6.3-19　氨氮(NH₃-N)最大扩散范围

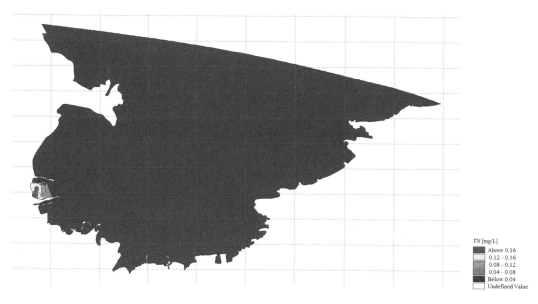

2021-11-30

图 6.3-20　无机氮(DIN)最大扩散范围

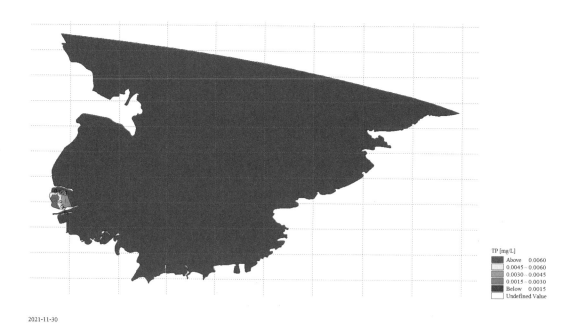

2021-11-30

图 6.3-21　总磷(TP)最大扩散范围

从图 6.3-18 至图 6.3-21 可以发现，2 个入海排污口主要位于青东采油厂进海路与广利港之间的区域，各污染因子经排污口排放后主要积存在区域内，主要是由于青东采油厂进海路与广利港的阻拦，使污染因子扩散不能完全进入莱州湾内，仅对排污口附近海域造成影响。

模拟模拟计算结果（表 6.3-2）表明，工业污水排放污染因子浓度仅在排放口附近显著升高，但由于入海污染因子浓度较低，各污染因子并不会对东营市近岸海域水质造成显著影响。

表 6.3-2　模拟计算结果

模拟入海排污口	平均排海量 （亿立方米 / 年）	污染因子类型	平均入海浓度（mg/L）	最大扩散距离（至第二 类水质标准，km）
东营华泰化工集团有限 公司	0.017	COD	26	0.367
		氨氮	0.746	—
		总氮	4.94	1.11
		总磷	0.121	0.87
中信环境水务（东营） 有限公司	0.017	COD	24.9	0.412
		氨氮	1.013	—
		总氮	4.47	0.85
		总磷	0.745	0.75

图 6.3-22 所示为模拟入海河流最大扩散范围与径流量变化规律。由图可知，由于模拟的入海排污口排海量相对入海河流较小，且 2 个排污口的排海量较为相近，结合排污口附近自然地理情况，由排污口排放的污染物扩散范围较小。

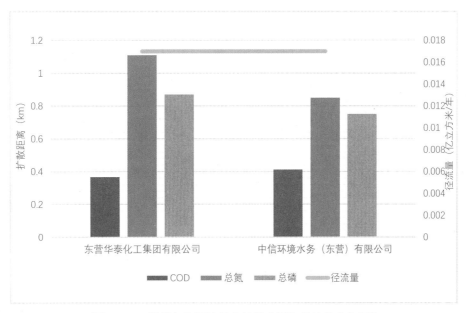

图 6.3-22　模拟入海河流最大扩散范围与径流量变化规律

3. 养殖尾水排放口水质计算模拟

东营开发区水产养殖基本为工厂化养殖和坑塘养殖，主要排海时间在每年 11 月，模型主要模拟 3 个水产养殖排污口输运陆源污染物对海域的水质影响程度，图 6.3-23 至图 6.3-26 所示为在养殖尾水排放单独影响条件下 COD、NH₃-N、DIN（以 TN 的 70% 换算）、TP 在 2021 年秋季的影响扩散范围。

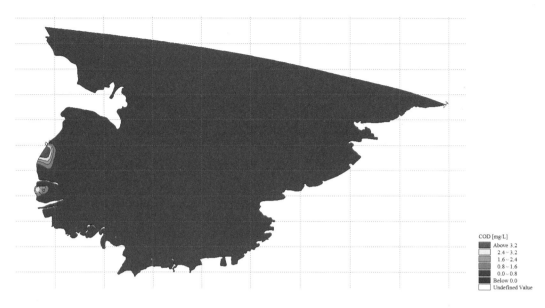

2021-11-30

图 6.3-23　COD 最大扩散范围

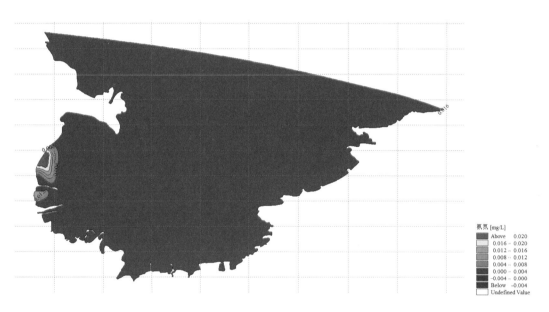

2021-11-30

图 6.3-24　氨氮(NH₃-N)最大扩散范围

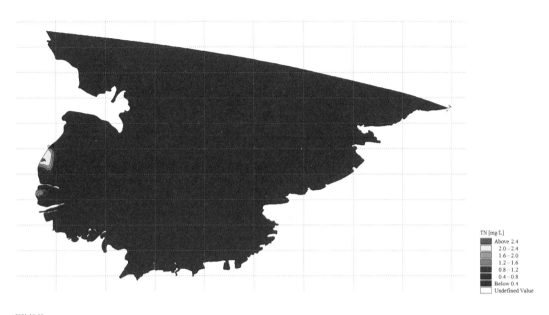

2021-11-30

图 6.3-25　无机氮（ DIN ）最大扩散范围

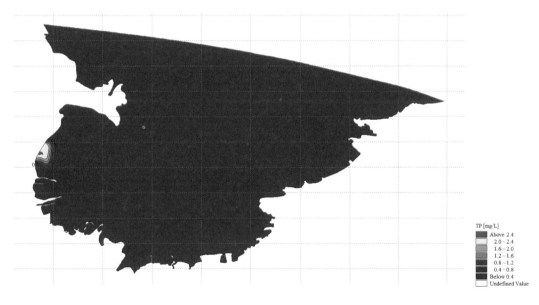

2021-11-30

图 6.3-26　总磷（ TP ）最大扩散范围

　　从图 6.3-23 至图 6.3-26 可以发现，对于 3 个养殖排污口，其中 1 个位于青东采油厂进海路与广利港之间的区域，2 个位于青东采油厂进海路北侧，养殖尾水排放主要集中在每年 11 月，但排水量较河流入海量较少。各污染因子经排放口排放后主要积存在排放口区域内，主要是由于青东采油厂进海路与广利港的阻拦，以及青东采油厂进海路北侧水动力条件较差，使污染因子扩散不能完全进入莱州湾内，仅对排放口附近海域造成影响。

　　模拟模拟计算结果(表 6.3-1)表明,养殖尾水排放污染因子浓度仅在排放口附近显著升高,由于养殖尾水仅在每年 11 月排放,放对东营开发区海域水质造成的影响较小。

表 6.3-3　模拟计算结果

模拟养殖排水口	平均排海量 (亿立方米 / 年)	污染因子类型	平均入海浓度(mg/L)	最大扩散距离(至第二 类水质标准,km)
养殖排水口 1	0.004 5	COD	6.92	0.53
		氨氮	0.696	—
		总氮	4.51	0.45
		总磷	0.235	0.37
养殖排水口 2	0.000 8	COD	3.65	0.21
		氨氮	0.027	—
		总氮	3.43	0.11
		总磷	0.142	0.13
养殖排水口 3	0.003 6	COD	3.73	0.47
		氨氮	0.025	—
		总氮	2.73	0.23
		总磷	0.205	0.34

　　图 6.3-27 所示为模拟入海河流最大扩散范围与径流量变化规律。由图可知,由于模拟的养殖排水口排海量相对入海河流较小,且 3 个养殖排水口的排海量较为相近,结合排污口附近自然地理情况,由养殖排水口排放的污染物扩散范围较小。

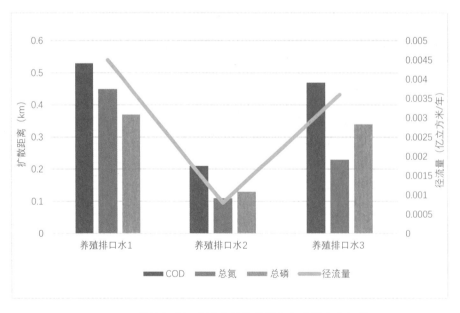

图 6.3-27　模拟入海河流最大扩散范围与径流量变化规律

4. 近海海域污染源污染负荷影响范围分析

综合分析各污染源对海域的水质影响程度,图 6.3-28 至图 6.3-31 所示为在各污染源综合影响条件下 COD、NH$_3$-N、DIN(以 TN 的 70% 换算)、TP 在 2021 年秋季的影响扩散范围。

模拟计算结果表明,入海河流仍是对东营开发区近岸海域水质造成影响的主要因素,其中以黄河的影响为主,养殖尾水污染物浓度仅在排放口附近显著升高,由于养殖尾水仅在每年 11 月排放,对东营开发区近岸海域水质影响较小。

(1)COD 入海随时间扩散范围,如图 6.3-28 所示。

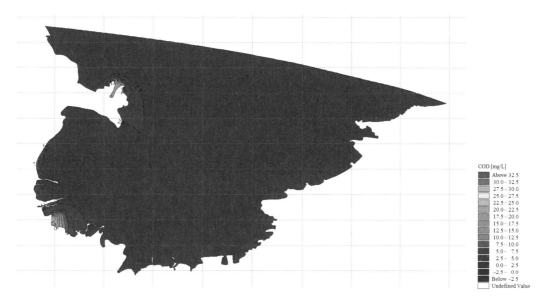

2021-09-21

(a)09-21 COD 扩散范围

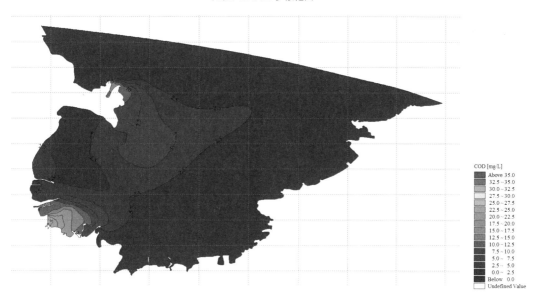

2021-10-12

(b)10-12 COD 扩散范围

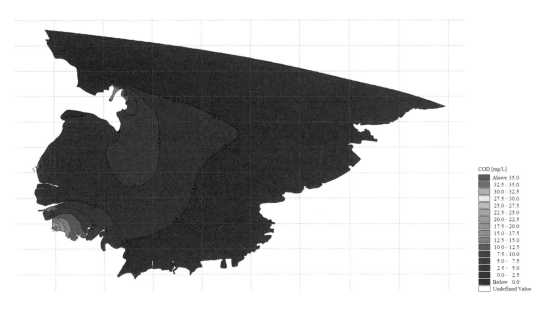

2021-11-02

（c）11-02 COD 扩散范围

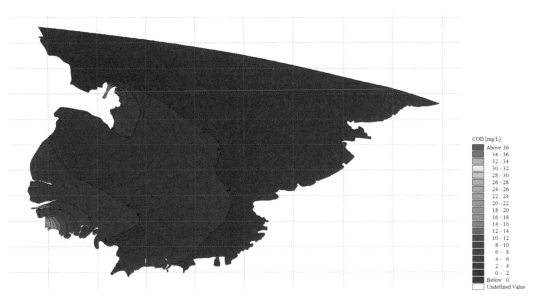

2021-11-30

（d）11-30 COD 扩散范围

图 6.3-28　COD 随时间变化过程

（2）氨氮（NH₃-N）入海随时间扩散范围，如图 6.3-29 所示。

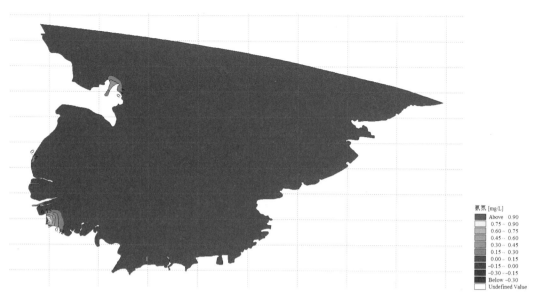

2021-09-21

（a）09-21 NH₃-N 扩散范围

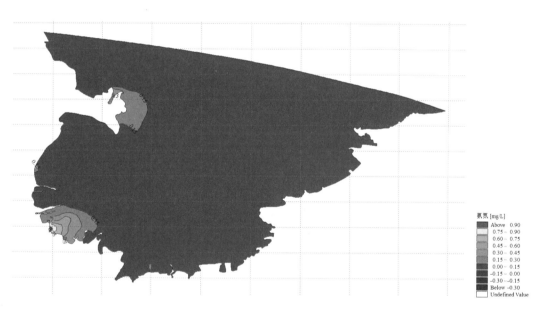

2021-10-12

（b）10-12 NH₃-N 扩散范围

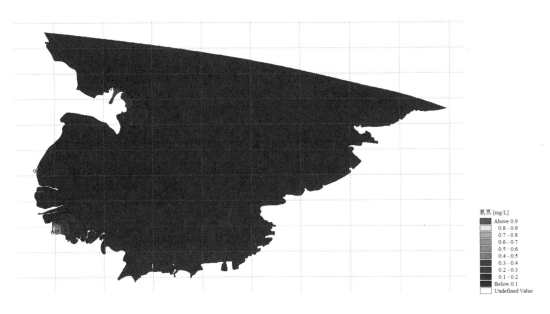

2021-11-02

（c）11-02 NH₃-N 扩散范围

图 6.3-29　NH₃-N 随时间变化过程

（3）无机氮（DIN）入海随时间扩散范围，如图 6.3-30 所示。

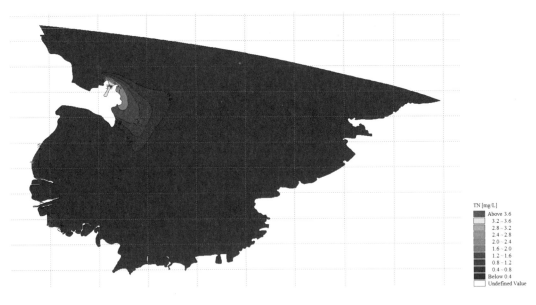

2021-09-09

（a）09-09 DIN 扩散范围

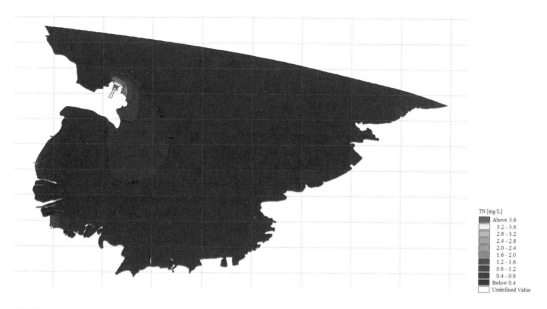

2021-09-21

（b）09-21 DIN 扩散范围

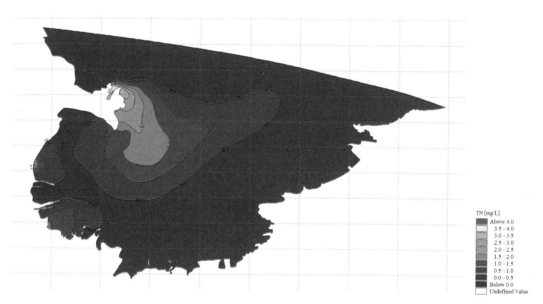

2021-10-12

（c）10-12 DIN 扩散范围

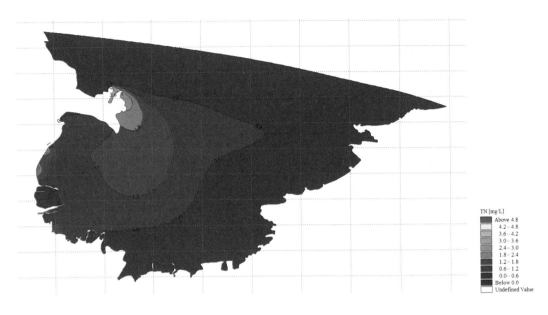

2021-11-02

（d）11-02 DIN 扩散范围

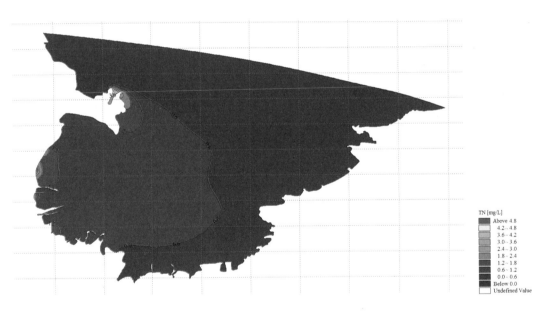

2021-11-30

（e）11-30 DIN 扩散范围

图 6.3-30　DIN 随时间变化过程

（4）总磷（TP）入海随时间扩散范围，如图 6.3-31 所示。

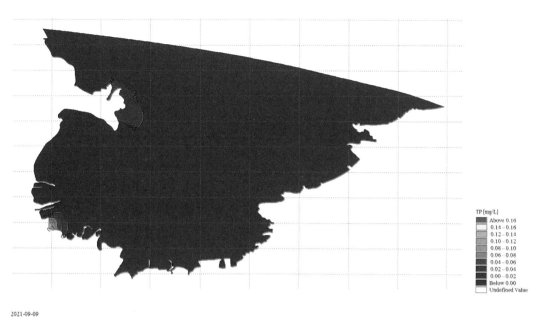

2021-09-09

（a）09-09 TP 扩散范围

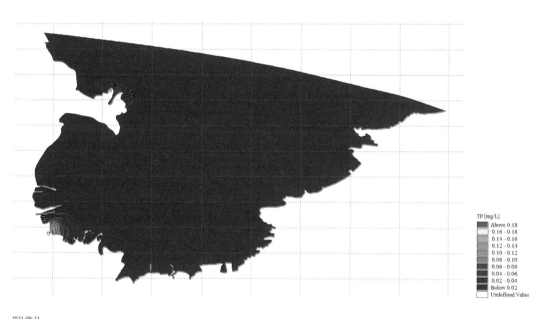

2021-09-21

（b）09-21 TP 扩散范围

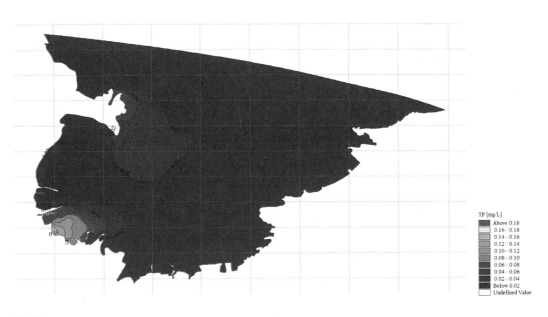

2021-10-12

（c）10-12 TP 扩散范围

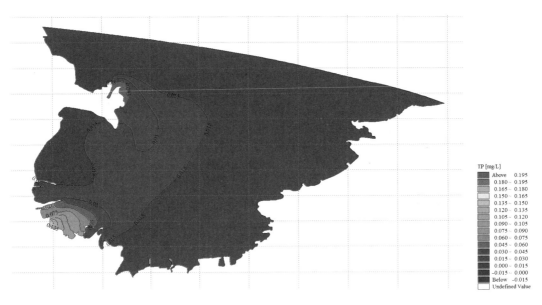

2021-10-21

（d）10-21 TP 扩散范围

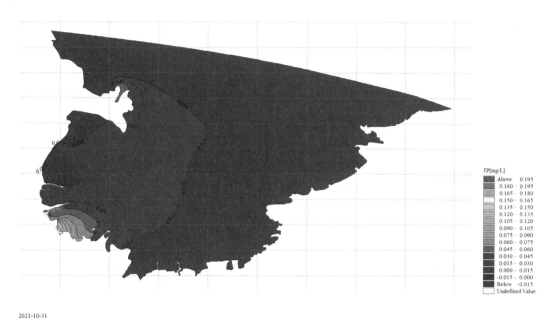

2021-10-31

（e）10-31 TP 扩散范围

图 6.3-31　TP 随时间变化过程

5. 近岸海域水质变化趋势

根据数值模拟结果，选取代表东营开发区近岸海域水质状况的国控 SDB05004 站位进行各污染因子的影响分析，研究 COD、NH_3-N、DIN（以 TN 的 70% 换算）、TP 影响因子在不同污染源影响下对国控站位的影响情况。该国控站位位于青东采油厂进海路东北方向，监测结果时常超标。图 6.3-32 所示为国控 SDB05004 站位位置图。

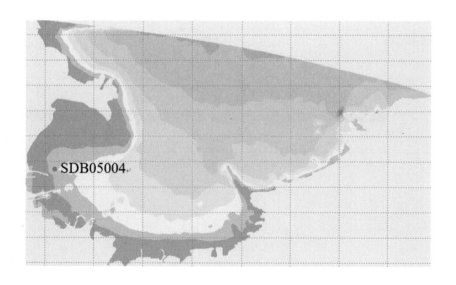

图 6.3-32　国控 SDB05004 监测点位置

　　图 6.3-33 所示为 SDB05004 站位水质变化趋势。由模拟计算结果可知,国控 SDB05004 站位的 COD 主要受黄河与支脉河影响较大,NH$_3$-N 主要受黄河与小清河影响较大,DIN 主要来源为黄河,TP 主要来源为黄河与支脉河。

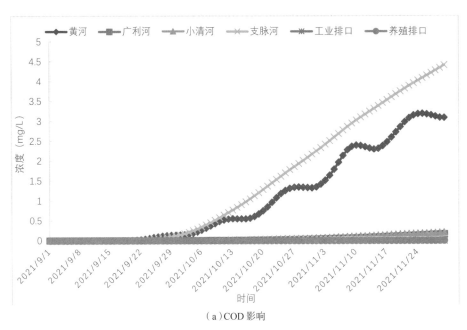

（a）COD 影响

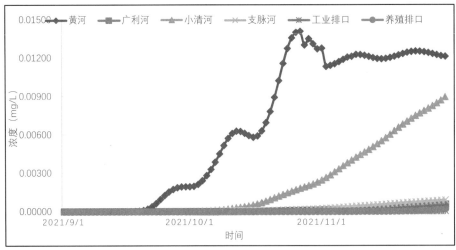

（b）氨氮(NH$_3$-N)影响

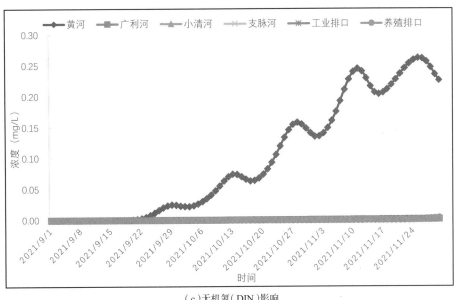

（c）无机氮（DIN）影响

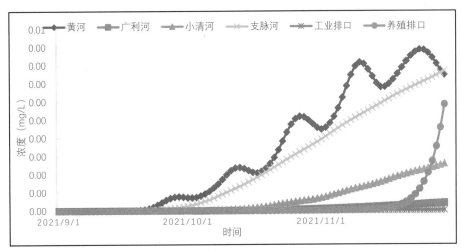

（d）总磷（TP）影响

图 6.3-33　SDB05004 站位水质变化趋势

6. 不同污染来源对近岸海域水质影响的贡献率

根据数值模拟结果，分别计算不同污染源在 9—12 月对 SDB05004 站位水质影响的贡献率，分别从 COD、NH$_3$-N、DIN（以 TP 的 70% 换算）、活性磷酸盐四个指标的影响来讨论。

对 SDB05004 站位 COD 的贡献率，以黄河与支脉河为主，2021 年 9—12 月两者占据陆源 COD 污染贡献的 93%~99%，其中黄河占比在 9 月为 59.43%，然后逐步下降，在 12 月为 37.91%；支脉河占比在 9 月为 40.43%，然后占比逐步提高，在 12 月达到 56%。各污染源详细 COD 贡献率见表 6.3-4。

表 6.3-4　各污染源对 SDB05004 站位 COD 浓度贡献率

时间	黄河	广利河	小清河	支脉河	工业排口	养殖排口
9 月	59.432 4%	0.107 7%	0.031 4%	40.426 7%	0.001 8%	0.000 0%
10 月	39.681 3%	0.628 8%	0.966 8%	58.719 3%	0.003 7%	0.000 1%
11 月	40.801 5%	1.529 3%	2.073 5%	55.581 8%	0.007 1%	0.006 7%
12 月	37.909 6%	2.808 6%	3.064 3%	56.003 3%	0.013 2%	0.201 0%

对 SDB05004 站位 NH$_3$-N 的贡献率,在 9—10 月以黄河为主,贡献率分别为 99.78% 和 89.5%;在 11—12 月以黄河和小清河为主,黄河贡献率逐步下降到 64.73% 和 43.46%,小清河贡献率逐步提高到 30.28% 和 46.48%,广利河与支脉河贡献率有所提升,但比例份额较小,分别为 3.17% 和 4.65%,养殖排口的影响在 12 月达到 2.08%。各污染源详细 NH$_3$-N 贡献率见表 6.3-5。

表 6.3-5　各污染源对 SDB05004 站位 NH$_3$-N 浓度贡献率

时间	黄河	广利河	小清河	支脉河	工业排口	养殖排口
9 月	99.782 0%	0.039 6%	0.155 1%	0.015 5%	0.007 7%	0.000 1%
10 月	89.501 9%	0.441 0%	9.111 7%	0.911 2%	0.028 8%	0.005 3%
11 月	64.729 7%	1.662 2%	30.284 5%	3.028 4%	0.085 5%	0.209 6%
12 月	43.455 9%	3.170 4%	46.478 5%	4.647 8%	0.163 2%	2.084 2%

对 SDB05004 站位 DIN 的贡献率,在 9—12 月均以黄河为主,从 9 月的 99.97% 逐步降低到 12 月的 89.15%;在 12 月养殖排口的污染物运移至 SDB05004 站位,污染物贡献率达到 7.8%,其他河流和排口的贡献率总计占 3.05%。SDB05004 站位超标主要为 DIN 超标,可以看出 9—12 月黄河均为 DIN 的主要来源,在 12 月养殖排口的贡献对 SDB05004 站位造成一定影响。各污染源详细 DIN 贡献率见表 6.3-6。

表 6.3-6　各污染源对 SDB05004 站位 DIN 浓度贡献率

时间	黄河	广利河	小清河	支脉河	工业排口	养殖排口
9 月	99.969 1%	0.007 7%	0.007 7%	0.007 7%	0.007 7%	0.000 0%
10 月	99.595 5%	0.100 6%	0.100 6%	0.100 6%	0.100 6%	0.001 9%
11 月	98.589 5%	0.304 2%	0.304 2%	0.304 2%	0.304 2%	0.193 6%
12 月	89.154 1%	0.761 4%	0.761 4%	0.761 4%	0.761 4%	7.800 2%

对 SDB05004 站位活性磷酸盐的贡献率较为复杂,在 9 月以黄河为主,贡献率为 82.5%;10—11 月以黄河与支脉河为主,其中黄河贡献率分别为 56.29% 和 45.73%,支脉河贡献率分别为 38.34% 和 37.19%;12 月以养殖排口、支脉河和黄河为主,其中养殖排口贡献率最高为 64.48%,支脉河为 15.55%,黄河为 12.49%。SDB05004 站位个别月活性磷酸盐超标,养殖排口在排水期对站位的活性磷酸盐贡献率最大。各污染源详细活性磷酸盐贡献率见表 6.3-7。

表 6.3-7　各污染源对 SDB05004 站位活性磷酸盐浓度贡献率

时间	黄河	广利河	小清河	支脉河	工业排口	养殖排口
9 月	82.498 6%	0.066 9%	0.100 7%	17.325 5%	0.007 1%	0.001 2%
10 月	56.289 0%	0.595 7%	4.692 9%	38.336 9%	0.020 9%	0.064 6%
11 月	45.726 5%	1.484 5%	10.305 1%	37.188 2%	0.040 4%	5.255 3%
12 月	12.490 3%	1.131 0%	6.320 2%	15.550 0%	0.030 6%	64.477 9%

6.4　章末总结

从黄河口潮流场小尺度方面,渤海湾、莱州湾大范围潮流运动形式以往复流为主,涨急及落急时刻近岸海域流速在 0.1~0.7 m/s 范围。黄河入海口冲击形成的新型陆地以及潍坊港、广利港等人工港口建设进一步阻断了近岸洋流,使污染物滞留在近岸海域,难以向深海扩散。

借助近岸海域水环境数值模型,对主要入海河流传输陆源污染物的水质响应进行模拟和评估。结果表明,入海河流所负荷的陆源污染因子是影响东营开发区海域的主要因素,黄河是影响研究区域近岸海域水质的最主要陆源贡献河流。

对于近岸海域国控站位,尤其是对 SDB05004 站位,其 COD 受黄河及支脉河影响较大,NH_3-N 受黄河与小清河影响较大,DIN 主要受黄河影响,活性磷酸盐主要受黄河、支脉河和养殖排口影响。

第7章　近岸海域水污染成因分析

　　莱州湾东营开发区所辖近岸海域污染成因复杂多样,是非常典型的海湾污染案例。一是其有大流量入海河流黄河给莱州湾带来大量养分;二是近年来人类活动对海湾地形的改造和自然岸线的改变导致水动力扩散条件严重影响;三是随着经济社会发展,生产生活造成的陆源入海污染物逐渐增加,加剧了莱州湾的海洋环境污染;四是陆海水质标准的不衔接,使陆海统筹治理难以形成科学的管理体系,导致治理效果难以达到更高目标。研究区域存在的这四个典型问题,基本囊括了我国近岸海域污染的主要成因,具备很好的代表性,研究意义重大。本章总结莱州湾研究区域的水环境现状调查评价、污染来源解析和近岸海域水环境数值模拟分析的成果,围绕上述四个问题开展讨论,用数据摆事实、讲成因,是本书评估评价结果的重要总结,为改善莱州湾海洋生态环境质量提供重要技术依据。

7.1　黄河、小清河对近岸海域水质影响的贡献率高

1. 黄河、小清河入海输入情况

　　黄河是研究区域主要入海河流,2021 年(1—11 月)黄河入海水质较为稳定,图 7.1-1 所示为 2021 年(1—11 月)黄河逐月的入海径流量以及 COD、NH_3-N、TN 和 TP 含量。河流的径流量与 COD、NH_3-N、TN 和 TP 的入海通量显著相关($p<0.01$),说明黄河污染物的向海输出主要受河流径流量影响。

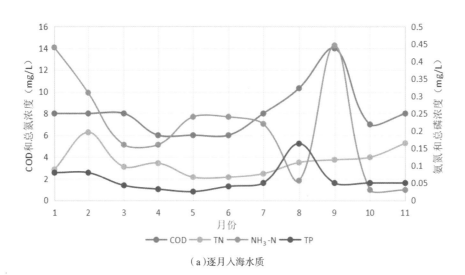

（a）逐月入海水质

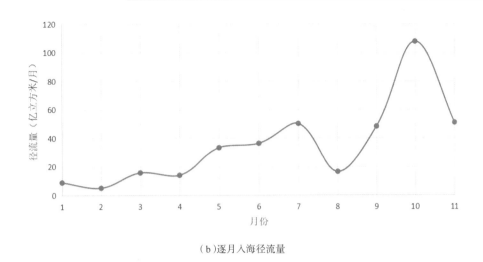

（b）逐月入海径流量

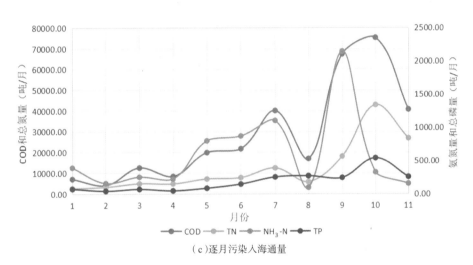

（c）逐月污染入海通量

图 7.1-1　2021 年(1—11 月)黄河逐月入海水质、入海径流量和污染入海通量变化图

为明确东营开发区国控 SDB05004 站位影响较大的区域范围情况，2021 年 8 月、10 月分别对 SDB05004 临近的 20 个站点进行自行监测。入海河流冲淡水对海域盐度影响显著，2021年研究区域盐度低值区主要分布在小清河口附近海域(图 7.1-2)，年内黄河与小清河径流量变化(图 7.1-3)呈正相关，说明小清河也是研究区域近岸海域的主要污染来源。近几年，海水 NO_3^--N、NO_2^--N、NH_3-N 高值主要出现在黄河口及小清河口附近海域，结合近岸海域水环境数值模型模拟分析结果，国控 SDB05004 站位的 NH_3-N 受黄河与小清河影响较大，DIN 主要受黄河影响，所以黄河、小清河的污染源输入均不容忽视。

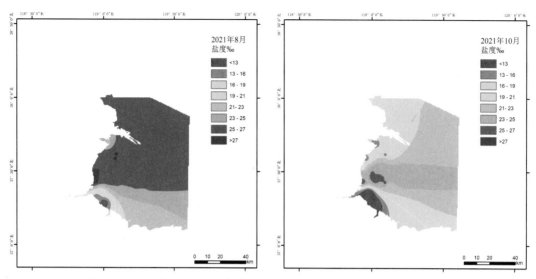

图 7.1-2   2021 年 8 月、10 月东营开发区近岸海域表层海水盐度含量分布图

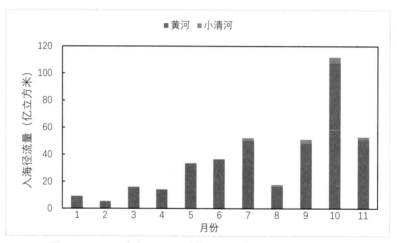

图 7.1-3   2021 年（1—11 月）黄河及小清河入海径流量变化

根据 2021 年的调查结果可知，2021 年研究区域海水 NO_3^--N、NO_2^--N、NH_3-N 高值区主要分布在东营开发区北部近岸及小清河口，分布区域与低盐度冲淡水分布一致（图 7.1-4 至图 7.1-6、图 7.1-2），10 月黄河、小清河入海径流量较大时，海水 NO_3^--N、NO_2^--N、NH_3-N 浓度较高，见表 7.1-1。

表 7.1-1   2021 年 8 月、10 月海水水质参数统计

名称	8 月（mg/L）		10 月（mg/L）	
	范围	平均值 ± 标准差	范围	平均值 ± 标准差
盐度	9.9~31.1	24.4 ± 5.3	2.6~26.5	19.8 ± 7.8
NO_2^--N	0.012~0.16	0.044 ± 0.038	0.027~0.47	0.10 ± 0.14
NO_3^--N	0.029~0.34	0.22 ± 0.081	0.026~0.49	0.39 ± 0.13
NH_3-N	0.004 0~0.12	0.047 ± 0.038	0.003 4~0.087	0.033 ± 0.028

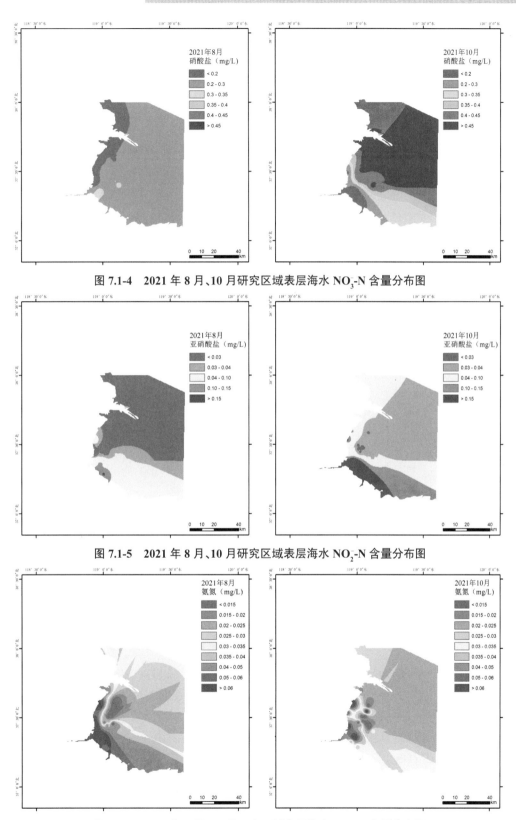

图 7.1-4 2021 年 8 月、10 月研究区域表层海水 NO$_3^-$-N 含量分布图

图 7.1-5 2021 年 8 月、10 月研究区域表层海水 NO$_2^-$-N 含量分布图

图 7.1-6 2021 年 8 月、10 月研究区域表层海水 NH$_3$-N 含量分布图

2. 黄河、小清河入海污染通量和入海贡献率

黄河、小清河分别为山东省和东营市的重要跨境河流,其中黄河流经青海、四川、甘肃等 9 个省区,小清河流经山东省济南、淄博等 5 个市,其入海污染物对东营近岸海域污染贡献率高。2016—2021 年黄河污染入海通量呈增加趋势(图 7.1-8),2021 年黄河 COD、TN、TP 入海通量分别为 313 860 t/a、95 111 t/a 和 135 873 t/a,COD 和 TP 入海通量与 2020 年相比基本持平,但较 2016 年分别增加了 3.2 倍和 2.6 倍,TN 入海通量与 2020 年和 2016 年相比变化较大,分别增加了 1.1 倍和 2.6 倍。2016—2021 年小清河污染入海通量先增后降,2018 年达到峰值(图 7.1-8),2021 年小清河 COD、TN、TP 入海量分别为 27 911 t/a、13 042 t/a 和 282 t/a,TN 和 TP 入海量与 2018 年相比基本持平,COD 入海量明显减少,但 2021 年小清河 COD、TN、TP 入海量与 2020 年相比显著增加,是 2020 年的 1.7~2.0 倍。

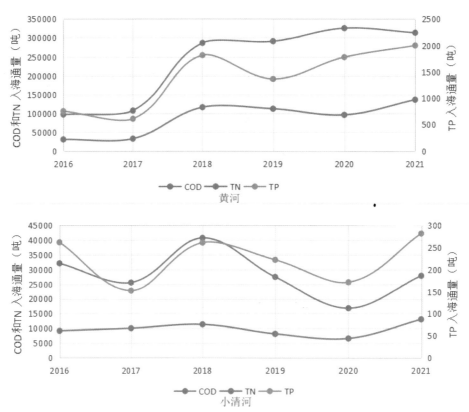

图 7.1-7　2016—2021 年(2021 年为 1—11 月数据)黄河及小清河入海通量情况

2020 年和 2021 年研究区域 COD 年输入总量分别为 35.67 万吨和 37.15 万吨,2021 年的 COD 年输入总量与 2020 年基本持平,其中黄河贡献率分别为 91.36%、84.48%,小清河贡献率分别为 4.71%、7.51%,支脉河贡献率分别为 1.17%、3.59%;无机氮年输入总量分别为 7.31 万吨和 10.85 万吨,其中黄河贡献率分别为 91.61%、87.70%,小清河贡献率分别为 6.23%、8.42%,支脉河贡献率分别为 1.02%、2.62%;TP 年输入总量分别为 0.24 万吨和 0.28 万吨,其中黄河贡献率分别为 75.74%、70.58%,小清河贡献率分别为 7.28%、9.95%,支脉河贡献率分别为 0.85%、5.04%。从总体来看,黄河对东营开发区近岸海域水质影响最大,其次是小清河和支脉河。另外,从 2016—2021 年 COD、无机氮、TP 年输入总量贡献率来看(图 7.1-8),黄河也是占比最大的河流,且 2016—2020 年 COD 的贡献率呈逐年上升趋势,2021 年较 2020 年有小幅下降;无机氮和 TP 的贡献率先增后降,2019 年达到峰值。

图 7.1-8　2016—2021 年(2021 年为 1—11 月数据)东营近岸海域入海污染贡献情况

7.2　基础水动力条件及人类活动对海湾影响较大

　　渤海三面环陆,是我国唯一的内海,也是全球 11 个典型的封闭海之一,渤海南北长 550 km,东西宽 346 km,海岸线长 3 700 km,面积约 7.7×10^4 km²,仅东南部有宽约 92 km 的渤海海峡与黄海相通。渤海由莱州湾、渤海湾、辽东湾、渤海海峡和中部盆地组成,平均水深 18 m,最大水深 86 m,污染物难以通过对流输运和稀释扩散等物理过程与周围水体混合,以及实现与远海较好水质的海水交换,最终导致诸如富营养化等问题的产生。

　　东营近岸海域水交换能力差可通过渤海环流大尺度和黄河口潮流场小尺度进行简要说明。在渤海环流大尺度方面,渤海的岸线轮廓、地形和气候条件决定了它独特的环流结构,渤海环流主要由黄海暖流余脉和渤海沿岸流所组成,前者带来外海高盐水和渤海沿岸冲淡混合而成的变性水团,后者则是源于黄河、滦河和辽河等入海径流的冲淡水。渤海中部及辽东湾内的平均环流是顺时针向的,渤海湾的平均环流,北部为逆时针向,南部为顺时针向的双环结构。在黄河三角洲外海存在一支流向东北偏北向海流,最后与辽东湾西部的东北向海流相接。渤海湾的双环结构不利于水力交换。已有研究表明,渤海整体水交换时间尺度为 $10^0 \sim 10^1$ 年的量级。

　　黄河口潮流场小尺度方面,渤海湾、莱州湾大范围潮流运动形式以往复流为主,涨急及落急时刻近岸海域流速在 0.1~0.7 m/s 范围。具体来讲,根据基于平面二维数值模型 MIKE21 FM 研究东营周边近岸海域的潮流场运动规律及污染物迁移扩散的结果,黄河入海口附近水体自 SE 向 NW 方向流动,由渤海湾外进入渤海湾内,在传至近岸的过程中受地形变化的影响,流向从 SE 转为 E 向,至近岸,涨潮水体受局部地形及岸线变化的影响较为明显,从流速大小来看,涨急及落急时刻近岸海域流速均在 0.1~0.6 m/s。黄河入海口以南近岸海域莱州湾大范围潮流基本呈现往复运动,涨潮偏西,落潮偏东。从流速大小来看,近岸海域流速在 0.2~0.6 m/s,广利河口和小清河口区域受汇流影响,局部流速较高,河口区域涨急时刻最大流速可达 0.6 m/s,落急时刻近岸海域流速在 0.2~0.7 m/s。

　　黄河入海口冲击形成的新型陆地以及潍坊港、广利港等人工港口建设和相关人类活动影响进一步阻断了近岸洋流,使污染物滞留在近岸海域,难以向深海扩散。人口港口建设期间河岸的大环境会受到影响,分割水和土体之间的联系,影响陆地和河道水域生物之间的接触,最终出现生态环境恶化的情况。另外,人工港口建设完成后虽在一定程度上缓解了人地矛盾,推动了经济发展,但肆意违背自然规律,无序、大规模的滩涂开发导致海域原有水沙环境与海床动态平衡遭到破坏;海洋生态环境与质量下降;岸线外推,滩涂减少,海岸带防灾减灾能力下降等。虽然各工程大都在开发建设前进行了海域水动力、泥沙输运及潮滩演变等影响的专题研究,以将其对海域环境的影响降至最低,但大量单一工程微弱影响的长期累加可能会使区域整体动力地貌等发生显著改变。相关研究表明,工程连片大规模开发最直接、显著的影响对象即为海岸线,其通过减少纳潮量、降低潮流动力,使水动力分布情况改变,进而影响泥沙、污染物输运,破坏原有潮滩冲淤平衡与海洋生态平衡。同时,随着建设强度与规模的不断扩大,工程间的相互影响加剧,可导致余流场、潮波等的特征显著改变。

7.3 排海污染物对近岸海域有一定影响

本书研究所涉及的排海污染源调查主要集中在对东营开发区所辖近岸海域影响较大的区域范围内,排海污染源包括 2 个排污口、水产养殖和 4 条其他入海河流。2020 年和 2021 年东营开发区内直接排海污染源中水产养殖数据部分缺失,其对海域 DIN 的贡献率分别为 0.04% 和 0.03%,另外基于耦合 Transport 水质计算模块和 MIKE21 FM 模型的近岸海域水环境数值模型结果,分析 2021 年近岸海域污染源污染负荷影响发现,养殖尾水排放污染因子仅在排放口附近显著升高,加之养殖尾水仅在每年 11 月排放,故认为对东营开发区近岸海域水质影响较小,模型模拟结果与实际调查结果基本一致。入海排污口对海域 COD 的贡献率分别为 0.1% 和 0.03%,对海域 DIN 的贡献率分别为 0.03% 和 0.04%,对海域 TP 的贡献率均为 0.04%,入海排污口整体对海域污染影响较小。4 条其他入海河流对海域 COD 的贡献率分别为 2.7%、2.0%,对海域 DIN 的贡献率分别为 1.1%、1.3%,对海域 TP 的贡献率均为 16.1%、15.6%。

陆域入河污染量较高是导致河流入海污染通量高的直接原因,2020 年研究区域入河 COD、NH_3-N、TN、TP 量分别为 19 107.79 t/a、1 158.22 t/a、761.21 t/a 和 4 106.64 t/a,小清河和支脉河入河污染较高,其中小清河流域 COD、NH_3-N、TN、TP 入河量占区域总量的 26.26%、25.82%、29.12%、24.80%,支脉河流域 COD、NH_3-N、TN、TP 入河量占区域总量的 27.10%、23.73%、22.29%、31.39%,畜禽养殖源、污水处理厂源和城镇生活源是主要污染来源。

7.4 陆海水质标准尚未有效衔接,陆海污染联防联控难以开展

2015 年,国务院印发了以改善水环境质量为核心的《水污染防治行动计划》("水十条")。为细化落实"水十条"关于近岸海域污染防治的目标和任务要求,环保部等 10 部委于 2017 年联合印发了《近岸海域污染防治方案》。无论是《水污染防治行动计划》,还是《近岸海域污染防治方案》,它们改善水质的主要工作目标和考核指标都是基于水环境质量标准提出的,即现行的《地表水环境质量标准》(GB 3838—2002)和《海水水质标准》(GB 3097—1997),与近海水域相连的地表水河口水域根据水环境功能按《地表水环境质量标准》相应类别标准值进行管理,近海水功能区水域根据使用功能按《海水水质标准》相应类别标准值进行管理。

两项水质标准在实施水污染防治、保护水生态环境、保障水环境功能等方面发挥着至关重要的作用。尤其是在陆海统筹、河海兼顾,系统推进水污染防治、水生态保护和水资源管理的大背景下,两项水质标准的有效衔接是保障水污染防治工作顺利推进的重要保障。但两项水质标准间存在水质分类不衔接、水质指标设置不衔接、部分指标分析方法不同和部分指标标准限值衔接不科学等问题。如《地表水环境质量标准》和《海水水质标准》根据不同的使用功能和保护目标分别将目标水体分为 5 类和 4 类,无法简单地将两项水质标准的不同类别一一对接。此外,由于咸淡水生态系统的差异导致其使用功能不同,从功能归属上也较难将两项水质标准予以衔接;《地表水环境质量标准》中基本项目共有 24 项,《海水水质标准》中基本项目共

有 39 项。两项水质标准的参数类别虽基本一致,但在部分指标参数的设置上存在显著差异,见表 7.4-1 和表 7.4-2。

表 7.4-1 《地表水环境质量标准》(GB 3838—2002)部分指标

序号	指标		Ⅲ类	Ⅳ类	Ⅴ类
1	化学需氧量(COD)	≤	20	30	40
2	NH₃-N	≤	1.0	1.5	2.0
3	TP(以 P 计)	≤	0.2 (湖、库 0.05)	0.3 (湖、库 0.1)	0.4 (湖、库 0.2)
4	TN(湖、库,以 N 计)	≤	1.0	1.5	2.0

表 7.4-2 《海水水质标准》(GB 3097—1997)部分指标

序号	指标		第一类海水	第二类海水	第三类海水	第四类海水
1	化学需氧量 （ COD ）	≤	2	3	4	5
2	无机氮 （ 以 N 计 ）	≤	0.2	0.3	0.4	0.5
3	非离子氮 （ 以 N 计 ）	≤	0.02	0.02	0.02	0.02
4	活性磷酸盐 （ 以 P 计 ）	≤	0.015	0.03	0.03	0.045

入海河流是海域污染物的主要来源,我国自"水十条"实施以来,一直大力推进入海河流污染物减排,就氮指标方面,河流入海断面考核 NH_3-N,海水考核无机氮和非离子氮,极易造成入海河流 NH_3-N 达标,但 TN 浓度入海通量巨大,造成海域无机氮污染问题。《山东省人民政府办公厅关于印发〈山东省打好渤海区域环境综合治理攻坚战作战方案〉的通知》(鲁政办字〔2019〕29 号)中要求,"到 2020 年,重点河流水质达到水污染防治目标责任书确定的目标要求,沿渤海城市行政区域内国控入海河流 TN 浓度在 2017 年的基础上下降 10% 左右"。截至 2020 年底,通过加强工业企业和城市污水处理厂 TN 指标排放控制,纳入省人大水污染防治法执法检查,严厉打击 TN 等指标超标排放行为,山东省沿渤海 4 市行政区域内 10 条国控入海河流全部完成 TN 浓度比 2017 年基准值削减 10% 的目标任务。

TN 主要有硝态氮(NO_3-N)、亚硝态氮(NO_2-N)和氨态氮(NH_3-N)三种存在形态,黄河下游各形态氮浓度变化较大。2020—2021 年(2021 年为 1—11 月数据)黄河利津水文站断面 TN 浓度在 2~5.3 mg/L 范围,2020—2021 年(2021 年为 1—11 月数据)NH_3-N 浓度在 0.05~1 mg/L 范围,2021 年 8 月和 10 月 NH_3-N 浓度在 0.003 4~0.12 mg/L 范围,NO_3-N 浓度在 0.029~0.34 mg/L 范围,NH_3-N 是地表水环境考核重要指标,黄河入海 NH_3-N 占 TN 的 2.5%~18.9%,NO_3^--N 是入海 TN 的主要组成部分,NO_3^--N 占 TN 的 43.9%~92.9%。2020—2021 年(2021 年为 1—11 月数据)黄河入海水质稳定达到地表Ⅲ类,其中 2021 年(1—11 月)达到Ⅱ类,月断面超标率仅为 8%,超标因子为 COD。

根据《2020 年中国海洋生态环境状况公报》，2020 年全国入海河流断面 TN 平均浓度为 3.23 mg/L，193 个入海河流断面中，68 个断面 TN 年均浓度高于全国平均浓度（3.23 mg/L），其中 TN 年均浓度超过 10 mg/L 的断面主要分布在山东省（图 7.4-1）。

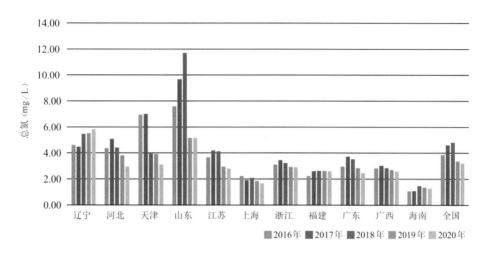

图 7.4-1　2016—2020 年沿海省（自治区、直辖市）入海河流 TN 平均浓度

近几年，东营近岸海域无机氮污染严重，依照河流入海 TN 与无机氮之间 70% 的经验转化系数，即现按海域 TN 入海后 70% 转化为无机氮进行海域无机氮输入折算，河流入海无机氮均超标。从表 7.4-3 来看，小清河的无机氮含量最高，其次是支脉河。除溢洪河外，2021 年（1—11 月）其他入海河流的 TN 含量相比 2020 年增加，尤其是广利河和小岛河，TN 含量分别增加 30.4% 和 19.1%，对近岸海域污染影响明显加重。

表 7.4-3　2020—2021 年（2021 年为 1—11 月数据）东营开发区入海河流无机氮含量情况（单位：mg/L）

年份	类型	黄河	广利河	永丰河	支脉河	小清河	小岛河	溢洪河
2020 年	TN	3.0	2.3	3.6	5.1	7.9	4.2	7.9
	无机氮	2.1	1.6	2.5	3.6	5.5	2.9	5.5
2021 年（1—11 月）	TN	3.3	3.0	4.1	5.2	8.6	5.0	4.8
	无机氮	2.3	2.1	2.9	3.6	6.0	3.5	3.4
《海水水质标准》（GB 3097—1997）第二类海水标准					0.3			

7.5　章末总结

研究区域污染成因总结为以下 4 个方面。

（1）黄河、小清河对近岸海域水质影响的贡献率高。受黄河、小清河冲淡水带入的 COD、无机氮、TP 污染物影响，东营近岸海域 COD、无机氮、TP 的高值区主要分布在黄河口和小清河口。2020 年和 2021 年黄河对东营开发区近岸海域 COD 贡献率分别分别为 91.36%、

84.48%，对海域无机氮的贡献率分别为 91.61%、87.70%，对海域 TP 的贡献率为 75.74%、70.58%。黄河对 2016—2021 年 COD、无机氮、TP 年输入总量贡献率最大，且 COD 的贡献率呈逐年上升趋势，2021 年较 2020 年有小幅下降；无机氮和 TP 的贡献率先增后降，2019 年达到峰值。

（2）基础水动力条件及人类活动对海湾影响较大。渤海三面环陆，内部环流为双环结构，海水交换能力差，整体水交换时间尺度为 10^0~10^1 年的量级，海水自净能力有限。东营近岸海域大范围潮流运动形式以往复流为主，近岸海域流速在 0.1~0.7 m/s 范围，黄河入海口冲击形成的新型陆地以及潍坊港、广利港等人工港口建设进一步阻断了近岸洋流，使污染物滞留在近岸海域，难以向深海扩散。

（2）陆域排海污染物对海洋有一定的贡献。东营开发区内排海污染源主要包括 2 个排污口、水产养殖和 4 条其他入海河流，4 条其他入海河流对海域 TP 影响较大。陆域入河污染源中小清河和支脉河流域污染较高，畜禽养殖源、污水处理厂源和城镇生活源是主要污染来源。

（4）河、海水质标准不衔接导致陆海统筹的综合治理脱节。《地表水环境质量标准》（GB 3838—2002）与《海水水质标准》（GB 3097—1997）存在水质分类不衔接、水质指标设置不衔接、部分指标分析方法不同和部分指标标准限值衔接不科学等问题。入海河流是海域污染的主要来源，氮考核指标的脱节极易造成入海河流 NH_3-N 达标，但 TN 浓度或者入海通量巨大，引起海域无机氮污染问题。2021 年东营 7 条主要入海河流均达到水质目标，若按河流入海 TN 的 70% 转化为无机氮的经验系数折算，东营市河 - 海交换界面的无机氮含量均超过《海水水质标准》第二类海水标准（无机氮 0.3 mg/L）。

第8章　基于陆海统筹的海洋生态环境质量改善方案研究

近年来,海洋环境保护压力日益凸显,陆源污染问题突出,例如入海河流水质较差,入海排污口精准管控能力不足,工业及农业农村污染加剧等。陆源污染通过入海河流汇入海洋,从而影响近岸海域环境。有关研究表明,渤海陆源污染物占入海污染物总量的 80% 以上,其中90% 以上由入海河口排入。目前,东营开发区呈现集成流域、河口及近岸海域的复合型污染发展趋势。2018 年底,渤海综合治理攻坚战正式打响,渤海生态环境问题得到了显著改善。我国经济社会发展与生态环境保护形势需要深入打好渤海综合治理攻坚战,"深入"意味着触及的矛盾和问题层次更深、领域更宽,对生态环境质量改善的要求更高。为从根源上改善海洋生态环境质量,促进城市经济社会可持续发展,实现美丽河湖、美丽海湾、美丽中国的建设目标,探究近岸海域生态环境质量改善情况、探索建立流域 - 河口 - 近岸海域一体化机制尤为必要。

8.1　近岸海域污染物控制与削减政策研究

沿海省市水环境质量持续改善,渤海综合治理攻坚战取得阶段性进展,但仍面临入海河流难以稳定消劣以及陆海污染的叠加导致近岸海域水质难以持续改善等问题。以往"环保不下海、海洋不上岸"的机制导致陆海环境立法与协调机制缺乏整体性,区域及部门协作的联防联治存在障碍,部分企业环保责任落实不到位,由陆向海一体化污染防治难以实现。河口是由陆向海一体化污染防治的突破点,但在生态修复工作中人工干预与自然演替相结合的复合技术体系尚未建立,陆源污染管控与近岸海域污染防治相结合的海洋环境综合整治模式尚未形成。总体来看,陆域、海域在环境管理上呈现监管真空化、行政壁垒化、责任主体模糊化等问题,在污染防治上呈现溯源解析区域化、体系衔接差异化。主要表现为入海河流沿岸、入海河口附近和岸线岸滩上垃圾堆积现象普遍,围填海及自然岸线开发强度大,海水养殖尾水排放标准及监管措施尚未统一;区域间未明确共同应对渤海污染的综合治理合作机制,未实现数据信息的有效共享,各行政主体存在职责边界;部分沿海地区产业结构不合理,沿岸商港、渔港布局密集,处置设施不完善,溢 / 漏油事故风险增大,环境风险突出;跨行政区的入海河流溯源排查工作大多仅追溯到沿海地市或其上游地市,查溯管控体系不完善;地表水、污水处理厂、海水控制指标和标准不统一,如地表水考核氨氮指标,而海水主要考核无机氮。同时,流域控氮存在问题,总氮不作为日常水质评价指标,难以有效约束区域排污总量及污染物排海总量,不利于协同治污。

当前,流域、河口及近岸海域污染防治工作的分别施策与监管导致渤海综合治理难以有效开展。生态环境保护与污染防治不能头痛医头、脚痛医脚,要以生态系统的内在规律为根本,以由陆向海一体化防治机制为指导,从而达到维护生态平衡、综合治理渤海污染的目标。因此,要解决陆域、海域在环境管理上的监管真空化、行政壁垒化、责任主体模糊化等问题,就要打破在污染防治上的溯源解析区域化、体系衔接差异化等桎梏,实现沿海省市从流域到海域的协同治理,落实渤海综合治理的深入攻坚,亟需融合流域、河口、近岸海域的污染防治计划及典型工作成效,探明并协调渤海沿海地区陆海环境关系,建立适用于沿海省市的流域-河口-近岸海域一体化污染防治机制,聚力攻坚陆海交界处环境污染综合防治问题,形成陆海统筹的协作治理模式,为渤海综合治理提供参考与支撑。

上一轮渤海综合治理攻坚战取得显著成效,典型举措值得借鉴参考,典型举措主要涉及入海河流治理、排污口整治、河口地区生态监测及整治修复、尾水处理及总氮总量控制、联防联控机制建设及湾长制落实等。

(1)入海河流综合治理及排污口排查整治。山东省在入海河流全部消除劣 V 类水体的基础上,将 57 条原市、县控入海河流全部纳入监测计划(含总氮指标),开展常态化水质监测。河北省全面落实河长制,实施入海河流全流域系统治理,坚持"一河一策",开展"河湖四乱"清理整治专项行动,重点实施河道整治、生态湿地建设及生态补水等工程,对存在不达标断面的入海河流,全面排查入河污染源,实施河流达标排名和生态补偿金奖补制度。自生态环境部《渤海地区入海排污口排查整治专项行动方案》(环办执法函〔2019〕145 号)出台以来,沿海省市启动入海排污口"排查、监测、溯源、整治"工作,有效控制污染物排海总量,确保近岸海域水质达标。天津市为此建立"查、测、溯、治、罚"工作体系,完成三级排查和监测溯源,制定了"一口一策"整治方案。潍坊市入海排污口整治注重源头治理、系统治理、综合施策,把"排污口-管网-污染源头-责任主体"视为一个整体,纳入城乡基础设施建设、基础能力提升、环境综合治理等进行统筹考虑。

(2)河口地区生态监测及整治修复。秦皇岛市先后建设入海河口生态预警在线监测站 11 座,实现了全市 17 条入海河流入海口的在线监测全覆盖,弥补了入海污染物排海总量不清的缺陷,为海洋生态环境保护、海洋防灾减灾、近岸海域污染物控制和陆海统筹研究提供科学、及时、有效的数据保障和技术支撑。辽宁省全力推进"退养还湿",积极开展湿地整治与修复,2015 年启动"退养还湿"工作以来,通过"蓝色海湾"整治行动等退出围海养殖、恢复滩涂湿地 8.59 万亩,修复自然岸线 17.6 km,维护了辽东湾海域生态系统的完整性,为有效解决渤海渔业资源荒化问题创造了条件。河北省以黄骅湿地、南大港湿地等为重点区域,建设"两湖两湿地"的水生态系统,为港区道路降尘、洒水除尘等提供了水源,实现了水资源循环利用。

(3)尾水处理及总氮总量控制。天津海水工厂化养殖尾水处理设施实现全覆盖,以杨家泊镇海水工厂化养殖企业为试点,建立了一套科学的养殖尾水处理方法及工艺,有效移除尾水中的多种富营养化物质,降低生化需氧量和化学需氧量。尾水各项指标均符合国家地表水 V 类排放标准,实现整套系统的自动化运行和控制。河北省沧州市依据排污许可证执法,严厉打击无证排河行为;落实城市区域内行业总量控制,对新建、改建、扩建涉及总氮排放的建设项目,实施总氮排放总量指标减量替代,逐步实现水体中总氮指标改善,并建立重点区域水污染排海总量控制制度。

(4)联防联控机制建设及湾长制落实。天津市与河北省建立上下游联防联控机制,组织联合检查,对水污染防治工作进行会商,积极破解引滦流域水环境问题。此外,唐山市积极与引滦工程管理局、秦皇岛市联合,对滦河流域及相邻海域水污染防治实行联防联控,加强协调联动和工作会商。滨州市河长制办公室和湾长制办公室全面梳理总结河长制、湾长制工作,研究谋划工作思路,积极开展流域水污染防治、水环境治理、执法监管等方面的协作,推进河长制与湾长制的深度融合。天津市在天津港、中海油等大型国企所在行政区域探索性建立了"双湾长"模式,深入开展近岸海域污染防治,形成了"全面覆盖、分级履职、网格到源、责任到人"的湾长制监管体系。

（5）基于沿海省市水生态环境状况、缺乏一体化污染防治机制存在的问题及制约性分析,结合"十四五"期间渤海综合治理典型举措,按照"从山顶到海洋""海陆一盘棋"的理念,以改善近岸海域环境质量为导向,以综合整治河口海湾污染为重点,以入海河流水质管理与污染溯源为前提,构建以陆海统筹为核心,以实现美丽河湖、美丽海湾、美丽中国为建设目标的流域-河口-近岸海域污染一体化防治机制,为深入打好渤海综合治理攻坚战提供理论支撑。一体化污染防治机制内容以跨界协作监管为基础,实现跨省界、跨部门的联防联控;以河长制、湾长制融合及生态补偿激励为指导,实现责任归属的无缝衔接、数据共享的横向联动,建立陆海协同的溯源治污补偿体系;最终建立陆海统筹核心机制,形成由陆向海一体化协同监管和系统治理格局。机制内容的典型举措需得到关注与推广,未完全体现机制内容且需进一步深化的举措,可结合一体化污染防治机制为沿海省市的污染防治工作及行动方向提供基础。

（6）建立跨界协作监管机制,联防联控。建立入海河流上下游地区、沿海不同行政区沟通协作渠道,厘清内陆、沿海地区、近岸海域的责任归属。系统分析陆域环境信息和海洋环境信息,实现监测信息共享、治理技术互通。以各级地方政府为核心主体,签订部门合作协议,建立与生态环境、水利、海警、海事、自然资源、渔业等部门的跨界协同治理监管机制和渤海综合治理协作机制,加强上下级、部门间的协调联动,形成工作合力。合理确定沿海省市的海洋生态环境共同保护目标,加大总氮削减技术研发,在重污染海域和海湾推动国控入海河流消劣行动向省控、市控断面的拓展,建立跨界查溯管控体系,并优先解决省（区、市）域内独流入海河流污染问题。

（7）建立河长、湾长融合机制,横向联动。为持续改善海洋和陆地生态环境质量,需积极推进湾长制与河（湖）长制深度融合,融合的河长制、湾长制与深入打好渤海综合治理攻坚战有机结合,逐步实现美丽河湖、美丽海湾、美丽中国的建设目标。加强河长制、湾长制衔接,明确入海河流及近岸海域的水污染防治、水环境治理、水资源保护、水域岸线管理、水生态修复以及执法监管等责任清单,实现责任区、责任段无缝衔接。建立联合巡查制度、联席会议制度,形成部门联动、齐抓共管的工作格局。沿海省市应强化河长制、湾长制的科技赋能,建立并完善各地市入海排污口管理系统,对入海排污口台账进行动态更新,设置各地市的管理接口,实现信息共享与省市协同联动管理;开发集陆域、海域生态环境数据共享与集成、移动巡湾巡河、区域资源与信息共享、动态管控多功能为一体的环境监管平台,促进近岸海域和入海河流环境综合整治,实现联动联治。

（8）建立生态补偿激励机制,先试先行。为进一步改善沿海省市近岸海域水环境质量,激励各级政府及相关单位改善水环境质量的积极性,应采取横向资金补助、对口援助、产业转移等方式,在沿海省市实行陆海协同的生态补偿机制,有条件的省市可优先试行。陆海协同的生态补偿机制需考虑跨省、市、县界主要河流、入海断面及明确责任归属的近岸海域,各沿海地市可统筹编制区域内入海流域及近岸海域水质超标的生态补偿、工程建设项目的生态损害补偿等实施方案,探索进行陆海生态补偿溯源协同管理及陆域排污配额差异化管理。

（9）建立陆域、海域统筹机制,靶向施治。秉承"陆海统筹、河海共治"理念,全面摸排陆域、海域污染源,系统评估各类污染源排放状况、入海途径、影响范围,形成陆海统筹整治方案,靶向施治。坚持以海定陆和陆源严控,强化宏观管控和源头控制,科学划定陆海统筹生态环境管控区。针对海洋特征污染物和重点污染源,分区域、分阶段科学治理,突出针对性、差异性和可操作性。加强陆海统筹的生态环境治理体系及治理能力建设,探索推进陆地、河口海湾及海域法律内容的衔接以及地表水和海水评价体系的衔接,做好陆海"多规合一",构建由陆向海一体化协同监管和系统治理的格局。

系统治理格局要以入海排污口整治工作为契机,落实涉海污染治理各方责任,全面提升陆海结合部污染治理能力,构建陆海一体化生态环境保护长效管理机制,逐步形成责任明确、制度健全、管控有效的生态环境管理体系。有效衔接陆海排污许可管理制度体系,确定直排海污染源、海上污染源的排放限值和排放总量要求,加强海洋内源控制与治理,通过近岸海域海洋容量倒逼机制,自近岸海域向河口及流域实现污染总量控制。加强河口区的水质标准研究,科学划定河口岸线,建立海洋生态预警监测体系及人工机制干预与自然演替相结合的复合生态修复体系,形成陆源污染管控与近岸海域污染防治相结合的海洋环境综合整治模式。在风险防范方面,落实沿海化工园区高风险企业、化工码头等港区重点环境风险源的防控和监测预警,加强陆源突发环境事件及近岸海域溢油风险应急联防机制,执行"源头、过程、末端"三级环境风险控制措施体系。从源头上开展垃圾综合治理,沿海地市建立垃圾分类和"海上环卫"工作机制,完成沿岸一定范围内生活垃圾堆放点的清除,实施垃圾分类制度,实现入海河流和近岸海域垃圾的常态化防治。

在建立污染防治机制的基础上,为有效控制与削减东营开发区重点海域污染,贯彻落实国家《渤海综合治理攻坚战行动计划》和《水污染防治行动计划》(国发〔2015〕17号),东营近岸海域污染物总量控制方案以推动近岸海域水质改善为目标,严把直接入海、间接入海和海上污染三个近岸海域污染通道,设计牡蛎礁生态治理修复工程,研判减排控制,构建河海联动的减排机制;将排海总量控制制度与污染物排放许可制紧密结合,坚持陆海统筹,把排海总量控制制度作为推动污染减排、改善海洋生态环境质量的重要手段,加快削减污染物排海总量,确保近岸海域水质持续稳定改善。

8.2　直接入海污染源控制与削减

8.2.1　实施入海河流综合整治

研究区域主要入海河流包括黄河、广利河、支脉河、小清河4条国控入海以及永丰河、小岛河、溢洪河3条非国控入海河流,入海河流综合整治方案如下。

1. 黄河

结合黄河流域的生态环境问题特征以及国家宏观治理要求,黄河流域水污染防治应以改善水环境质量为核心,通过污染减排与生态扩容两手发力,推进水污染治理、水生态修复、水资源保护"三水共治"。研究区域位于黄河下游及黄河三角洲区域,湿地的生态修复为黄河流域污染防治的主要任务,主要包括以下几方面内容。

(1)落实《建立国家公园体制总体方案》,突出以黄河三角洲新生湿地为核心的生态功能定位,建立权属清晰、统一高效的管理体制机制,建设黄河口国家公园,实现自然资源资产国家所有、全民共享、世代传承。

（2）以自然资源部 国家林业和草原局发布的《关于做好自然保护区范围及功能分区优化调整前期有关工作的函》为指导意见，推进保护区范围及功能区"三区变两区"优化调整。进一步细化自然保护区管控要求，加强管理机构、基础设施和能力建设，提升科技支撑能力和现代化管理水平。

（3）开展湿地生态损害鉴定评估、赔偿、修复技术研究，综合采用生态补水、河湖水系连通、植被恢复、退耕还湿、退养还滩等综合手段，恢复和提升湿地生态系统的整体功能，优先修复生态功能严重退化的国家和地方重要湿地，构建典型缺水地区滨海湿地生态修复与服务功能提升模式。

（4）推进引水提水、湿地水系大连通、湿地小连通等工程，通过水系连通形成黄河与自然保护区的大循环和湿地内部小循环，打造刁口河故道生态河和黄河生态廊道，实现一张水网全覆盖。

2. 小清河

小清河为山东省境内河流，小清河的治理需要山东省沿河各市实施区域联动，主要以污染源治理及提高小清河生态环境承载力为主。

（1）强化工业污染防治，严格工业企业环境准入。根据小清河流域5市区域空间生态环境评价，实行负面清单准入管理，各地根据控制单元水质目标，调整和实施差别化环境准入政策。在小清河河岸线不小于500 m范围内，禁止新建排污企业，逐步退出化工等重污染行业。开展"散乱污"涉水企业综合整治，结合新旧动能转换，依法淘汰落后产能，确保工业企业污染源全面达标排放。严格执行小清河流域水污染物综合排放标准，实施废水处理设施提标改造，重点加强含氟废水和重金属污染物废水的深度治理，确保工业企业污染源全面达标排放。统筹渤海综合治理攻坚战作战方案，东营、滨州、潍坊3市严格执行确定的国家排放标准中水污染物特别排放限值的行业、指标和时限。

（2）严格落实城镇污水排水管网许可管理办法，建立和完善排水档案，重点排水单位排放口建成水质、水量监测设施。加强纳管企业污水预处理设施监管，确保达到纳管排放要求，组织评估依托城镇生活污水处理设施处理园区和企业工业废水出水的影响，导致出水不稳定达标的，限期推出城镇污水处理设施并另行专门处理。工业集聚区应按照规定建成污水集中处理设施并稳定运行，出水水质不得低于小清河流域污染物综合排放标准相关要求。加大现有工业集聚区整治力度，完善污染治理设施，确保化工、纺织、造纸、食品等行业的达标排放。

（3）排查小清河干流及其支流沿线500 m范围内的小型工业企业密集区，建立排污企业清单，安装在线监测设施，不具备安装条件的，由生态环境主管部门制定监管计划，定期检查，并做好检查记录。

（4）以黑臭水体整治为重点，加快雨污分流改造及污水处理设施配套管网建设。在完成城市建成区黑臭水质治理、建立完善污水收集系统的基础上，逐步将污水管网建设向非建成区、周边乡镇纵向延伸。开展雨污管道混接错接改造，定期对雨污管网进行安全检查，重点检查雨污管网破损、淤堵，并及时进行更换与清淤。统筹规划建设污水处理设施和污水收集管网，做到污水处理能力与污水管网相匹配。科学规划污泥处置场所，加强污泥清运队伍建设，规范污泥清理、运输、处置与利用程序，严禁造成二次污染。

（5）积极开展农业面源污染综合治理示范区和有机食品认证示范区建设，加快发展循环农业，推行农业清洁生产，提高秸秆、废弃农膜、畜禽养殖粪便等农业废弃物资源化利用水平。

推动建立农村有机废弃物收集、转化、利用三级网络体系,探索规模化、专业化、社会化运营机制。以有机废弃物资源化利用带动农村污水垃圾综合治理,培育发展农村环境治理市场主体。加强农作物病虫害绿色防控和专业化统防统治。实施农药减量控害工程、化肥减量增效工程、有机肥增施替代工程,加大测土配方施肥推广力度,引导科学合理施肥施药。加大畜禽、水产养殖污染物排放控制力度,强化小清河干流及其支流畜禽禁养区管理,严格水产养殖空间布局,清理整治水产禁止养殖区、限制养殖区,在养殖区内推进水产生态健康养殖。

(6)结合农村人居环境整治行动,加快农村污水收集和处理,小清河干流及支流沿线有条件的村落优先纳入城镇生活污水收集与处理体系,不具备条件的村落因地制宜地建设污水处理设施,加快完善污水收集与处理体系,严禁污水直接排放。加大生活垃圾治理力度,完善"户集、村收、镇运、县处理"的垃圾处理体系,防止垃圾直接入河或随意堆放,推进小清河沿线5市农村生活垃圾就地分类、资源化利用和处置。

(7)加强城市建成区道路保洁,严禁污水排入雨水管道,加大海绵城市建设力度,减少初期雨水污染;加快雨水管网铺设,提升雨水收集率;倡导水气协同治理,减少大气沉降带来的污染负荷;加强城市道路的保洁管理,降低路面冲刷产生的污染负荷,清雪作业时选用环保型融雪剂,严禁直接将积雪向排水设施倾倒。

(8)定期打捞小清河干流及主要支流河面固体垃圾及漂浮物,确保水面清洁。定期清理河道沿岸及断流河道河底垃圾,严禁在河道沿岸及断流河道处堆放垃圾,确保河道通畅。

(9)在重要点源、污水处理厂、支流入干流处等因地制宜地建设人工湿地水质净化工程,利用土壤、微生物、植物生态系统,有效去除水体中的有机物、氮、磷等污染物,逐步恢复河道生物多样性,提高河道自净能力。对小清河干流及支流沿线退化或消失的湿地进行修复或重建,再现退化前的结构和功能,使其发挥应有的作用。

3. 其他河流

除黄河、小清河外的其他5条河流实施日常监管和综合整治,编制水体达标方案,保障河流入海水质持续改善。采用断面控制法实施TN、TP浓度控制,控制断面为主要入海河流的自动监测站或入海口人工监测断面。以2021年监测值为基准,TN排放浓度只降不升,实施污染源TN控制,TP排放浓度控制满足各河流水环境质量目标要求。逐步建立入海河流TN、TP监控体系,统一监测断面、方法和频次,健全入海河流污染物入海通量监测。以入海河流TN削减目标为约束条件,全面落实"一河一策",按计划完成治理任务,确保入海河流TN得到有效削减。推广生态护坡、生态浮岛、人工浮床、生物飘带等建设,增加河道生物多样性环境,在河道非硬化区域严格控制对自然岸线的开发利用,减少河道硬化面积,恢复河岸带自然植被。在重要点源、污水处理厂、支流入干流处等因地制宜地建设人工湿地水质净化工程,利用土壤、微生物、植物生态系统,有效去除水体中的有机物、氮、磷等污染物,逐步恢复河道生物多样性,提高河道自净能力。

8.2.2 规范入海排污口综合管理

(1)开展入海排污口常态化监管。实施入海排污口常态化巡查,根据入海直排口整治要求,定期检查排污口设置和使用情况,保护在线监测设备运行安全,定期通报巡查情况。加强入海排污口清单管理和设置审查审批,提升入海污染物处理水平和排污监管能力。强化陆上执法和海上监测联调联动,实现入海排污口在线监测全覆盖。建立入海排污口公示公开制度,定期公布入海排污口达标信息。形成设置科学、管理规范、运行有序、监督完善的入海排污监管体系。

（2）强化入海排污口分区分类管控。严格执行入海排污口备案程序,加强事中、事后监管。结合开发区海岸线利用、入海排污口分布现状以及海洋功能区分布情况,开展入海排污口选划区域适宜性评估,建立入海排污口分区管控体系,依据海域水质、功能、动力条件等,划定"禁止排污区""限制排污区"和"允许排污区",规范入海排污口设置。根据污水来源、排污类型、排放形式等,出台入海排口分类管控细则,逐类明确排口管控要求,建立分类管理长效机制,防止问题回潮、反弹。

（3）推进排污口溯源整治。基于已有的入海排污口管理台账,进一步摸清排污底数及问题成因,建立"查、测、溯、治"工作体系。深入推进入海排污口排查整治专项行动,开展入海排污溯源分析,掌握污染物来源,按照"一口一策"工作原则,逐一明确入海排污口整治要求,分类推进入海排污口规范整治,加强常态化监测,并开展入海河口上游 5 km 溯源常规监测,有效管控入海排污量。推进排污口智慧化管理,建立东营开发区入海排污口地理信息数据库,实施动态化管理。

（4）构建总量控制成效评估指标体系。加强直排海污染源管控,严格落实排污许可制度,坚决打击超标、超总量等违法排污行为,保证东营华泰化工集团有限公司和中信环境水务(东营)有限公司直排海污染源保持稳定达标排放。充分考虑排海总量控制制度与排放许可制的衔接关系、固定源控制与面源削减的协同关系,以入海河口、入海排污口为重点评估对象,科学选取评估指标因子,构建排海总量控制成效评估指标体系。对入海河流、入海排污口的排海总量控制成效进行评估,及时发现问题,明确改进方向,推进总量控制工作的适应性调整与有效实施,健全水污染物排海总量控制制度体系。

8.2.3　加强海水养殖污染防控

（1）加强海水养殖污染防控。推动出台水产养殖尾水污染物排放标准,开展养殖尾水排放调查、监测与评估。积极推进工厂化养殖、育苗室养殖尾水处理设施建设,推进水产养殖池塘标准化改造、近海养殖网箱环保改造、海洋离岸养殖和集约化养殖。配备生态循环水处理系统,杜绝饵料、渔药过度投放,依法规范、限制使用抗生素等化学药品,合理处置养殖池塘清淤污泥,避免清淤污泥直排入海。

（2）强化海水池塘养殖污染治理。连片海水池塘养殖,采取进排水改造、生物净化等措施进行养殖尾水处理,逐步实现养殖尾水循环利用或达标排放。根据不同养殖品种,按养殖面积 6%~10% 的比例设置尾水处理区。按照禁止养殖区、限制养殖区和生态红线区的管控要求,规范滩涂与近海海水养殖,拆除围堰,清除虾池污染底泥,添置养殖污水处理设施,将养殖污水引流至处理设施集中排放,减少海水养殖污染。对不符合区域要求的实施退养还滩,规范海岸滩涂空间开发利用秩序,恢复滩涂自然属性。

（3）大力发展生态健康养殖。推进生态健康养殖和布局景观化,鼓励和推动深海养殖。推广绿色养殖新模式,根据海水养殖区域环境承载能力,科学合理确定养殖容量和密度,鼓励发展不投饵生态养殖和增殖,探索发展浅海贝藻类增养殖,构建立体生态养殖系统。积极创建标准化健康养殖示范区(场),提升海水养殖标准化程度和覆盖率。开展海水养殖节水减排行动,推动养殖尾水资源化利用。

8.3　间接入海污染源控制与削减

根据 4.2 节间接污染源分析结果,研究区域小清河和支脉河入河污染最高,畜禽养殖源、污水处理厂源和城镇生活源是主要间接入海污染源。本节主要针对研究区域内的主要间接入海污染源制定减控措施。

8.3.1　加强畜禽养殖污染防治

(1)畜禽养殖源为最主要的入河污染源,应引起高度重视。目前,东营市已将区域分为禁止养殖区和控制养殖区。在禁止养殖区内,不得新建畜禽养殖场、养殖小区;已经建成的,由所在地县级人民政府按照国家和省有关规定限期关闭或者搬迁。在控制养殖区内,严格控制畜禽养殖场、养殖小区的数量和规模,不得新建小型畜禽养殖场、养殖小区,对现有养殖区进行改建,所有污水集中收集处理,全面配套粪污处理利用设施。

(2)畜禽养殖污染防治应当统筹考虑保护环境与促进畜牧业发展的需要,坚持预防为主、防治结合的原则,实行统筹规划、合理布局、综合利用、激励引导。控制发展速度和饲养密度,分级管理,加强部门协作,多管齐下,对养殖污染实施全过程管理。同时,加强相关法律法规宣传和技术指导服务,要求养殖企业及个人坚持治污设施和主体设计工程同时设计、同时施工、同时使用,积极引导、支持和鼓励对畜禽废弃物综合利用,提倡农牧结合、种养平衡,加强综合利用,减少排放,降低治理成本,提高环境、经济和社会效益。

(3)实施养殖业污染环境容量分析。畜禽养殖中产生的粪尿主要是作为有机肥还田。许多畜牧业发达国家也将农田作为畜禽粪尿的负载场所,用来消化其中的养分。但资源化利用并不是无条件的,如果粪肥施用量超出了土地消纳容量,将导致畜禽粪污中某些高浓度成分(铜、锌、磷、抗生素等)累积在土壤中,造成土壤板结和水质污染。因此,在养殖过程中必须遵循"以地定畜"的原则,根据区域土地可消纳容量来控制畜禽养殖数量。单位面积农用地土壤畜禽粪便氮、磷养分限量标准,欧洲将粪肥年施氮量的限量标准定为 170 kg/hm²(11.33 kg/亩),超过这个极限值将会造成硝酸盐的淋洗。

(4)基于"三线一单"构建养殖污染防治管理框架。"三线一单"贯穿于流域综合规划的全部过程,其中流域的生态环境准入清单是真正实现流域保护目标的重要保障。对于养殖污染主控的流域应严格执行禁养区、限养区空间管控规定,严守生态保护红线,筑实生态环境质量底线,明确流域水环境容量和农田消纳养殖粪污承载基线,确定畜禽养殖业发展最大规模,制定规模养殖场的高架床准入要求和小型分散养殖场的生态环境准入要求。在兼顾区域经济社会发展程度的前提下,根据流域养殖污染允许最大排放量和养殖区周边农田消纳养殖粪污的最大潜力核算出的沿岸畜禽养殖的承载能力。

(5)推广先进养殖技术。农村畜禽养殖污染物和垃圾被大量排放的重要原因在于各种先进养殖技术没有在农村地区得到推广,仍旧沿用传统畜禽养殖方式,农户没有正确了解畜禽养殖污染的危害。目前,部分农村地区在畜禽养殖时,没有积极学习和引入先进畜禽养殖方式,在养殖时只是根据自身养殖经验展开牲畜饲养,饲养不够规范和科学。并且部分养殖户为提升畜禽养殖效率,让牲畜快速生长,会使用大量的饲料,这些饲料中含有添加剂,牲畜在食用之后会出现吸收不了的情况,导致添加剂随粪便排出,不仅使粪便污染物增加,还浪费饲料,使饲养成本增加。

（6）大力发展农牧结合的生态畜禽养殖业。要想使畜禽养殖污染问题得到合理管控,使畜牧养殖和生态环境能够平衡发展,就需要将畜禽养殖融入农业生产中,确保农村地区畜禽养殖具有生态特征,能够持续发展。在展开规模化养殖过程中,可以对动物粪便、污水处理和环境工程等进行统筹考虑,让其能够相互配合,实现协调发展的目的,使畜禽养殖对环境污染程度有效降低。此外,处理畜禽粪便时,要坚持无害化、资源化处理的理念,积极将资源化利用技术和粪便堆肥化技术引入农村畜禽养殖业,让农户能够掌握正确的粪便、污水等污染物处理方式。发挥农村种植业的特征,实行种养结合的方式,构建优异的生态产业链。

8.3.2　深入开展污水处理厂提标改造

（1）加快污水处理设施升级改造。加快推进现有城镇污水处理设施升级改造,提升污水处理能力,出水水质达到东营市《城镇污水处理厂污染物排放标准》。开展雨污分流改造及调蓄池建设,进一步削减污染物入河量。完善污水管网,实施截污纳流,逐步推进老旧城区雨污分流建设。推动工业、企业入河排污口稳定达标排放,定期开展执法检查,坚决查处、打击非法偷排行为。

（2）加大工业园区污水处理设施整治力度。新设立和升级的工业园区必须同步规划和建设污水集中处理设施,推动水质不达标区域工业园区开展自查整改提升,持续深化水污染治理。督促加快完善工业园区配套管网、污水集中处理设施和自动监控系统,推进"清污分流、雨污分流",实现废水分类收集、分质处理。入园企业废水必须经预处理达到集中处理要求,方可接入污水集中处理设施处理。

8.3.3　规范城镇生活防治基础设施建设

（1）提升城镇污水处理能力。东营市所辖重点镇要完善污水配套管网及污水处理设施建设,提升污水收集能力,扩大城镇污水管网覆盖范围,提高污水收集率。加快实施雨污分流,推进初期雨水收集、处理与资源化利用。根据黄河、溢洪河、广利河及支脉河排放限值实施城镇污水处理厂建设与改造工程,提升污水处理能力和处理效果。严格落实排水许可制度,加强对排水行为的监督管理,对经评估不能达到相关要求的排水户,要限期完成清退整改,保障污水处理设施安全运营。污水处理设施产生的污泥应进行稳定化、无害化处理处置,逐步实现污泥"减量化、无害化、资源化"。推进污水处理厂尾水利用,加快推进再生水利用设施建设,提高再生水利用率,有效降低城镇污水对海洋环境的影响。

（2）强化城镇生活污染防治,实施城镇面源氮磷污染控制。加快城镇污水处理设施建设,确保城镇污水处理能力满足城镇发展需求。采取有效措施,减少污水处理厂检修期和突发事故状态下污水直排对水体水质的影响,特别是中心城区主要污水处理厂间要实现通联通调,确保检修期和突发事故状态下污水达标排放。全面消除污水管网空白区,因地制宜改造合流制地区,排查改造管网错接混接点,实现污水应收尽收。加快城镇污水处理设施新建、扩容,全面提升污水处理能力水平。强化初期雨水治理,推进调蓄池建设、雨水泵站改造等工程。

8.4　海上污染源控制与削减

8.4.1　治理船舶和港口污染,防控海洋工程排污

（1）控制船舶港口污染。严格执行《船舶与港口污染防治专项行动实施方案（2015—2020年）》（交水发〔2015〕133号），落实东营市《防治船舶污染专项整治活动方案》《船舶水污染物排放控制标准》相关要求，提高含油污水、生活污水、化学品洗舱水等接收处置能力及污染事故应急能力，禁止向水体排放船舶油类污染物和倾倒船舶垃圾。加强船舶污染控制，严格执行和落实老旧运输船舶报废政策，强化船舶水污染物排放及接收监管，严格实施船舶排污设备铅封管理制度，健全完善船舶和港口污染物接收转运处置联合监管制度。

（2）提高涉海企业环境准入门槛。严格按照东营开发区海洋主体功能区规划、海洋功能区划、海洋环境保护规划，优化涉海项目布局。提高涉海企业准入门槛，限制高能耗、高污染和高排放产业发展，优先安排海洋战略性、生态友好型产业落地。

（3）加强海洋工程建设项目环境管理。加强海洋工程建设项目环境准入管理，对重大建设项目用海，加强用海的科学论证和海洋环境影响评价工作，严格审查拟建海洋工程的海洋功能区划和海洋生态红线符合性、建设项目污染物处理的科学合理性。落实《海岸线保护和利用管理办法》和《围填海管控办法》，严禁占用自然岸线建设项目，严肃查处违法围填海和占用自然岸线行为，做好海洋生态红线内开发建设活动环境监督管理。

（4）严控海洋工程建设污染物排海。严格执行国家相关入海排放标准和区域限批制度，强化岸线以下工业区内企业 TN 和 TP 等污染物负荷消减，加强海洋工程建设污染排放控制。对超标和超总量的海洋工程建设企业，限制生产或停产整治，开展环境影响后评价；对整治后仍不能达到要求且情节严重的企业，一律停业、关闭。定期开展海洋工程建设项目的环境执法检查，加大环境违法行为处罚力度；对海洋工程事故性污染物排海行为，严格、科学地开展环境容量和生态损害评估和索赔，落实海洋工程建设污染物排海的环境监管责任。

8.4.2　严守海洋生态红线,实施海洋生态补偿

（1）落实海洋生态红线制度。依据《东营市海洋生态红线区管理规定》实施强制保护和严格管控，整顿和规范红线区内海域使用秩序，树立界桩界碑，确保生态红线区自然岸线"零占用"。在特别保护区内依据《海洋特别保护区管理办法》进行保护和管理，严格监督开发利用活动。

（2）开展红线区常态化巡查。构建沿岸、水面相结合的立体监视、监测、巡查体系，制定巡查方案，开展河口、滨海湿地等重要海洋生态功能区的日常监视监测与巡查，在人类活动较频繁的区域加密巡查频次，做好巡查记录，落实海洋生态红线日常保护的职责。

（3）探索建立海洋生态补偿制度体系。研究制定东营市海洋生态补偿管理办法，加强对用海项目海洋环境影响评价报告中海洋生态损失补偿专门章节的审查，确保海洋生态损失补偿资金测算结果科学、合理。深化海洋生物资源保护性补偿，开展"三场一通道"保护，有针对性地开展底栖贝类底播增殖放流和游泳动物恢复性增殖放流，积极恢复梭鱼、经济贝类、对虾

等主要海洋生物资源繁育生态环境。合理开发利用近海渔业资源,严格实施伏季休渔制度。严格限制在环境敏感区进行的建设和经营活动,保护海洋生物资源的可持续利用。

8.4.3　推进近岸海域环境综合治理,实施滨海湿地修复

（1）提升入海河口环境质量。在黄河口、小清河口等重点入海河口进行环境整治修复,通过河口清淤、土方综合利用、堤岸改造等措施,提升河口防洪、行洪能力,增强河口岸线稳固性。种植柽柳等湿地植被,改善入海河口区域的底质条件与底栖生态环境,净化入海水质,提升河口区域自然净化纳污能力与景观效果。

（2）加大近岸海域修复治理。加快对劣四类水质近岸海域的生态修复与治理,通过水道清淤、植被种植、堤塘改造等修复措施,开展近岸海域清理与整治,改善东营海域水动力及污染物稀释扩散条件,提升近岸海域环境容量与生态服务价值。

（3）强化岸线保护。实施最严格的岸线开发管控,对岸线周边生态空间实施严格的用途管制措施,统筹岸线、海域、土地利用与管理,加强岸线节约利用和精细化管理,进一步优化和完善岸线保护布局。除国家重大战略项目外,禁止新增占用自然岸线的开发建设活动,并通过岸线修复确保自然岸线（含整治修复后具有自然海岸形态特征和生态功能的岸线）长度持续增长。定期组织开展海岸线保护情况巡查和专项执法检查,严肃查处违法占用海岸线的行为。

（4）强化自然保护地选划和滨海湿地保护。落实自然保护地管理责任,坚决制止和惩处破坏生态环境的违法违规行为,严肃追责问责。实行滨海湿地分级保护和总量管控,分批确定重要湿地名录和面积,建立各类滨海湿地类型自然保护地。未经批准利用的无居民海岛,应当维持现状。

（5）加强河口海湾综合整治修复。因地制宜开展河口海湾综合整治修复,实现水质不下降、生态不退化、功能不降低,重建绿色海岸,恢复生态景观。沿海城市依法清除岸线两侧的违法建筑物和设施,恢复和拓展海岸基干林带范围。实施受损岸线治理修复工程,对基岩、砂砾质海岸,采取海岸侵蚀防护等措施维持岸滩岸线稳定;对淤泥质岸线、三角洲岸线以及滨海旅游区等,通过退养还滩、拆除人工设施等方式,清理未经批准的养殖池塘、盐池、渔船码头等;对受损砂质岸段,实施海岸防护、植被固沙等修复工程,维护砂质岸滩的稳定平衡。

（6）加强海岸带生态建设工程。渤海湾入海河流河口处建设海岸带,主要涉及黄河,且黄河为渤海湾主要污染源河流,具有河口海岸带建设的必要性。莱州湾包括广利河、支脉河,广利河、支脉河河口已开发利用为港口,现已有河口海岸带建设工程,具有加强的必要性。加大滨海湿地生态恢复力度,对遭破损的湿地采取自然修复和生态技术工程修复措施,复原湿地生态结构和功能,高水平建设滨海湿地公园。实施三角洲岸线整治修复,重点对带内污染严重、景观破坏、功能受损的自然岸线实施修复养护、退养还滩（湿）、入侵生物治理、构筑物清理、生态环境恢复,拓展公众亲水岸线,改善海岸景观。

8.5　以陆海统筹为导向,实施陆海一体化污染源控制与削减

（1）打造互联互通入海排污监测网络。完善重点入海污染源、入海河流断面、入海排污口监测站位布设,科学编制监测网络建设和运行方案,重点监控 TN、TP 等总量控制指标。将排污企业自行监测纳入近岸海域排污监测网络,排污单位应按照《企业事业单位环境信息公开办

法》及排污许可证的要求,开展自行监测并及时公开环境信息。

（2）开展总量控制成效评估及预警。构建科学合理的总量控制成效评估指标体系,定期开展总量控制成效评估。加强总量控制风险预警能力,及时发布总量预警信息,制定陆海协同的入海排污超量调查和执法方案,推进总量控制工作的适应性调整与有效实施。

（3）构建互联互通的信息共享机制。统筹协调海洋、环保、水利、渔业、海事等涉海部门信息资源,建立入海排污监测数据集成与共享机制,逐步推进环境监测、信息共享等领域的跨部门合作,形成东营海域排污总量控制合力。

（4）完善近岸海域环境质量监测体系。加强近岸海域环境质量监督性监测,强化陆源排污的分类监控,加强海岸带和海上开发活动环境影响的跟踪监视。健全完善海洋生态灾害和环境突发事件监测体系,利用多手段实现高危险区高频监视监测,加强突发环境事件风险防控能力。

（5）强化海洋环境监测管理支撑能力,增强社会公益服务水平。构建近岸海域污染物排放的全过程监测评价体系,加大基于生态系统的海洋综合管理研究,实现对海洋环境污染状况由现状管理向过程动态管理的转变和由单一要素管理向生态系统功能管理的转变。建立面向社会公众的海洋环境监测数据常态化公开机制,定期公开重点入海河流、入海排污口的监测结果,促进海洋环境社会参与和监督。及时发布海洋环境质量评价产品,根据公众需求优化业务服务内容,提供针对性强、关注度高的海洋公益服务。

8.6　基于牡蛎礁生态治理工程改善近岸海域环境

据调查显示,东营垦利区牡蛎礁斑块分布比较集中,总面积 0.24 km²,其主要礁区所占比例约为 95.8%。东营垦利区牡蛎礁主要为近江牡蛎,牡蛎壳长为 16.40~29.32 cm,平均壳长为 22.83 cm;壳高为 7.60~12.10 cm,平均壳高为 9.75 cm;平均埋栖深度为 12.23 cm。根据侧扫声呐结果,垦利牡蛎礁体边缘海底布满渔网拖痕,目前牡蛎礁受到大量拖网捕捞作业影响。基于目前东营垦利区的牡蛎礁现状,急需开展牡蛎礁修复工程,通过补充牡蛎幼体和构建礁体等方式进行牡蛎礁资源保护与修复。

目前,牡蛎礁资源调查与修复已受到国内学者的广泛关注且做了大量的牡蛎礁修复工作,成效显著。中国水产科学研究院东海水产研究所在长江口牡蛎礁生态系统修复中做了大量工作,开展了一系列生态修复工程,包括牡蛎增殖放流、补充牡蛎种群数量、构建人工礁体等。2004 年,东海水产研究所在长江口导堤进行生态修复,创建了面积约为 75 km² 的混凝土结构礁体,全为民等监测其恢复效果,发现牡蛎种群数量得到增长,并于 2007 年分析长江口巨牡蛎的生物富集功能,评估了牡蛎礁带来的经济价值和生态价值。沈新强等基于长江口牡蛎礁恢复的调查结果,估算了人工礁体具有的碳汇能力,发现牡蛎礁固碳能力较强,为我国碳汇渔业发展奠定良好的基础,对开展牡蛎礁恢复工作也具有指导意义。全为民等报道了江苏海门小庙洪牡蛎礁区内大型底栖动物现状,2016 年评价了江苏海门蛎蚜山的牡蛎礁生态现状,发现形势不容乐观,并提出牡蛎礁恢复的重点是增加附着底物;随后开展了蛎蚜山牡蛎礁的恢复工程(人工造礁),工程实施后大型底栖动物群落迅速增长,恢复工程取得初步成功。2013 年,天津大神堂牡蛎礁受到国家海洋局的重视,被确认为国家级海洋特别保护区予以保护。孙万胜等分析天津大神堂浅海活牡蛎礁区生物资源现状,天然活体牡蛎礁已遭到严重破坏,并提出开展增殖放流,天津市在该礁区完成人工礁体构建及种质资源补充。殷小亚等针对天津大神堂牡蛎礁区建设问题展开讨论,提出合理开发利用自然资源和轮捕轮放的建议。李青春等调查分析了天津大神堂牡蛎礁区修复效果,结果表明牡蛎礁区各项生态环境指标均有大幅度改善,群落结构水平更加复杂与稳定。

东营经济技术开发区的牡蛎种类比较单一,严重影响着牡蛎礁生态系统的稳定和自持能力,不利于东营近岸海域渔业经济的健康发展。在渤海综合治理攻坚战行动,黄河大保护、大治理等国家战略背景下,东营的区位特点决定了其海域生态环境治理的迫切需求和严格的标准,牡蛎礁重要生态系统的人工构建势在必行。

8.7 章末总结

研究区域污染物总量控制方案包含直接入海、间接入海、海上污染来源三大污染源的控制与削减。方案以陆海统筹为最终导向,实现陆海一体化污染源控制与削减,并以牡蛎礁生态治理工程建设作为近岸海域环境实际改善的典型范例,稳步开展污染物总量控制,实现东营开发区近岸海域水环境质量提升。直接入海污染源控制与削减以实施入海河流综合整治、规范入海排污口综合管理和加强海水养殖污染防控为主,综合考虑了黄河、广利河、支脉河、小清河 4 条国控入海河流以及永丰河、小岛河、溢洪河 3 条非国控入海河流,东营华泰化工集团有限公司和中信环境水务(东营)有限公司 2 个入海排污口,工厂化及坑塘 2 种养殖方式。间接入海污染源控制与削减考虑畜禽养殖源、污水处理厂源和城镇生活源 3 种东营开发区近岸海域最主要污染来源,从加强畜禽养殖污染防治、深入开展污水处理厂提标改造及规范城镇生活防治基础设施建设为抓手进行推进。海上污染源控制与削减主要考虑治理船舶和港口污染,防控海洋工程排污;严守海洋生态红线,实施海洋生态补偿;推进近岸海域环境综合治理,实施滨海湿地修复。

第9章　牡蛎礁生态修复治理工程

布设在近岸海域的牡蛎礁是欧美国家海岸带保护的重要组成部分,通过人工制成的礁体等附着物,成熟牡蛎产生的牡蛎幼虫吸附在牡蛎礁后,会永久性地粘合在礁体上,实现牡蛎礁的不断扩张。在礁体上,牡蛎可以大幅度地减少浮游植物和颗粒状有机碳的沉积,起到水质净化的作用。同时,牡蛎礁的构造会增加潮间带的空间异质性,并聚集大量的浮游动物,促进以浮游生物为食的鱼类和大型底栖无脊椎动物生长,使周围底栖动物的物种、密度和生物量增长。牡蛎礁不仅能够提供高效的经济和药用价值,还能保持生态系统稳定性,具有净化水质、提供栖息地和稳定海岸线等生态功能,是实施海洋生态修复工程很好的技术手段。因此,很有必要在我国实验种植人工牡蛎礁,为莱州湾生态环境修复治理工程做出示范。

9.1　研究背景

9.1.1　牡蛎礁的生态作用

牡蛎礁是由牡蛎长期积累和生长形成的典型生态系统,一般存在于潮间带或者潮下带,底质以砂质为主。研究表明,牡蛎礁拥有改善水质、提供栖息地、稳定海岸线等功能,对维持生态系统稳定发挥着重要的作用。目前,对牡蛎礁功能的研究主要集中在沿海保护和生态功能等方面。Volety 等评价了佛罗里达州西南大陆架生态系统中牡蛎礁的生态价值;Megan 等监测墨西哥湾(2009—2012 年)牡蛎礁恢复效果,并系统地评价了牡蛎礁的生态服务功能。牡蛎礁最重要的生态功能之一是净化水质,作为滤食性动物,牡蛎具有较强的过滤能力,每个牡蛎每天可以过滤 40~50 加仑(1 加仑 =3.79 L)的水,每年的过滤能力相当于净化污水 7.31×10^6 t。牡蛎过滤水体中的氮和悬浮碎屑物以及其他微粒,使水质得到进一步改善,提高水体透明度,促进浮游植物和海草等沉水植物进行光合作用,提高水域环境的初级生产力。据报道,活牡蛎及其贝壳是硝化和反硝化的场所,海湾和河口牡蛎礁的修复可以有效降低水体富营养化程度。此外,有研究表明,牡蛎软组织对高浓度污染物具有累积作用,使悬浮颗粒物中有害的污染物浓度得到有效降低。Lim 等在马来西亚污染严重的河口区发现,牡蛎对铜、锌等金属有较强的富集能力;Dame 等研究表明,牡蛎对锌、镉等重金属有富集和净化作用。东营垦利区海域牡蛎礁区与非礁区 11 个站位春季和秋季的表层水和沉积物样品检测结果表明,牡蛎礁可以有效降低无机氮、硅酸盐和活性磷酸盐浓度。

9.1.2　牡蛎礁在我国的分布情况

中国近海沿岸从北至南也分布着多处全新世牡蛎礁,如天津市、江苏小庙洪、福建深沪湾、台湾西海岸、广州市等地。聚焦渤海湾,其沿海平原若大致以海河为界,则北侧可称为牡蛎礁平原,南侧可称为贝壳堤平原。北侧的天津市宁河区、宝坻区、东丽区、滨海新区(原塘沽区、汉沽区)及河北省唐山市丰南区等面积近 5 000 km² 的沿海低地,迄今已发现 50 余处埋藏于地下的古牡蛎礁。自距今约 7 840 年以来持续有牡蛎礁在渤海湾西北岸发育,其中 950~7 840 年前的 I 至 VIII 道礁群,均已被沉积物覆盖而埋藏于地下。现代的天津大神堂牡蛎礁就是在这一背景下发育的,是对全新世埋藏牡蛎礁的继承,亦说明渤海湾西北岸的环境长久以来都具备适合牡蛎礁生长发育的条件。对比而言,台湾西海岸原生礁体则因高能波浪作用难以保存,但全新世地层中仍存有厚数十厘米的牡蛎层。根据有限的文献资料,目前中国已有研究的牡蛎礁主要分布于天津大神堂、江苏小庙洪、山东莱州湾、福建深沪湾和金门等海区。

9.1.3　我国已开展的牡蛎礁生态修复相关工作

2020 年,在我国发布的《海岸带生态系统现状调查与评估技术导则》以及《海岸带生态减灾修复技术导则》等标准中,将牡蛎礁作为一种重要海岸带栖息地,提出专章专节的技术指南。2021 年 7 月,自然资源部办公厅印发《海洋生态修复技术指南(试行)》,将牡蛎礁生态修复纳入其中,提出牡蛎礁生态修复原则、修复流程和措施等技术要求。但由于资料的缺失,牡蛎礁的生态功能未得到全面认识,相关的保护与修复政策制定和系统性修复工作也未全面开展,有些生态修复工作也只是零星分布,例如中国水产科学研究院东海水产研究所在长江口牡蛎礁生态系统修复中做了大量工作,开展的一系列生态修复工程包括牡蛎增殖放流、补充牡蛎种群数量、构建人工礁体等。2004 年,东海水产研究所在长江口导堤进行生态修复,创建了面积约为 75 km² 的混凝土结构礁体,全为民等监测其恢复效果,发现牡蛎种群数量得到增长,并于 2007 年分析长江口巨牡蛎的生物富集功能,评估了牡蛎礁带来的经济价值和生态价值。沈新强等基于长江口牡蛎礁恢复的调查结果,估算了人工礁体具有的碳汇能力,发现牡蛎礁固碳能力较强,为我国碳汇渔业发展奠定良好的基础,对开展牡蛎礁恢复工作也具有指导意义。全为民等报道了江苏海门小庙洪牡蛎礁区内大型底栖动物现状,2016 年评价了江苏海门蛎蚜山的牡蛎礁生态现状,发现形势不容乐观,并提出牡蛎礁恢复的重点是增加附着底物;随后开展了蛎蚜山牡蛎礁的恢复工程(人工造礁),工程实施后大型底栖动物群落迅速增长,恢复工程取得初步成功。2013 年,天津大神堂牡蛎礁受到国家海洋局的重视,被确认为国家级海洋特别保护区予以保护。孙万胜等分析天津大神堂浅海活牡蛎礁区生物资源现状,天然活体牡蛎礁已遭到严重破坏,并提出开展增殖放流,天津市在该礁区完成人工礁体构建及种质资源补充。殷小亚等针对天津大神堂牡蛎礁区建设问题展开讨论,提出合理开发利用自然资源和轮捕轮放的建议。李青春等调查分析天津大神堂牡蛎礁区修复效果,结果表明牡蛎礁区各项生态环境指标均有大幅度改善,群落结构水平更加复杂与稳定。

9.1.4　牡蛎礁修复典型案例

1. 国际修复案例

美国切萨皮克湾哈里斯溪牡蛎礁修复项目可追溯至 20 世纪 20 年代,修复工作已有数十年之久,但近些年来随着相关科学知识的增加和经验的积累,在 13508 号总统行政令(2009年)、切萨皮克湾流域各州州长与联邦政府签署的《切萨皮克湾流域协议》(2014 年)这两项政策的推动下,开始了更大规模、多方协作的牡蛎礁修复工作。这两项政策要求在 2025 年前恢复切萨皮克湾 10 条支流中的牡蛎礁栖息地。在 13508 号总统行政令支持下,由科学家、联邦政府和州政府的资源管理者组成的专家工作组为切萨皮克湾 10 条支流的牡蛎礁修复制定了礁体尺度和支流尺度的修复目标——"切萨皮克湾牡蛎指标",作为哈里斯溪牡蛎礁修复计划的基础。

由美国联邦政府和马里兰州政府共同出资 5 300 万美元,在 2011—2015 年在哈里斯溪内共建造了 142 公顷牡蛎礁,投放了超过 20 万立方米的底质物,用于构建高度为 0.15~0.3 m 的礁体,并投放了超过 20 亿个附壳幼体,移植密度通常为每公顷 1 250 万株幼苗。截至 2017 年底,哈里斯溪内 98% 的礁体都达到了"切萨皮克湾牡蛎指标"中牡蛎生物量和密度的最低值要求, 75% 的礁体都达到了理想值。Kellogg 用模型估算哈里斯溪修复的牡蛎礁每年可移除 46 650 kg 氮和 2 140 kg 磷,这一生态系统服务功能每年至少创造相当于 300 万美元的环境治理价值。目前,哈里斯溪使用的牡蛎礁修复方法已被推广应用到切萨皮克湾其余 9 条需要大规模修复牡蛎礁的支流,修复成效显著。

2. 国内修复案例

浙江三门牡蛎礁修复研究试点项目。近几十年来,受多重威胁因素的影响,健跳港牡蛎礁栖息地及其种质资源发生一定程度的退化,例如早期河道采挖泥沙引起河口淤积使适宜牡蛎生长的面积减少,湾内筏式吊养养殖的外来牡蛎品种对当地野生牡蛎种群造成一定干扰。为养护健跳港的牡蛎种质资源,三门县农业农村局积极探索解决方案,并于 2021 年联合三门县自然资源和规划局、台州市生态环境局三门分局在这里规划设立了三门县牡蛎种质资源保护基地。2019 年,在中国水产学会和三门县人民政府的支持下,TNC 与中国水产科学研究院东海水产研究所在健跳港上游的蛎江滩启动了以修复牡蛎礁为基础的三门牡蛎种质资源养护研究项目,采用成本低且易获得的石块作为底质物进行投放的修复策略。在礁体设计上,选用直径约 10~30 cm、形状不规则、大小不一的石块作为底质物;投放时,为减少泥沙淤积影响,各礁体的长边平行于水流方向。此外,为研究不同潮位牡蛎物种的固着和生长情况,项目团队分别在潮间带区域的高潮位与低潮位构建礁体,以进行对比实验。修复三年后的礁体上牡蛎平均密度约为 1 897 个 /m²,显著高于对照区(未修复的光滩);从牡蛎礁上采集到的定居性大型底栖动物共计 5 类 22 种,平均密度约为 240 个 /m²,其种类和密度分别约为对照区的 22 倍和 120 倍。长礁体(8 m)上的牡蛎密度和定居性大型底栖动物密度对比短礁体(2 m)有显著的提升,初步显示长礁体能够更好地适应泥沙淤积。

9.1.5　东营垦利区牡蛎礁修复的可行性和必然性分析

东营近岸海域位于莱州湾海域,据调查显示,东营垦利区牡蛎礁斑块分布比较集中,总面积为 0.24 km²,其主要礁区所占比例约为 95.8%。东营垦利区牡蛎礁主要为近江牡蛎,牡蛎壳长为 16.40~29.32 cm,平均壳长为 22.83 cm;壳高为 7.60~12.10 cm,平均壳高为 9.75 cm;平均埋栖深度为 12.23 cm。根据侧扫声呐结果,垦利牡蛎礁体边缘海底布满渔网拖痕,目前牡蛎礁受到大量拖网捕捞作业影响。2021 年,自然资源部北海局、中国科学院海洋研究所联合山东黄河三角洲国家级自然保护区管理委员会,对保护区内黄河口站、大汶流站等区域开展牡蛎资源的相关调查与监测工作,发现在采油区防浪堤存在大量的长牡蛎野生种群。此外,对渔民在垦利区海域零星捕捞到的近江牡蛎样品的年龄组成进行分析发现, 2~3 龄近江牡蛎达到捕捞样品的 65% 以上, 1~2 龄近江牡蛎样品达 22%,当年生近江牡蛎稚贝约占 10%,少见 3 龄以上成体。这表明该海域的近江牡蛎种群在遭受到破坏性地采捕后,已有所恢复,推测是受

2020—2021 年较强降水造成的大量淡水注入影响而恢复。天然牡蛎补充量的提升也大大增加了后期在该区域开展牡蛎礁修复工作的可行性。

牡蛎礁的破坏直接影响了莱州湾生态系统的稳定性和自持能力，从而影响了东营近岸海域渔业经济的健康发展。在目前的深入打好重点海域综合治理攻坚战、黄河大保护大治理等国家战略背景下，东营的区位特点决定了其海域生态环境治理的迫切需求和严格标准，亟须通过开展牡蛎礁修复工程，补充牡蛎幼体和构建礁体等方式进行牡蛎礁资源保护与修复，从而进一步修复莱州湾黄河口的生态系统，实现近岸海域水质持续改善，使美丽中国建设稳步推进。

9.2　牡蛎礁修复工程

9.2.1　修复工作目标

东营开发区重点海域牡蛎礁生态治理工程位于东营开发区以东海域，离岸距离为 5 km，在东营开发区重点海域建设 45 亩牡蛎礁生态修复工程，牡蛎礁礁体上附着牡蛎个体（活体）密度不低于 5 个 /m²。

9.2.2　修复内容

在实施区域，采用打桩的形式进行固定，在木桩上用绳网拉结方式固定幼体牡蛎苗，苗种为长牡蛎，采苗季节，以牡蛎壳为附着基，每个牡蛎壳间距为 5 cm，每串 100 个贝壳，每个贝壳附牡蛎苗 2~3 个，每串共附着 200 个苗。待牡蛎礁稳定后，取出绳网和木桩。一是向海侧按照每根木桩横向、纵向间隔 1 m 进行排列，纵向共设置 6 排；二是中间按照梅花桩式排列，每组设置木桩 7 根，每组间距 10 m，纵向共设置 3 排，共计构建 2 700 根桩。

9.2.3　修复实施情况

2022 年 6 月，在东营开发区重点海域建设 45 亩牡蛎礁生态修复工程。在实施区域，采用打桩机打桩的形式进行固定，所选用木桩为 4 m/ 根，材质为东北落叶松，用打桩机把木桩打入泥沙 1 m，外露 3 m。木桩用绳网拉结固定幼体牡蛎苗，每一串牡蛎苗都固定在桩体 1.5 m 的位置以下，苗种选择太平洋牡蛎，采苗季节，以扇贝壳为附着基，每个扇贝壳间距 5 cm，每串 100 个贝壳，每个贝壳附苗 2~3 个，每串共附着 200 个苗。

由海向陆方向分两种类型构建牡蛎礁：一是向海侧按照每根木桩横向、纵向间隔 1 m 进行排列，纵向共设置 6 排；二是中间按照梅花桩式排列，每组设置木桩 7 根，每根木桩间距 3 m，每组间距 10 m，纵向共设置 3 排，共计 2 700 根桩。

9.2.4　修复位置

修复位置位于东营开发区近岸海域国控站点附近的河口区域。

9.3 牡蛎礁修复效果评估

9.3.1 调查内容

对东营开发区重点海域牡蛎礁生态治理工程的修复情况进行生态调查与评估,掌握牡蛎礁生态系统的分布、现状、变化趋势、生态环境压力等情况,探索不同深度牡蛎礁的活体盖度,了解牡蛎礁生态系统的重要生态作用。

结合生态修复方案,开展修复区域牡蛎礁、生物群落、环境要素、威胁因素等内容的调查,见表 9.3-1。根据《海岸带生态系统现状调查与评估技术导则 第 7 部分:牡蛎礁》(T/CAOE 20.7—2020)要求进行调查。

表 9.3-1 牡蛎礁生态系统调查内容

调查内容	调查要素	调查方式
牡蛎礁	礁体:牡蛎礁斑块面积、礁体高度	现场调查
	牡蛎:物种、密度、补充量、活体壳高、干肉重和干壳重	
生物群落	大型底栖生物:种类、密度	
	浮游植物:种类、密度	
环境要素	水环境:水温、盐度、流速、溶解氧、pH 值	
	底质环境:底质类型	
威胁因素	自然因素:捕食者、竞争者	资料收集、现场调查
	人为因素:捕捞、滤食性贝类养殖、海洋工程、污染排放	资料收集、社会调查、现场调查

9.3.2 断面和站位布设

1. 生物群落、环境要素调查站位

调查站位共计 11 个,其中 6 个站位可开展生物群落调查,11 个站位均开展环境要素调查,6 个站位可开展底质类型调查,具体情况见表 9.3-2 和图 9.3-1。

表 9.3-2 调查站位表

站号	纬度	经度	监测项目
1	37° 26′ 47.006″	118° 58′ 9.128″	生物群落、环境要素
2	37° 26′ 47.016″	118° 58′ 57.351″	环境要素
3	37° 25′ 36.976″	118° 58′ 10.878″	环境要素
4	37° 25′ 37.844″	118° 58′ 59.519″	生物群落、环境要素
5	37° 26′ 13.956″	118° 57′ 41.266″	生物群落、环境要素
6	37° 26′ 11.403″	118° 59′ 29.970″	生物群落、环境要素
7	37° 26′ 16.512″	118° 58′ 33.055″	环境要素

续表

站号	纬度	经度	监测项目
8	37°26′15.361″	118°58′26.507″	生物群落、环境要素
9	37°26′15.218″	118°58′39.002″	生物群落、环境要素
10	37°26′14.083″	118°58′32.970″	环境要素
11	37°26′15.370″	118°58′32.980″	环境要素

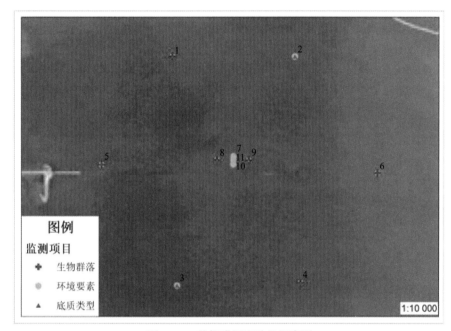

图 9.3-1　牡蛎礁调查站位示意图

2. 牡蛎礁、威胁因素调查

调查牡蛎礁修复区域的牡蛎修复面积、牡蛎礁体的布设情况。开展牡蛎物种、密度、补充量、活体壳高、干肉重、干壳重和威胁因素等的调查。掌握并绘制牡蛎礁的分布范围、面积和形状等。

9.3.3　调查方法

牡蛎礁:牡蛎礁修复面积部分采用现场 GPS 测量,牡蛎物种、密度、补充量、活体壳高、干肉重、干壳重现场采样调查。

底栖生物、水体环境:依据《海洋监测规范》(GB 17378—2007)、《海洋调查规范》(GB/T 12763—2007)对生物样品、水样和泥样进行现场采集、保存、处理、测定及分析。

底质环境:现场判别底质类型,分为硬相底质(岩石、生物礁体、混凝土等)和软相底质(泥滩、泥沙滩、沙滩等)。

生境威胁:通过收集资料、实地走访、拍照记录等方式记录周围围填海、养殖、拖网捕捞、航道等可能威胁牡蛎礁生态系统的人类活动。

牡蛎礁调查生态系统现状项目分析方法见表 9.3-3。

表 9.3-3   牡蛎礁调查生态系统现状项目分析方法

类别	分析项目		分析方法	引用标准
环境要素	水温		CTD 法、表层水温表法	《海洋调查规范 第 2 部分:海洋水文观测》(GB/T 12763.2—2007)5.2.1
	盐度		盐度计法	《海洋监测规范 第 4 部分:海水分析》(GB 17378.4—2007)29.1
	溶解氧		碘量法	《海洋监测规范 第 4 部分:海水分析》(GB 17378.4—2007)29.1
	pH 值		pH 计法	《海洋监测规范 第 4 部分:海水分析》(GB 17378.4—2007)26
	无机氮		流动分析法	《海洋监测技术规程 第 1 部分:海水》(HY/T 147.1—2013)
	悬浮物		重量法	《海洋监测规范 第 4 部分:海水分析》(GB 17378.4—2007)27
生物群落	大型底栖	种类、密度	个体计数法	《海洋监测规范 第 7 部分:近海污染生态调查和生物监测》
	浮游植物	种类、密度	个体计数法	《海洋监测规范 第 7 部分:近海污染生态调查和生物监测》(GB 17378.7—2007)5
	浮游动物	种类、密度	个体计数法	《海洋监测规范 第 7 部分:近海污染生态调查和生物监测》(GB 17378.7—2007)6

9.3.4   调查结果

东营开发区重点海域牡蛎礁生态治理工程修复面积及分布状况主要通过现场 GPS 测量确定。

2022 年 9 月 29 日,在东营开发区重点海域牡蛎礁生态治理工程修复处进行现场调查并采集样品。通过实验室分析,本项目修复牡蛎物种为长牡蛎(Crassostrea gigas,别名太平洋牡蛎),牡蛎修复面积为 3.065 9 公顷(45.99 亩)。现场调查图片如图 9.3-2 和图 9.3-3 所示,牡蛎礁修复区域位置及面积如图 9.3-4 所示。

图 9.3-2   现场调查照片 1

图 9.3-3　现场调查照片 2

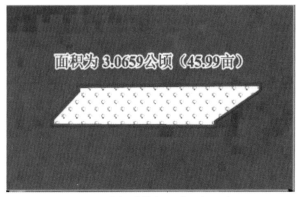

图 9.3-4　牡蛎礁修复区域面积示意图

9.3.5 牡蛎生长状况

2022 年 6 月 30 日,牡蛎挂苗完成,苗种选择太平洋牡蛎,苗种壳长约 0.5 cm,以扇贝壳为附着基,串挂于木桩之上。自挂苗起,牡蛎生长进度情况如图 9.3-5 所示。根据现场调查情况可知,自挂苗起,牡蛎逐渐生长,8 月 5 日调查时可见扇贝壳上有较多藤壶生长。

(a)2022 年 7 月 1 日现场监测情况   (b)2022 年 7 月 13 日现场监测情况

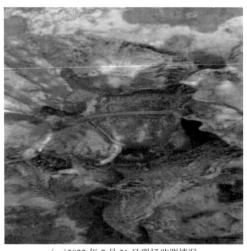

(c)2022 年 7 月 21 日现场监测情况   (d)2022 年 8 月 5 日现场监测情况

图 9.3-5   现场监测情况

2022 年 9 月 29 日,采集牡蛎礁修复区域 7~11 号调查站位的牡蛎,现场采集 7~11 号站位 1/10 竹竿(提前放置好的竹竿)长度的牡蛎样品,采集到的牡蛎如图 9.3-6 所示。

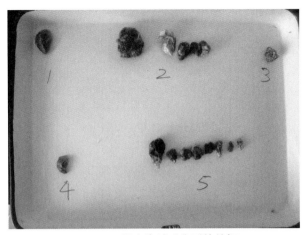

图 9.3-6　调查海域采集到的牡蛎

经鉴定,牡蛎礁修复区域的牡蛎主要为长牡蛎(Crassostrea gigas)。

9.3.6　牡蛎密度

在牡蛎礁修复区域共采集了 5 个站点的牡蛎样品,牡蛎密度见表 9.3-4。

表 9.3-4　牡蛎礁修复区域牡蛎数量统计

站号	牡蛎密度(ind/m²)
7	10
8	60
9	10
10	10
11	80

牡蛎礁修复区域牡蛎密度在 10~80 ind/m² 间,平均值为 34 ind/m²。

9.3.7　活体壳高

本次监测采集到的牡蛎礁修复区域牡蛎壳高在 11.77~51.62 mm,平均值为 28.61mm。其中, 7 号站采集到的样品壳高为 41.66 mm;8 号站采集到的样品壳高在 26.69~51.62 mm,平均壳高为 35.84 mm;9 号站采集到的样品壳高为 20.73 mm;10 号站采集到的样品壳高为 26.83 mm;11 号站采集到的样品壳高在 11.77~40.74 mm,平均壳高为 22.77 mm。8 号站、11 号站牡蛎壳高频率分布情况如图 9.3-7 和图 9.3-8 所示。

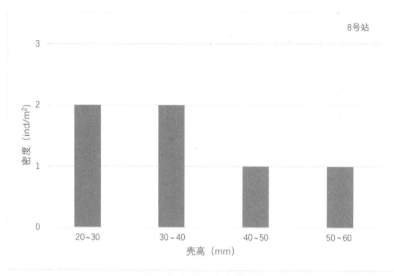

图 9.3-7　牡蛎壳高频率分布情况（8 号站）

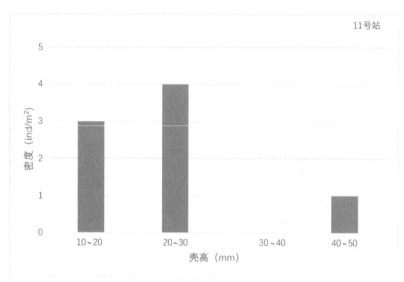

图 9.3-8　牡蛎壳高频率分布情况（11 号站）

9.3.8　成体牡蛎比例

本次监测以壳高 60 mm 的牡蛎为成体牡蛎标准，经过计算得出，修复区域 5 个调查站位内成体牡蛎比例为 0，即无成体牡蛎。

9.3.9　牡蛎肥满度

本次监测采集到的修复区域牡蛎肥满度在 2.53%~5.25%，平均值为 3.98%。其中，7 号站采集到的牡蛎肥满度为 2.53%；8 号站采集到的牡蛎肥满度在 3.20%~5.10%，平均值为 4.05%；9 号站采集到的牡蛎肥满度为 4.87%；10 号站采集到的牡蛎肥满度为 5.25%；11 号站采集到的牡蛎肥满度在 3.24%~4.49%，平均值为 3.77%。具体数据见表 9.3-5。

表 9.3-5　修复区域牡蛎肥满度统计

站位	样品	肥满度	平均肥满度
7	7-1	2.53%	2.53%
8	8-1	3.20%	4.05%
	8-2	4.08%	
	8-3	5.10%	
	8-4	3.94%	
	8-5	3.96%	
9	9-1	4.87%	4.87%
10	10-1	5.25%	5.25%
11	11-1	4.49%	3.77%
	11-2	3.48%	
	11-3	3.89%	
	11-4	3.24%	
	11-5	3.73%	

修复区域牡蛎种类为长牡蛎(Crassostrea gigas)；牡蛎密度为 34 ind/m^2 , 满足牡蛎礁礁体上附着牡蛎个体(活体)密度不低于 5 个 /m^2 的要求；牡蛎苗种壳高为 5 mm 左右，经过近三个月的生长，牡蛎壳高在 11.77~51.62 mm，平均值为 28.61 mm；成体牡蛎比例为 0%；牡蛎肥满度的平均值为 3.98%；现场可见作为牡蛎附着基的扇贝壳上生长有较多藤壶。

9.3.10　生物群落

1. 底栖生物(采泥器采集)

1) 监测站位布设

根据牡蛎礁生态系统的分布情况，设置 6 个底栖生物监测站位。

2) 采样方法

监测方法按照《海洋监测规范 第 7 部分：近海污染生态调查和生物监测》(GB 17378.7—2007)的要求执行，样品采集使用 0.05 m^2 采泥器，每站位取 4 次。

3) 监测结果

Ⅰ. 种类组成

2022 年 9 月，在对修复区域附近海域生态系统进行的调查中，共鉴定出大型底栖动物 3 门 16 种。其中，环节动物门 8 种，占种类组成的 50.0% , 种类组成上占明显优势；软体动物门 5 种，占种类组成的 31.3%；节肢动物门 3 种，占种类组成的 18.8%，具体见表 9.3-6 和图 9.3-9。

表 9.3-6   底栖生物种名录

序号	中文名	拉丁名
环节动物门		
1	毛须鳃虫	Cirriformiafiligera（delle Chiaje，1825）
2	西方似蛰虫	Amaeana occidentalis（Hartman，1944）
3	昆士兰稚齿虫	Prionospio（Prionospio）queenslandica（Blake et Kudenov，1978）
4	乳突半突虫	Phyllodoce（Anaitides）papillosa（Uschakovet Wu，1959）
5	寡鳃齿吻沙蚕	Nephtys oligobranchia（Southern，1921）
6	双唇索沙蚕	Lumbrineris cruzensis（Hartman，1944）
7	独指虫	Aricidea（Aricidea）fragilis（Webster，1879）
8	不倒翁虫	Sternaspis sculata（Renier，1807）
软体动物门		
9	红带织纹螺	Nassarius succinctus（A.Adams，1851）
10	内卷原盒螺	Eocylichna involute（A.Adams，1850）
11	经氏壳蛞蝓	Philine kinglipini（Tchang，1934）
12	江户明樱蛤	Moerellajedoensis（Lischke，1872）
13	小亮樱蛤	Nitidotellinaminuta（Lischke，1872）
节肢动物门		
14	宽甲古涟虫	Eocuma lata（Calman，1907）
15	日本拟背尾水虱	Paranthura japonica（Richardson，1909）
16	短角双眼钩虾	Ampeliscabrevicornis（Costa，1853）

Ⅱ. 生物量组成与分布

调查海域大型底栖动物生物量平均值为 1.07 g/m²,各站位生物量分布范围在 0.05~2.65 g/m²。各站位间生物量差别较小,最大值出现在 1 号站位,最小值出现在 9 号站位。各类群生物量组成百分比:软体动物密度占总生物量的 80.47%,环节动物占比为 15.63%,节肢动物占比 为 3.91%。由此可知,本次调查大型底栖动物生物量组成中,软体动物生物量占绝对优势。底栖生物生物量分布趋势如图 9.3-10 所示,底栖生物生物量主要为软体动物(图 9.3-11)。

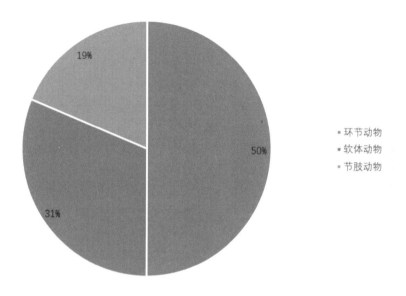

图 9.3-9　底栖生物种类组成

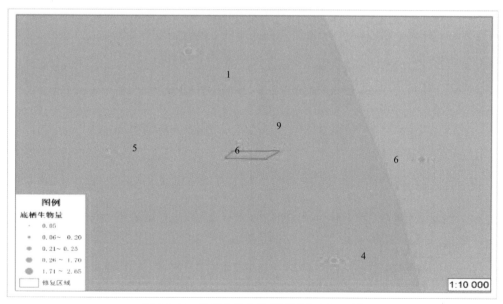

图 9.3-10　底栖生物生物量平面分布（g/m²）

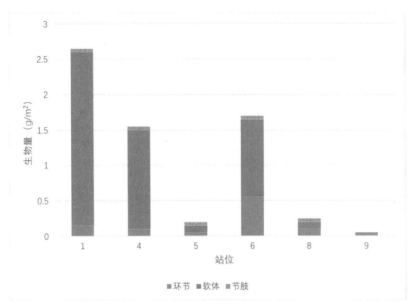

图 9.3-11　底栖生物生物量组成

Ⅲ.密度组成与分布

调查海域大型底栖动物平均密度为 92.5 个 /m²,各站位密度波动范围在 10~150 个 /m²。各站位间密度差别较明显,最大值出现在 6 号站位,最小值出现在 9 号站位。各类群密度组成百分比:环节动物和软体动物密度分别占总密度的 45.05%,节肢动物占比为 9.91%(图 9.3-12)。调查海域底栖生物密度组成以环节动物和软体动物占优势(图 9.3-13)。

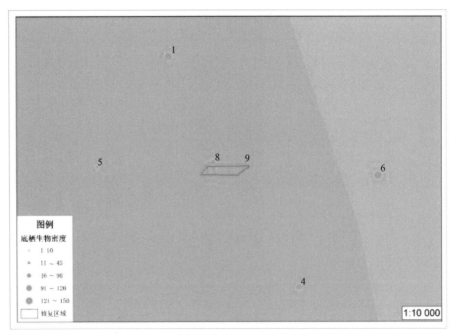

图 9.3-12　底栖生物密度平面分布(个 /m²)

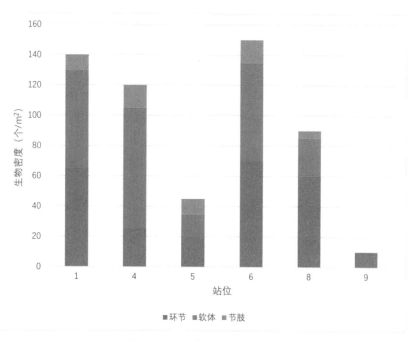

图 9.3-13　底栖生物密度组成

Ⅳ. 优势种分布特征

调查海域采集的底栖生物优势种为双唇索沙蚕、寡鳃齿吻沙蚕、江户明樱蛤、小亮樱蛤、短角双眼钩虾、经氏壳蛞蝓和西方似蛰虫。其中，双唇索沙蚕优势度最高，站位出现率均为 67%，个体数量占被调查海域个体数量的 19.0%，平均密度为 37.50 个 /m²；不倒翁虫为第二优势种，站位出现率均为 67%，个体数量占被调查海域个体数量的 10.1%，平均密度为 20.00 个 /m²；豆形胡桃蛤为第三优势种，站位出现频率为 67%，个体数量占被调查海域个体数量的 8.0%，平均密度为 15.83 个 /m²。底栖生物优势种密度分布如图 9.3-14 所示。

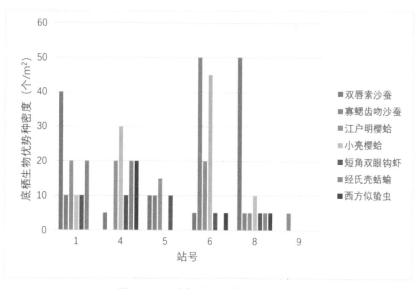

图 9.3-14　底栖生物优势种密度分布

V.群落特征

调查海域底栖生物群落特征参数值统计结果见表9.3-7。各站位底栖生物多样性指数平均值为2.24,各站位波动范围在1.00~2.92。本次调查中,调查海域5、9号站位大型底栖动物平均多样性指数低于2、高于1,底栖生物群落结构较差;其余站位高于2,群落结构一般。

表9.3-7 调查海域底栖生物群落特征参数统计表

站位	种类数	密度 (个/m²)	生物量 (g/m²)	多样性指数	均匀度	丰富度	优势度
1	9	140	2.65	2.92	0.92	1.12	0.43
4	8	120	1.55	2.77	0.92	1.01	0.42
5	4	45	0.2	1.97	0.99	0.55	0.56
6	10	150	1.7	2.58	0.78	1.24	0.63
8	8	90	0.25	2.21	0.74	1.08	0.67
9	2	10	0.05	1.00	1.00	0.30	1.40
最小值	2	10	0.05	1.00	0.74	0.30	0.42
最大值	10	150	2.65	2.92	1.00	1.24	1.40
平均值	7	92.5	1.07	2.24	0.89	0.88	0.68

VI.类比分析

回顾性分析资料引用中国海洋大学于2020年10月的调查资料,选取站位与水质回顾性分析相一致,通过对比可知,本次调查底栖生物种类数、平均密度和多样性指数均值均略低于2020年,生物量略高于2020年,具体见表9.3-8。

表9.3-8 生物多样性分析结果

调查时间	种类数	生物量(g/m²)		生物密度(个/m²)		多样性指数	
		范围	均值	范围	均值	范围	均值
2020年10月	33	0.004~0.56	0.14	12~290	116.8	1.92~3.36	2.76
2022年9月	16	0.24~35.88	1.07	10~150	92.5	1.00~2.92	2.24

VII.监测总结

调查海域共获底栖生物3门16种,环节动物门在种类组成上占明显优势;优势种包括双唇索沙蚕、寡鳃齿吻沙蚕、江户明樱蛤、小亮樱蛤、短角双眼钩虾、经氏壳蛣螺和西方似蛰虫7种;平均密度为92.5个/m²;生物量平均值为1.07 g/m²;多样性指数平均值为2.24,均匀度指数平均值为0.89,丰富度平均值为0.88,站位优势度平均值为0.68,多样性指数处于一般水平。

2.浮游植物

1)监测方法

I.监测站位布设

根据牡蛎礁生态系统的分布情况,设置6个浮游植物监测站位。

Ⅱ.采样方法

监测方法按照《海洋监测规范 第 7 部分:近海污染生态调查和生物监测》(GB 17378.7—2007)5 的要求执行,浮游植物样品采用浅水Ⅲ型浮游生物网,自底(距底 2 m)至表垂直拖网取得。

2)监测结果

Ⅰ.种类组成

2022 年 9 月,在调查海域共鉴定出浮游植物 2 门 35 种。其中,硅藻门 32 种,占种类组成的 91.4%,在种类组成上占明显优势;甲藻门 3 种,占种类组成的 8.6%(见表 9.3-9 和图 9.3-15)。

表 9.3-9 浮游植物种名录

序号	中文名	拉丁名
硅藻门		
1	尖刺伪菱形藻	Pseudo-nitzschia pungens（Grunow）Hasle
2	扭鞘藻	Streptotheca thamesis Schrubsole
3	星脐圆筛藻	Coscinodiscus asteromphalus Ehrenberg
4	偏心圆筛藻	Coscinodiscus excentiicus Ehrenberg
5	格氏圆筛藻	Coscinodiscus granii Gough
6	琼氏圆筛藻	Coscinodiscusjonesianus
7	虹彩圆筛藻	Coscinodiscus oculus-iridis Ehrenberg
8	威氏圆筛藻	Coscinodiscus wailesii Gran & Angst
9	圆筛藻	Coscinodiscus sp.
10	爱氏辐环藻	Actinocyclus ehrenbergi Ralfs
11	优美旭氏藻矮小变形	Schroederella delicatulaf.schroderi
12	中肋骨条藻	Skeletonema costatum Cleve
13	菱软几内亚藻	Guinardia flaccida Peragallo
14	刚毛根管藻	Rhizosoleniasetigera Brightwell
15	斯氏根管藻	Rhizosoleniastolterfothii Peragallo
16	透明辐杆藻	Bacteriastrum hyalinum Lauder
17	辐杆藻	Bacteriastrum sp.
18	卡氏角毛藻	Chaetoceros castracanei Karsten
19	扁面角毛藻	Chaetoceros compressus Lauder
20	旋链角毛藻	Chaetoceros curvisetus Cleve
21	柔弱角毛藻	Chaetoceros debilis Cleve
22	并基角毛藻	Chaetoceros decipiens Cleve
23	冕孢角毛藻	Chaetoceros subsecundus Hustedt
24	劳氏角毛藻	Chaetoceros lorenzianus Grunow
25	暹罗角毛藻	Chaetocerossiamense Ostenfeld

序号	中文名	拉丁名
26	聚生角毛藻	Chaetoceros socialis Lauder
27	密联角毛藻	Chaetoceros densus（Cleve）Cleve
28	角毛藻	Chaetoceros spp.
29	长耳盒形藻	Biddulphia longicruris Greville
30	佛氏海线藻	Thalassionema frauenfeldii（Grunow）Grunow
31	布纹藻	Gyrosigma sp.
32	菱形藻	Nitzschia sp.
甲藻门		
33	夜光藻	Noctiluca scintillans Swerzy
34	叉角藻	Ceratium furcav.berghii
35	三角角藻	Ceratium tripos（Muller）Nitzsch

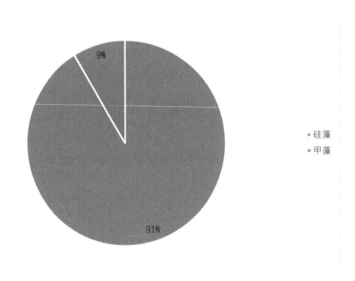

图 9.3-16　浮游植物种类组成

Ⅱ. 生物密度组成与分布

调查海域监测站位浮游植物生物密度变化范围在（131.04~11 200）× 10^4 个 /m²，平均值为 2 565.65 × 10^4 个 /m²。浮游植物生物密度分布最高值出现在 6 号站位，最低值出现在 8 号站位（图 9.3-16）。

Ⅲ. 优势种分布特征

浮游植物优势种为劳氏角毛藻（Chaetoceros lorenzianus）、旋链角毛藻（Chaetoceros curvisetus）、中肋骨条藻（Skeletonemacostatum）、角毛藻（Chaetoceros spp.）和尖刺伪菱形藻（Pseudo-nitzschia pungens）。

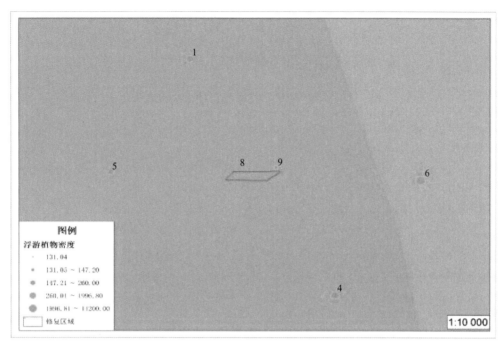

图 9.3-16　浮游植物生物密度组成

劳氏角毛藻站位出现率均为 100%，个体数量占被调查海域个体数量的 43.9%；旋链角毛藻站位出现率均为 67%，个体数量占被调查海域个体数量的 19.1%；中肋骨条藻站位出现率均为 50%，个体数量被调查海域个体数量的 13.1%；角毛藻站位出现率均为 100%，个体数量占被调查海域个体数量的 4.6%；尖刺伪菱形藻站位出现率均为 50%，个体数量占被调查海域个体数量的 5.6%。浮游植物优势种密度分布如图 9.3-17 所示。

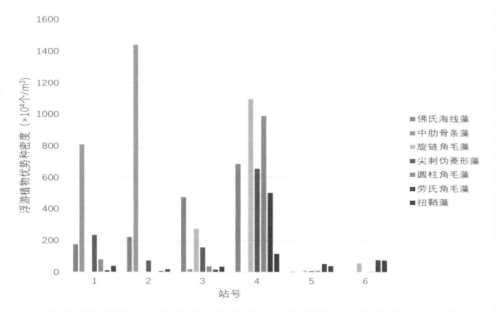

图 9.3-17　浮游植物优势种密度分布

Ⅳ.群落特征

浮游植物群落特征参数值统计结果见表 9.3-10。各站位浮游植物多样性指数十分不均匀,在 0.46~2.86,平均值为 2.12,浮游植物群落结构稳定性一般。

表 9.3-10　调查海域浮游植物群落特征参数统计表

站位	种类数	细胞数量 （×10⁴ cell/m³）	多样性指数	均匀度	丰富度	优势度
1	11	1 996.8	0.46	0.13	0.41	0.96
4	22	1 658.88	2.67	0.60	0.87	0.63
5	12	260	2.39	0.67	0.52	0.69
6	24	11 200	2.21	0.48	0.86	0.75
8	10	131.04	2.86	0.86	0.44	0.46
9	9	147.2	2.16	0.68	0.39	0.70
最小值	9	131.04	0.46	0.13	0.39	0.46
最大值	24	11 200	2.86	0.86	0.87	0.96
平均值	14.67	2 565.65	2.12	0.57	0.58	0.70

Ⅴ.类比分析

回顾性分析资料引用中国海洋大学于 2020 年 10 月的调查资料,选取站位与水质回顾性分析相一致。通过对比可知,本次调查浮游植物种类数、平均密度和多样性指数均值均高于 2020 年,具体见表 9.3-11。

表 9.3-11　生物多样性分析

调查时间	种类数	生物密度（10⁴ 个/m³）		多样性		优势种
		范围	平均值	范围	平均值	
2020 年 10 月	34	13.65~8 138.52	1 649.50	0.26~2.50	1.75	柔弱伪菱形藻
2022 年 9 月	46	131.04~11 200	2 565.65	0.46~2.86	2.12	劳氏角毛藻、旋链角毛藻、中肋骨条藻、角毛藻和尖刺伪菱形藻

Ⅵ.监测总结

调查海域共获浮游植物 35 种,隶属于硅藻门和甲藻门 2 个门类,硅藻门出现的种类数最多,密度变化范围在（131.04~11 200）×10⁴ 个/m³。浮游植物的优势种为劳氏角毛藻、旋链角毛藻、中肋骨条藻、角毛藻和尖刺伪菱形藻。浮游植物多样性指数十分不均匀,在 0.46~2.86,浮游植物群落结构稳定性一般。

9.3.11　环境状况

1.水体环境

2022 年 9 月,牡蛎礁修复区域附近海域的监测资料显示,调查海域水深变化范围为 0.7~2.3 m,平均值为 0.96 m,由于水深小于 10 m,本次调查采集样品均为表层。水温平均值为

21.54 ℃,变化范围是 21.32~21.84 ℃;盐度在 23.860~25.135 变化,平均值为 24.437;pH 值变化范围是 8.16~8.26,平均值为 8.20;溶解氧浓度平均值为 7.66 mg/L,在 7.30~8.32 mg/L 变化;流速为 17~26 cm/s,具体见表 9.3-12。

表 9.3-12　黄河口牡蛎礁生态系统试点调查水体环境调查表

站 号	水深(m)	层次(m)	水温(℃)	流速(m/s)	悬浮物(mg/L)	盐度	pH	溶解氧(mg/L)	无机氮(μg/L)
1	0.7	0.5	21.38	22	34.6	24.522	8.17	8.06	486.4
2	2.0	0.5	21.62	26	41.7	24.099	8.20	8.32	1260.0
3	2.0	0.5	21.64	23	24.0	24.187	8.26	7.30	468.0
4	2.2	0.5	21.84	23	23.3	23.860	8.26	7.50	477.2
5	0.7	0.5	21.68	17	43.2	24.652	8.22	7.58	437.2
6	2.3	0.5	21.80	20	22.2	24.226	8.23	7.58	567.3
7	0.9	0.5	21.36	19	33.6	24.539	8.17	7.41	456.1
8	1.0	0.5	21.38	20	37.0	25.135	8.17	7.36	444.2
9	1.0	0.5	21.40	21	32.7	24.520	8.17	7.84	457.2
10	1.2	0.5	21.54	19	34.9	24.529	8.16	7.49	464.8
11	0.7	0.5	21.32	20	33.8	24.533	8.18	7.81	451.0

2. 沉积物环境

牡蛎礁修复区域附近海域沉积物类型主要为砂质粉砂(ST)和黏土质粉砂(YT),在 1、2、3、4、8、9 号站位进行了底栖生物采样,沉积物类型为砂质粉砂和黏土质粉砂。

9.3.12　威胁因素

竞争者:通过现场调查及分析采集到的样品可知,作为牡蛎附着基的扇贝壳上生长有较多藤壶,藤壶可占据牡蛎的附着基,与牡蛎竞争生存空间和饵料,对牡蛎生长造成威胁。

人为捕捞及养殖:该海域养殖捕捞情况较多,主要以贝类居多,人为捕捞情况较为常见,对牡蛎礁的生长有很大的影响。

参考文献

[1] AGNIHOTRI N, CHITTIBABU P, JAIN I, et al. A bay-river coupled model for storm surge prediction along the Andhra Coast of India [J]. Natural hazards, 2006, 39: 83-101.

[2] AKINBILE C O, OMONIYI O. Quality assessment and classification of Ogbese river using water quality index (WQI)tool[J]. Sustainable water resources management, 2018, 4(4): 1023-1030.

[3] ALBEK E. Estimation of point and diffuse contaminant loads to streams by non-parametric regression analysis of monitoring data [J]. water, air and soil pollution, 2003, 147(1-4): 229-243.

[4] ALBEK E. Identification of the different sources of chlorides in streams by regression analysis using chloride-discharge relationships [J]. Water environment research, 1999, 71(7), 1310-1319.

[5] ALVES R I S, MACHADO C S, BEDA C F, et al. Water quality assessment of the Pardo River Basin, Brazil: a multivariate approach using limnological parameters, metalconcentrations and indicator bacteria[J]. Archives of environmental contamination and toxicology, 2018,75(2):199-212.

[6] BENKHALDOUN F, ELMAHI I, SEAID M. Well-balanced finite volume schemes for pollutant transport by shallow water equations on unstructured meshes [J]. Journal of computational physics, 2007, 226(1): 180-203.

[7] BORSJE B W, VAN WESENBEECK B K, DEKKER F, et al.How ecological engineering can serve in coastal protection[J]. Ecolgical engineering, 2011, 37(2):113- 122.

[8] BRADFORD S F, SANDERS B F. Finite-volume model for shallow-water flooding of arbitrary topography [J]. Journal of hydraulic engineering, 2002, 128(3): 289-298.

[9] BROWN C M, STALEY Cr, WANG P, et al. A high-throughput DNA sequencing approach for determining sources of fecal bacteria in a lake superior estuary [J]. Environmental science and technology, 2017,51(15):8263-8271.

[10] CHAKRABORTY P, RAMTEKE D, GADI S D, et al. Linkage between speciation of Cd in mangrove sediment and its bioaccumulation in total soft tissue of oyster from the west coast of India[J].Marine pollution bulletin, 2016, 106(1-2): 274-282.

[11] CHEN Y. Uncertainty in simulation of land-use change impacts on catchment runoff with multi-timescales based on the comparison of the HSPF and SWAT models[J]. Journal of hydrology, 2019,573: 486-500.

[12] CLARKE K R, WARWICK R M.A further biodiversity indexapplicable to species list: variation in taxonomic distinctness[J].Marine ecology progress series,2001,216(2):265-278.

[13] CLARKE K R, WARWICK R M.A taxonomic distinctness indexand its statistical proper-

ties[J]. Journal of applied ecology, 1998, 5(4): 523-531.

[14]　CUI G, ZAHEER I, LUO J. Quantitative evaluation of non-point pollution of Taihu watershed using geographic information system [J]. Journal of lake sciences, 2003, 15(3): 236-244.

[15]　DAME R D, BUSHEK D, ALLEN D, et al. The experimental analysis of tidal creeks dominated by oyster reefs: the premanipulation year[J]. Journal of shellfish research, 2000, 19: 1361-1369.

[16]　DAVIS J S, ZOBRIST J. The interrelationships among chemical parameters in rivers-analyzing the effect of natural and anthropogenic sources [J]. Progress water technology, 1978, 10 (5/6), 65-78.

[17]　FITZSIMONS J, BRANIGAN S, BRUMBAUGH R D, et al. Restoration guidelines for shellfish reefs [R]. The Nature Conservancy, Arlington VA, USA, 2019.

[18]　FRACCAROLLO L, TORO E F. Experimental and numerical assessment of the shallow water model for two-dimensional dam-break type problems [J]. Journal of hydraulic research, 1995, 33(6): 843-864.

[19]　GAO G D, WANG X H, BAO X W. Land reclamation and its impact on tidal dynamics in Jiaozhou Bay, Qingdao, China[J]. Journal of geophysical research (Space Physics), 2013, 118(7): 3462.

[20]　GODUNOV S K. A finite difference method for the numerical computation of discontinuous solutions of the equations of fluid dynamics [J]. Sbornik: matematics, 1959, 47: 271-306.

[21]　GREGALIS K C, POWERS S P, HECK K L. Restoration of oyster reefs along a bio-physical gradient in Mobile Bay, Alabama[J]. Journal of shellfish research, 2008, 27: 1163-1169.

[22]　HARTEN A, OSHER S, ENGQUIST B, et al. Some results on uniformly high-order accurate essentially nonoscillatory schemes [J]. Applied numerical mathematics 1986, 2(3-5): 347-377.

[23]　HARTEN A. High resolution schemes for hyperbolic conservation laws [J]. Journal of computational physics, 1983, 49(3): 357-393.

[24]　HOU C, CHU M L, BOTERO-ACOSTA A, et al. Modeling field scale nitrogen non-point source pollution (NPS) fate and transport: influences from land management practices and climate[J]. Science of the total environment, 2021, 759: 143 502.

[25]　HUNT B. Asymptotic solution for dam break on sloping channel [J]. Journal of hydraulic engineering, 1983, 109(12): 1698-1706.

[26]　JOHNES P J. Evaluation and management of the impact of land use change on the nitrogen and phosphorus load delivered to surface waters: the export coefficient modelling approach[J]. Journal of hydrology, 1996, 183: 323-349.

[27]　KELLOGG M L, BRUSH M J, CORNWELL J C. An updated model for estimating TMDL-related benefits of oyster reef restoration. A final report to The Nature Conservancy and Oyster Recovery Partnership [R]. Virginia Institute of Marine Science, Gloucester Point, VA, 2018.

[28] KNISEL W G. CREAMS：a field-scale model for chemicals，runoff and erosion from agricultural management systems[C]. USDA Conservation Research Report，1980.

[29] KUIRY S N, SEN D, DING Y. A high-resolution shallow water model using unstructured quadrilateral grids [J]. Computers & fluids, 2012, 68(2)：16-28.

[30] LIANG D F, WANG X L, FALCONER R A, et al. Bockelmann-evans solving the depth-integrated solute transport equation with a TVD-Mac Cormack scheme [J]. Environmental modelling & software, 2010, 25：1619-1629.

[31] LIM P E, LEE C K, DIN Z. Accumulation of heavy metals by cultured oysters from Merbok Estuary, Malaysia[J]. Marine pollution bulletin, 1995, 31：420-423.

[32] LIU R, LI Z, XIN X, et al. Water balance computation and water quality improvement evaluation for Yanghe Basin in a semiarid area of North China using coupled MIKE SHE/MIKE 11 modeling[J]. Water supply, 2022, 22(1)：1062-1074.

[33] LIU X D, OSHER S, CHAN T. Weighted essentially non-oscillatory schemes [J]. Journal of computational physics, 1994, 115(1)：200-212.

[34] MALVE O, TATTARI S, RIIHIMAKI J, et al. Estimation of diffuse pollution loads in Europe for continental scale modelling of loads and in-stream river water quality [J]. Hydrological processes, 2012, 26(16)：2385-2394.

[35] MAYS L W. Water resources handbook [M]. New York：McGraw-Hill, 1996.

[36] MEGAN L P, JESSICA F, LAURA A B, et al. Oyster reef restoration in the northern Gulf of Mexico：extent, methods and outcomes[J]. Ocean & coastal management, 2014, 89：20-28.

[37] MILLS W B, PORCELLA D B, UNGS M J, et al. Water quality assessment：a screening procedure for toxic and conventional pollutants, EPA/600/6-85/026 [R]. Environmental Research Laboratory, Office of Research and Development, U.S. Environmental Protection Agency, Georgia, 1985.

[38] NELSON K A, LEONARD L A, POSEY M H, et al. Using transplanted oyster(Crassostrea virginica) beds to improve water quality in small tidal creeks：a pilot study[J].Journal of experimental marine biology and ecology, 2004, 298(2)：347-368.

[39] NEWELL R I E. Ecosystem influences of natural and cultivated populations of suspension feeding bivalve mollusks：a review[J]. Journal of shellfish research, 2004, 23：51-61.

[40] NEWELL T R, HOLYOKE R R, CORNWELL J C. Influence of eastern oysters on nitrogen and phosphorus regeneration in Chesapeake Bay, USA[J]. Earth and environmental sciences, 2005, 47：93- 120.

[41] PELLING H E, UEHARA K, GREEN JA M. The impact of rapid coastlinechanges and sea level rise on the tides in the Bohai Sea, China[J]. Journal of geophysical research (Space Physics), 2013, 118(7)：3462.

[42] PIEHLER, M F, SMYTH, A R. Habitat-specific distinctions in estuarine denitrification affect both ecosystem function and services[J]. Ecosphere, 2011, 2(1)：1-16.

[43] QUAN W M, ZHANG J P, PING X Y, et al. Purification function and ecological services

value of crassostrea sp. in Yangtze River estuary[J]. Chinese journal of applied ecology，2007，18（4）：871-876.

[44] RAY N E, TERLIZZI D E, KANGAS P C. Nitrogen and phosphorus removal by the algal turf scrubber at an oyster aquaculture facility[J]. Ecolgical engineering，2014，78：27-32.

[45] ROBERTSON D M, SAAD D A, BENOY G A, et al. Phosphorus and nitrogen transport in the binational Great Lakes Basin estimated using SPARROW watershed models[J]. JAWRA journal of the American water resources association，2019，55（6）：1401-1424.

[46] SCHAFFNER M, BADER H P, SCHEIDEGGER R. Modeling the contribution of point sources and non-point sources to Thachin River water pollution [J]. Science of the total environment，2009，407：4902-4915.

[47] SHEN Z Y, QIU J L, HONG Q, et al. Simulation of spatial and temporal distributions of non-point source pollution load in the Three Gorges Reservoir Region [J]. Science of the total environment，2014，493：138-146.

[48] SHI J H, LI G X, WANG P. Anthropogenic influences on the tidal prism andwater exchanges in Jiaozhou Bay，Qingdao，China[J]. Journal of costal research，2011，27：57.

[49] STALEY C, KAISER T, LOBOS A, et al. Application of source tracker for accurate identification of fecal pollution in recreational freshwater：a double-blinded study [J]. Environmental science and technology，2018，52（7）：4207-4217.

[50] VOLETY A K, HAYNES L, GOODMAN P, et al. Ecological condition and value of oyster reefs of the Southwest Florida shelf ecosystem[J]. Ecological indicators，2014，44：108-119.

[51] WARWICK R M, CLARKE K R.New biodiversity measures ofreveal a decrease in taxonomic distinctness with increasing stress[J].Marine ecology progress series，1995，129（2）：301-305.

[52] YI H S, LEE B, JANG S, et al. Nonpoint pollution loading forecast and assessment of optimal area of constructed wetland in dam watershed considering climate change scenario uncertainty[J]. Ecological engineering，2020，153：105910.

[53] ZHAO D H, SHEN H W, TABIOS G Q, et al. Finite-volume two-dimensional unsteady-flow model for River Basins [J]. Journal of hydraulic engineering，1994，120（7）：863-883.

[54] 毕延凤，温小虎，赵平萍，等 . 海岸带陆源水污染负荷模型研究 [J]. 人民黄河，2012，34（7）：68-70.

[55] 曹洪军，韩贵鑫 . 渤海海洋生态安全屏障构建过程中区际协同平台建设研究 [J]. 中国渔业经济，2021，39（2）：64-71.

[56] 曾相明，管卫兵，潘冲 . 象山港多年围填海工程对水动力影响的累积效应 [J]. 海洋学研究，2011，29（1）：73.

[57] 巢波，蔡永久，徐宪根，等 . 基于水质荧光指纹法的湖泊污染溯源研究：以太湖流域滆湖为例 [J]. 湖泊科学，2023，35（4）：1330-1342.

[58] 陈景秋，张永祥，韦春霞 . 一维溃坝涌波的特征线：激波装配法 [J]. 重庆大学学报，2004，27（5）：99-102.

[59] 陈巍 . 论国际海洋环境保护立法的发展与完善：兼论我国海洋环境保护立法的未来走势

[D]. 青岛：中国海洋大学，2007.

[60] 陈雪初，戴禹杭，孙彦伟，等．大都市海岸带生态整治修复技术研究进展与展望 [J]. 海洋环境科学，2021，40（3）：477-484.

[61] 陈友媛，惠二青，金春姬，等．非点源污染负荷的水文估算方法 [J]. 环境科学研究，2003，16（1）：10-13.

[62] 崔野．新时代推进海洋环境治理的难点与应对 [J]. 海洋环境科学，2021，40（2）：258-262.

[63] 崔超，刘申，翟丽梅，等．香溪河流域土地利用变化过程对非点源氮磷输出的影响 [J]. 农业环境科学学报，2016，35（1）：129-138.

[64] 崔超．三峡库区香溪河流域氮磷入库负荷及迁移特征研究 [D]. 北京：中国农业科学院，2016.

[65] 党二莎，唐俊逸，周连宁，等．珠江口近岸海域水质状况评价及富营养化分析 [J]. 大连海洋大学学报，2019（34）：121-128.

[66] 邓聚龙．灰色聚类基本方法 [M]. 武昌：华中理工大学出版社，1987.

[67] 房恩军，李雯雯，于杰．渤海湾活牡蛎礁（Oysterreef）及可持续利用 [J]. 现代渔业信息，2007，22（11）：12-14.

[68] 冯爱萍，王雪蕾，徐逸，等．基于 DPeRS 模型的海河流域面源污染潜在风险评估 [J]. 环境科学，2020，41（10）：4555-4563.

[69] 高世荣．水生生物评价环境水体的污染和富营养化 [J]. 环境科学与管理，2006（31）：174-176.

[70] 耿秀山，傅命佐，徐孝诗，等．现代牡蛎礁发育与生态特征及古环境意义 [J]. 中国科学（B 辑），1991（8）：867-875.

[71] 国家海洋局．海洋监测规范第 4 部分：海水分析：GB 17378.4—2007 [S]. 北京：中国标准出版社，2008.

[72] 国家质量技术监督局．海水水质标准：GB 3097—1997[S]. 北京：中国标准出版社，2008.

[73] 国务院．国务院关于印发水污染防治行动计划的通知 [EB/OL].（2015-04-16）. http://www.gov.cn/zhengce/content/2015-04/16/content_9613.htm.

[74] 韩蕊翔．汉江流域面源污染特征及控制方案研究 [D]. 西安：西安理工大学，2021.

[75] 韩树宗，吴柳，朱君．围海建设对天津近海水动力环境的影响研究 [J]. 中国海洋大学学报（自然科学版），2012，42（增 1）：18.

[76] 郝芳华，杨胜天，程红光，等．大尺度区域非点源污染负荷计算方法 [J]. 环境科学学报，2006，26（3）：375-383.

[77] 胡文慧，李光永，郭亚洁，等．汾河灌区农业面源污染经验统计模型的构建与验证 [J]. 中国农业大学学报，2015，20（2）：207-215.

[78] 怀红燕，冯爱萍，朱南华诺娃．基于 DPeRS 模型的上海地区面源污染评估 [C]// 中国环境科学学会环境工程分会．中国环境科学学会 2022 年科学技术年会：环境工程技术创新与应用分会场论文集（二），2022：410-417.

[79] 家海洋局．海洋调查规范第 4 部分：海水化学要素调查：GB 12763.4—2007 [S]. 北京：中国标准出版社，2008.

[80] 姜晓明,李丹勋,王兴奎.基于黎曼近似解的溃堤洪水一维-二维耦合数学模型[J].水科学进展,2012,23(2):214-221.

[81] 康建华,林毅力,王雨,等.钦州湾海洋环境的富营养化水平评价及其对浮游植物叶绿素a的影响[J].海洋开发与管理,2020(11):67-74.

[82] 康敏捷.环渤海氮污染的陆海统筹管理分区研究[D].大连:大连海事大学,2013.

[83] 赖斯芸,杜鹏飞,陈吉宁.基于单元分析的非点源污染调查评估方法[J].清华大学学报(自然科学版),2004,44(9):1184-1197.

[84] 李春青,高丽娜,时文博,等.天津海域牡蛎礁区生态修复示范区域调查分析[J].河北渔业,2015(5):14-18.

[85] 李莉.青岛市环胶州湾污染控制单元主要污染物排放容量估算[D].青岛:中国海洋大学,2009.

[86] 李茜,张建辉,李兰钰,等.水环境质量评价方法综述[J].现代农业科技,2011(19):285-290.

[87] 李潇.二维温带风暴潮漫滩数学模型的研究及其在渤海湾的应用[D].天津:天津大学,2007.

[88] 李原仪.渤海水动力环境的数值模拟研究[D].天津:天津大学,2017.

[89] 李泽利,罗娜,苏德岳,等.基于GWLF模型的于桥水库流域氮磷负荷估算及来源变化解析[J].农业资源与环境学报,2021,38(1):63-71.

[90] 李重荣,王祥三,窦明.三峡库区香溪河流域污染负荷研究[J].武汉大学学报(工学版),2003,36(2):29-32.

[91] 郦桂芬.环境质量评价[M].北京:中国环境科学出版社,1989.

[92] 刘光兴,姜强,朱延忠,等.北黄海浮游桡足类分类学多样性研究[J].中国海洋大学学报,2010,40(12):89-96.

[93] 刘嘉卓.莱州湾扇贝养殖区环境因子与浮游植物的关系[J].烟台大学学报,2022(4):443-452.

[94] 刘鲁雷.东营垦利近江牡蛎礁现状调查与资源修复研究[M].大连:大连海洋大学,2019.

[95] 刘书宇,马放,张建祺.景观水体富营养化模拟过程中藻类演替及多样性指数研究[J].环境科学学报,2007(2):337-341.

[96] 刘艳,曹碧波,李川,等.QUAL2Kw-GWLF模型联用在新安江干流黄山段的应用研究[J].水资源与水工程学报,2014(6):163-168.

[97] 陆荣华,于东生,杨金艳,等.围(填)海工程对厦门湾潮流动力累积影响的初步研究[J].台湾海峡,2011,30(2):165.

[98] 罗珊.渤海新区海岸带陆域水环境模拟及生态环境评价[D].天津:天津大学,2019.

[99] 马克平,刘灿然,刘玉明.生物群落多样性的测度方法 IIβ多样性的测度方法[J].生物多样性,1995,3(1):38-43.

[100] 马克平,刘玉明.生物群落多样性的测度方法 Iα多样性的测度方法(下)[J].生物多样性,1994,2(4):231-239.

[101] 马克平.生物群落多样性的测度方法 Iα多样性的测度方法(上)[J].生物多样性,1994,

2(3):162-168.

[102] 孟伟庆,王秀明,李洪远,等.天津滨海新区围海造地的生态环境影响分析[J].海洋环境科学,2012,31(1):83.

[103] 聂红涛,陶建华.渤海湾海岸带开发对近海水环境影响分析[J].海洋工程,2008,26(3):44.

[104] 祁钊,赵相龙,桑金慧,等.基于16S rDNA测序的巢湖流域水体粪便污染溯源[J].农业环境科学学报,2023,42(5):1128-1138.

[105] 乔继平,代俊峰.河流污染的点源和非点源负荷分割研究[J].中国农村水利水电,2015(6):17-20.

[106] 秦延文,张雷,郑丙辉,等.渤海湾岸线变化(2003—2011 年)对近岸海域水质的影响[J].环境科学学报,2012,32(9):2149.

[107] 曲方圆,于子山.分类多样性在大型底栖动物生态学方面的应用:以黄海底栖动物为例[J].生物多样性,2010,18(2):150-155.

[108] 全为民,安传光,马春艳,等.江苏小庙洪牡蛎礁大型底栖动物多样性及群落结构[J].海洋与湖沼,2012,43(5):992-1000.

[109] 全为民,张锦平,平仙隐,等.巨牡蛎对长江口环境的净化功能及其生态服务价值[J].应用生态学报,2007,18(4):871-876.

[110] 全为民,周为峰,马春艳,等.江苏海门蛎岈山牡蛎礁生态现状评价[J].生态学报,2016,36(23):7749-7757.

[111] 全为民,沈新强,罗民波,等.河口地区牡蛎礁的生态功能及恢复措施[J].生态学杂志,2006,25(10):1234- 1239.

[112] 任奕蒙,岳甫均,徐森,等.利用氮氧同位素解析赤水河流域水体硝酸盐来源及其时空变化特征[J].地球与环境,2019,47(6):820-828.

[113] 沈新强,全为民,袁骐.长江口牡蛎礁恢复及碳汇潜力评估[J].农业环境科学学报,2011,30(10):2119-2123.

[114] 宋利祥.溃坝洪水数学模型及水动力学特性研究[D].武汉:华中科技大学,2012.

[115] 孙万胜,温国义,白明,等.天津大神堂浅海活牡蛎礁区生物资源状况调查分析[J].河北渔业,2014(9):23-26,76.

[116] 谭维炎.计算浅水动力学:有限体积法的应用[M].北京:清华大学出版社,1998.

[117] 唐星辰.渤海新区海岸带陆源入海污染分布特性与水环境研究[D].天津:天津大学,2020.

[118] 田海燕,李亚松,刘春雷,等.海岸带的"喜"与"悲"[N].中国矿业报,2019-11-06(007).

[119] 王德青,万永波,王翔,等.基于主成分的改进雷达图及其在综合评价中的应用[J].数理统计与管理,2010(29):883-889.

[120] 王红莉,姜国强,陶建华.海岸带污染负荷预测模型及其在渤海湾的应用[J].环境科学学报,2005,25(3):307-312.

[121] 王宏,范昌福,李建芬,等.渤海湾西北岸全新世牡蛎礁研究概述[J].地质通报,2006,25(3):315-331.

[122] 王厚军,袁广军,刘亮,等.海岸线分类及划定方法研究[J].海洋环境科学,2021,40

（3）：430-434.

[123] 王辉,栾维新,康敏捷,等.辽河流域社会经济活动的环境污染压力研究:以氮污染为研究对象[J].生态经济,2012(8)：152-157.

[124] 王英俊,沈鉴,王文霞.水质荧光指纹污染溯源技术在跨界断面污染监管中的应用[J].环境监控与预警,2023,15(2)：1-7.

[125] 王玉,王雪蕾,张亚群,等.基于DPeRS模型的渭河典型断面汇水区面源污染评估及污染成因分析[J].环境监控与预警,2022,14(6)：8-16.

[126] 王忠良.基于SWAT模型的哈尔滨磨盘山水库流域非点源污染模拟研究[D].哈尔滨：东北林业大学,2015.

[127] 韦春霞,张永祥,陈景秋.溃坝洪水的二维算子分裂:特征线模拟[J].重庆大学学报,2003,26(9)：18-21.

[128] 夏妍梦,李彩,李思亮,等.天津海河氮动态变化对夏季强降雨的响应过程[J].生态学杂志,2018,37(3)：743-750.

[129] 辛文杰.河口、海湾平面潮流数值计算中的几个问题[J].水动力学研究与进展（A辑）,1993,8(3)：348-354.

[130] 徐起浩,冯炎基,杜文树.福建深沪湾潮间带发现晚更新世牡蛎海滩岩[J].海洋地质与第四纪地质,1987,7(4)：38.

[131] 许自舟,张志锋,梁斌,等.天津市陆源氮磷入海污染负荷总量评估[M].北京:海洋出版社,2016.

[132] 许自舟.天津陆域氮磷污染源解析及海域水质目标研究[D].大连:大连海事大学,2022.

[133] 杨静.我国海湾水域环境污染治理机制研究[D].上海:上海海洋大学,2020.

[134] 杨青,李宏俊,李洪波,等.海洋生物多样性评价方法综述[J].海洋环境科学,2013,32(1)：157-160.

[135] 杨欣.多项填海工程作用下对渤海湾潮流场及污染物的影响[D].天津:天津大学,2013.

[136] 杨玉洁.中国陆海跨界污染统筹治理机制研究[D].大连:大连海事大学,2020.

[137] 杨中文,张萌,郝彩莲,等.基于源汇过程模拟的鄱阳湖流域总磷污染源解析[J].环境科学研究,2020,33(11)：2493-2506.

[138] 姚庆元.福建金门岛东北海区牡蛎礁的发现及其古地理意义[J].台湾海峡,1985,4(1)：108-109.

[139] 殷小亚,陈海刚,乔延龙,等.天津大神堂牡蛎礁国家级海洋特别保护区现状及管理对策[J].海洋湖沼通报,2015(1)：162-166.

[140] 尹翠玲.抓好陆海统筹,谋划"十四五"海洋生态环境保护[N].中国环境报,2021-06-01（003）.

[141] 于庆云,张晓理,韩锡锡.天津大神堂活牡蛎礁渔业资源养护与生态修复浅析[J].海洋经济,2014,4(5)：16-22.

[142] 于潇,卢钰博,李希磊,等.莱州湾浮游植物时空变化及其与环境因子的关系[J].烟台大学学报,2022,33(1)：443-452.

[143] 俞鸣同,藤井昭二,坂本亨.福建深沪湾牡蛎礁的成因分析[J].海洋通报,2001,20(5)：24-30.

[144] 喻一,宋芳,赵志杰,等.深圳河河口近 10 年典型污染物通量变化研究 [J].北京大学学报(自然科学版),2020,56(3):460-470.

[145] 岳甫均.利用氮氧同位素辨析不同尺度河流氮来源及其转化过程 [D].贵阳:中国科学院地球化学研究所,2013.

[146] 张大伟.堤坝溃决水流数学模型及其应用研究 [D].北京:清华大学,2008.

[147] 张大伟.基于 Godunov 格式的堤坝溃决水流数值模拟 [M].北京:中国水利水电出版社,2014.

[148] 张丹,丁爱中,林学钰,等.河流水质监测和评价的生物学方法 [J].北京师范大学学报(自然科学版),2009(2):200-204.

[149] 张戈.海水水质评价方法比较分析 [J].海洋开发与管理,2009(26):102-105.

[150] 张衡,陆健健.鱼类分类多样性估算方法在长江口区的应用 [J].华东师范大学学报(自然科学版),2007(2):11-22.

[151] 张红梅,程梦旎.我国各级各类海洋自然保护地达 271 处 [N].中国绿色时报,2019-06-05(01).

[152] 张华杰.湖泊流场数学模型及水动力特性研究 [D].武汉:华中科技大学,2014.

[153] 张家驹.水力学方程间断解的差分方法 [J].应用数学与计算数学,1996,3(1):12-30.

[154] 张金刚,马冬梅.港口陆海统筹系统协调发展评价模型与应用 [J].水利经济,2020,38(2):23-29.

[155] 张忍顺,齐德利,葛云健,等.江苏省小庙洪牡蛎礁生态评价与保护初步研究 [J].河海大学学报(自然科学版),2004,32(增刊):21-26.

[156] 张嵩,张崇良,徐宾铎,等.基于大型底栖动物群落特征的黄河口及临近水域健康度评价 [J].中国海洋大学学报,2017(5):65-71.

[157] 张天文,郭文,荆圆圆,等.东营河口浅海贝类生态国家级海洋特别保护区大型底栖动物的群落结构特征关系 [J].海洋科学,2021(3):1-13.

[158] 张翔,李愫.2015—2020 年黄河口近岸海域生态环境监测与分析 [J].水土保持通报,2022(3):139-147.

[159] 张琰.GIS 支持下流域非点源污染负荷通用模型(GWLF)应用:以宝象河流域为例 [D].昆明:云南师范大学,2007.

[160] 赵越,齐作达,赵康平,等.基于 GWLF 模型的新安江上游练江流域面源污染特征解析 [J].水资源与水工程学报,2015(3):5-9.

[161] 赵章元,孔令辉.渤海海域环境现状及保护对策 [J].环境科学研究,2000,13(2):23-27.

[162] 周济福,梁兰,李家春.风暴潮流运动的数值模拟 [J].力学学报,2001,33(6):729-740.

[163] 朱萱,鲁纪行,边金钟,等.农田径流非点源污染特征及负荷定量化方法探讨 [J].环境科学,1985(5):6-11.